Autodesk Inventor 2022
特訓教材基礎篇

黃穎豐、陳明鈺　編著

範例圖檔＆教學影片

全華圖書股份有限公司

作者序

　　好的教材，對於教師在教學上而言，可說是相當重要，對於初學者而言，更可說是良師益友，因此，本書作者以提供給老師優良教材，給初學者良師益友的觀念，編出這套循序漸進的學習教材。

　　本書之撰寫以淺顯易懂的方式說明如何以 Autodesk Inventor 設計建構簡易 3D 零件，本書著重於實務操作，透過書本中之操作範例，初學者即可輕輕鬆鬆快快樂樂的學會 Autodesk Inventor，而不必閱讀繁雜的文字。

　　本書提供作者精心編製之動態影音教學系統，該系統中示範全書之範例操作，使讀者能有多樣化的練習，培養實務設計的能力，經由瀏覽影片的方式，來達到最快的學習效果，並藉由書籍與動態影音教學系統相互配合使用，可讓讀者們不需經過老師教導，快速進入 Autodesk Inventor 這套功能強大的軟體，讓您真正達到事半功倍的學習效果。

　　本書編撰內容雖再三校對力求完善，惟疏漏之處在所難免，尚祈先進不吝賜教惠予指正與批評，俟再版時加以修正。

編者　謹識於臺北

E-mail：fong8719j2@gmail.com

商標聲明

1. Autodesk Inventor 為 Autodesk 公司之註冊商標。
2. Windows 為 Microsoft 公司之註冊商標。
3. Real Player 為 Real Player 公司之註冊商標。
4. TechSmith Camtasia Player 為 TechSmith 公司之註冊商標。

動態影音教學系統使用說明

本書附動態影音教學系統，內含文件如下：
1. 全書範例檔案。
2. 動態影音教學系統。
3. 動態影音教學系統首頁如下圖所示。

動態影音教學系統內容使用說明

1. 全書範例檔案

    全書範例檔案爲練習本書各章節範例時所使用之檔案，所有檔案皆放置於 QR Code 的 Ch1 至 Ch12 資料夾中，「**建議讀者先將所有檔案複製到您的電腦中**」，再從電腦來開啓練習檔，以利練習能順利進行。

2. 動態影音教學

    ① 本書作者以逐步示範全書所有實例，操作示範過程皆有動態畫面及聲音，因此，建議您的電腦必需有喇叭及音效卡，若無法自動執行則需自行快點「autorun.exe」兩下，即可開啓影音教學系統。

    ② 若無法播放時，請先安裝解碼器「codec.exe」，您可至搜尋引擎輸入「codec 或解碼器」字樣搜尋，即可找到相關的免費解碼程式可使用。

    ③ 本動態影音教學檔案範例可在 Windows 任一作業系統環境下使用「媒體播放軟體」播放，但建議使用 Windows Media Player 或 Real Player 最新版。

    ④ 建議螢幕解析度調整爲 1920 × 1080，動態播放時較能觀看到全螢幕。

    ⑤ 下列提供兩種媒體播放軟體之快捷鍵指令：

    Windows Media Player 調整視訊畫面大小：

    「全螢幕」顯示 ＝「Alt」鍵 ＋「Enter」鍵

    「50%螢幕」顯示 ＝「Alt」鍵 ＋「1」鍵

    「100%螢幕」顯示 ＝「Alt」鍵 ＋「2」鍵

    Real Player 全螢幕指令 ＝「Ctrl」鍵 ＋「3」鍵

    按「Esc 鍵」可取消全螢幕

編輯部序

Autodesk Inventor2022 特訓教材基礎篇

「系統編輯」是我們的編輯方針，我們所提供給您的，絕不只是一本書，而是關於這門學問的所有知識，它們由淺入深，循序漸進。

在未來工程設計將以 3D 實體模型為潮流，設計製圖領域裡，已漸漸導入 3D 模型的建構，因此學習 3D 實體模型建構將是進入工業界必備的課程之一。透過本書複雜的 3D 建構程序，逐一拆解成各個步驟程序，易於了解與歸納，其中包含基本指令、草圖繪製、繪圖環境設定，詳述基本功能之應用及方法，更囊括了實務繪製上常見的螺紋、孔、薄殼、斷面混成……等，也詳述了工程圖與組合圖的建製與設定。供讀者在繪製的過程裡培養靈活的構想與作法，同時兼顧了堅實的核心觀念與實務操作。本書適用於大學、科大、技術學院機械工程系「電腦輔助繪圖」、「電腦輔助設計」課程及對此軟體有興趣者。

同時，為了使您能有系統且循序漸進研習相關方面的叢書，我們以流程圖方式，列出各有關圖書的閱讀順序，以減少您研習此門學問的摸索時間，並能對這門學問有完整的知識。若您在這方面有任何問題，歡迎來函連繫，我們將竭誠為您服務。

相關叢書介紹

書號：19389007
書名：TQC+ AutoCAD 2022 特訓教材
　　　－基礎篇(附範例光碟)
編著：吳永進.林美櫻.電腦技能基金會
20K/896 頁/650 元

書號：04H24
書名：電腦輔助繪圖實習
　　　AutoCAD 2022
編著：許中原
菊 8/328 頁/基價 10.6 元

書號：06477
書名：循序學習 AutoCAD 2020
編著：康鳳梅.許榮添.詹世良
16K/520 頁/680 元

書號：04560080
書名：丙級電腦輔助立體製圖 Inventor
　　　學科參考題庫與術科實戰秘笈
　　　(附學科測驗卷、範例光碟)
編著：3D Station
菊 8/504 頁/620 元

書號：043580C0
書名：丙級電腦輔助立體製圖
　　　SolidWorks 術科檢定解析(含學科)
　　　(附學科測驗卷、光碟)
編著：豆豆工作室
菊 8/632 頁/730 元

書號：06495
書名：SOLIDWORKS 2022 基礎範例應用
編著：許中原
16K/640 頁/680 元

書號：06207007
書名：Creo Parametric 2.0 入門與實務
　　　－基礎篇(附多媒體光碟)
編著：王照明
16K/520 頁/480 元

◎上列書價若有變動，請以
　最新定價為準。

流程圖

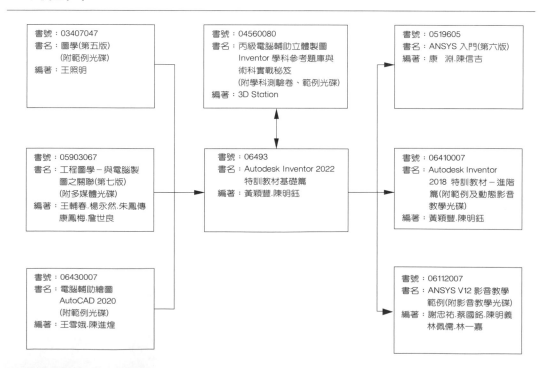

目 錄

CH 01 Inventor 基本操作

CH 02 草圖繪製與編輯

CH 03 基礎特徵建立

目 錄

CH 07 斷面混成

CH 08 掃掠與螺旋

CH 09 其他特徵建構

目 錄

CH 10 工程圖

目 錄

CH 12 簡報與立體分解系統圖

Inventor 基本操作

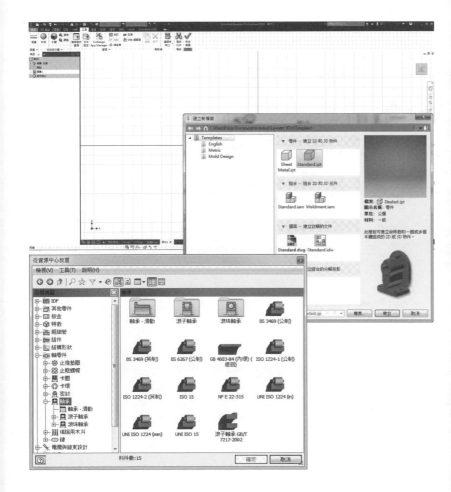

本章大綱

1-1 開啓視窗介紹

當您欲啓動 Inventor 程式時，可經由下列兩個路徑開啓：

1. 雙擊桌面上的 圖示，開啓 Inventor 程式。

2. 由螢幕左下角的 開啓 → Autodesk Inventor 2022 → Autodesk Inventor Professional 2022。

啓動 Inventor 程式後，即會顯示如下圖所示之起始畫面。

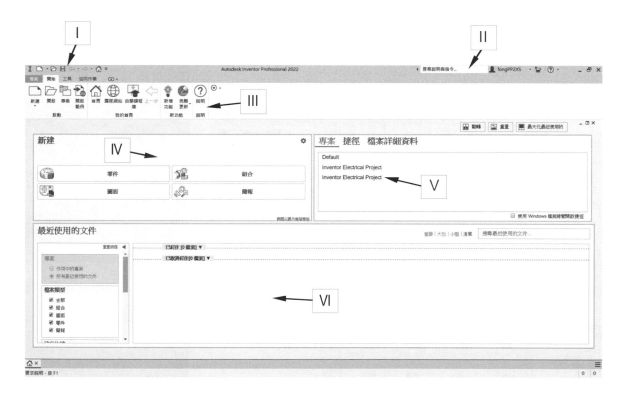

Ⅰ、快捷工具列：包含新建組合、圖面、零件、簡報、開啟、儲存、退回、重做等快速按鈕，按鈕的新增與移除如下所示。

新增：
①在功能區指令上點按滑鼠右鍵。
②點選 加入至快速存取工具列。
③顯示於快速存取工具列。

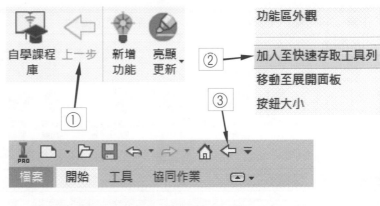

移除：
①在快速存取工具列指令上點按滑鼠右鍵。
②點選 從快速存取工具列中移除。

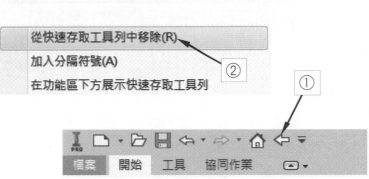

Ⅱ、資訊中心：如下圖所示，提供使用快速搜尋繪圖指令及連結至 Autodesk 相關網站查詢資訊。

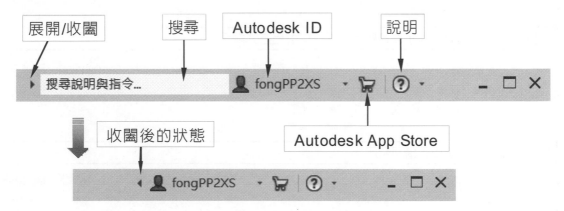

III、功能區面板：功能區之顯示模式可分為「正常、關閉文字、小型、精簡、大型」共五種模式，其顯示模式如下所示。

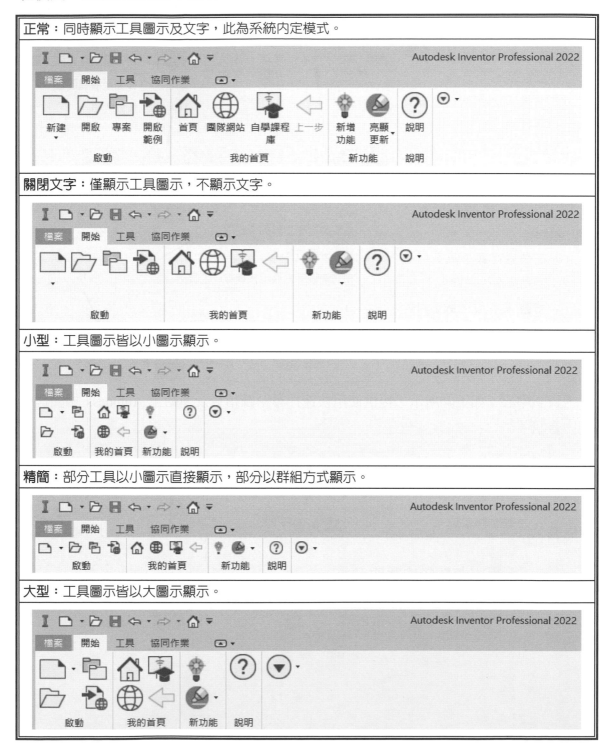

操作步驟

STEP 1

① 在功能區上按滑鼠右鍵。

② 點選 功能區外觀。

③ 點選 關閉文字。

④ 變更為 關閉文字模式。

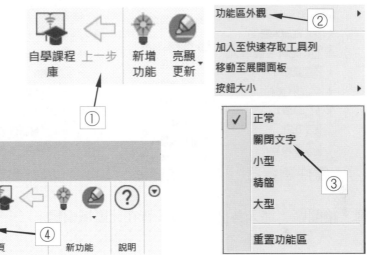

IV、新建區：可由此處直接開啓欲新建的零件、組合、圖面、簡報等模組。

V、專案及捷徑區：專案頁面可直接開啓已設定的專案，捷徑頁面可設定或開改已設定的捷檔案。

VI、最近使用的文件區：在此區域可開啓之前使用或編輯過的文件，如零件、組合、圖面、簡報等。

　　在進入零件、組合、簡報、圖面等模組後，除了保留上述的工能區面版外，在下方的區域將更改爲瀏覽器與繪圖區，如下所示。

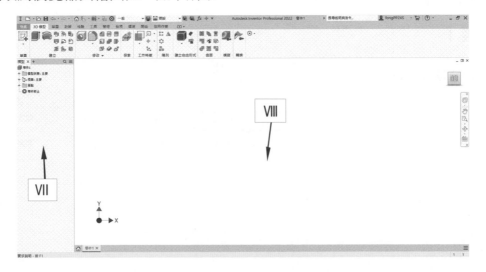

Ⅶ、模型瀏覽器：模型瀏覽器在每個模式(如零件、組合、簡報、圖面等模式)的環境都是獨特的，其主要是顯示作用中檔案的樹狀結構及相關資訊，如下圖所示。

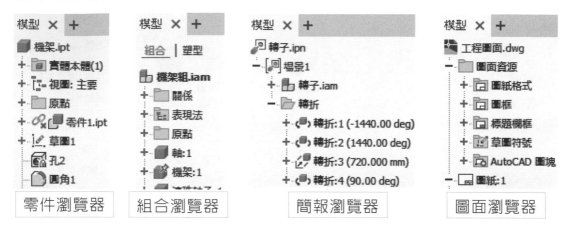

| 零件瀏覽器 | 組合瀏覽器 | 簡報瀏覽器 | 圖面瀏覽器 |

Ⅷ、繪圖區：進入各個模組後，皆在此區域編輯。

檔案新建、開啟、儲存

在本章節中，您可學習到 Inventor 系統中的新建檔案、開啟舊檔及其儲存方式。

1-2-1　新建檔案

檔案新建包含新建零件檔、組合檔、簡報檔及圖面檔等，主要可分為幾個路徑，各路徑之操作如下所示：

🗁 新建路徑 1：

① 直接由新建區點選。

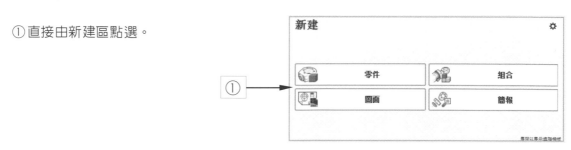

◎ 新建路徑 2：

STEP 1

① 點選  新建。

STEP 2

① 點選 欲新建的檔案。
② 點選 建立 。

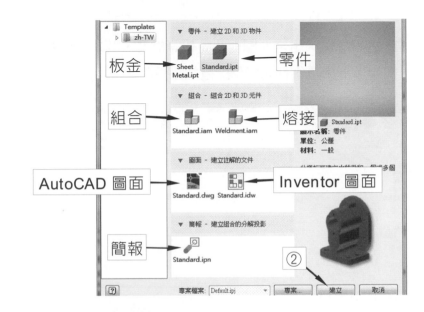

◎ 新建路徑 3：

① 點選 檔案。

② 點選 ▶ 箭頭。

③ 點選  零件。

新建路徑 4：

① 點選 ▼ 箭頭。

② 點選 🧊 零件。

新建如零件、組合、圖面及簡報等檔案，其功能區及模型瀏覽器等主要功能區的配置是一樣的，下列以零件功能區配置加以說明。

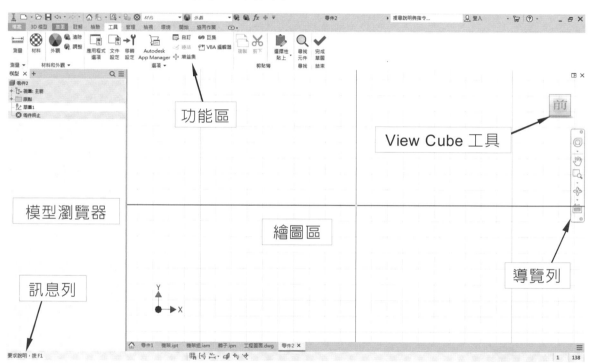

畫面切換(快速增加可用空間)

主題	說明
最小化為頁籤	①點選 箭頭。 ②點選 最小化為頁籤。 ③點選 頁籤，立即顯示該頁籤面板。 ④將游標移出面板外約 2 秒，面板即會自動隱藏。
最小化為面板標題	①點選 箭頭。 ②點選 最小化為面板標題。 ③功能區已切換為面板標題模式。 ④將游標停置於標題上，將隨即出現該標題面板。
最小化為面板按鈕	①點選 箭頭。 ②點選 最小化為面板按鈕。 ③將游標移至任一面板按鈕，立即顯示完整面板。

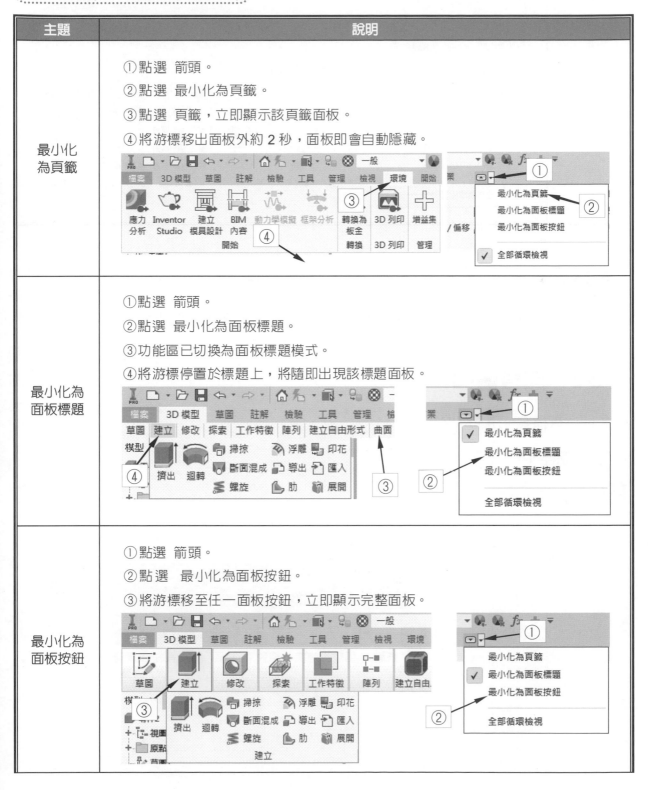

主題	說明
循環顯示 全部	①點選 箭頭。 ②點選 全部循環檢示。 ③點選 循環箭頭，則畫面依循環方式顯示。 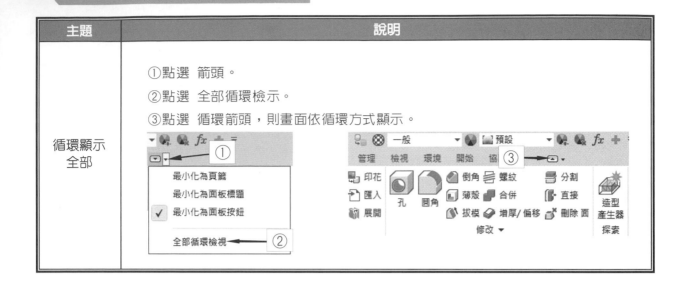

注意!

您也可以按鍵盤的「Ctrl + 0」鍵，來切換畫面，以快速增加繪圖空間。

1-2-2 開啟舊檔

開啟舊檔案可由下列路徑執行：

📦 開啟路徑 1：

STEP 1

①由圖中的功能區 A，或快捷
列 B，點選 📂 開啟。

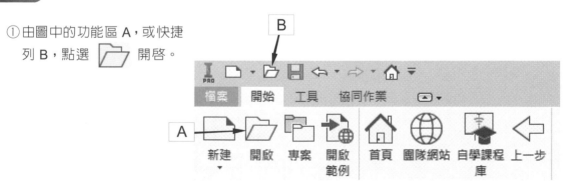

STEP ②

① 點選　欲開啟的檔案。

② 點選　**開啟(O)**　。

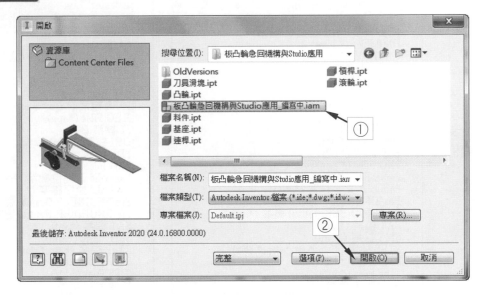

◎ **開啟路徑 2：**

① 點選　檔案。

② 點選　▶ 箭頭。

③ 點選　🗁 開啟。

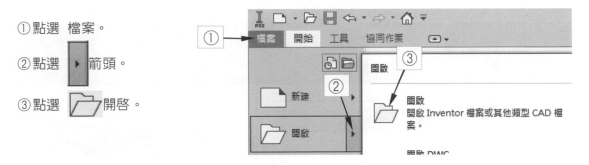

1-2-3　檔案儲存、另存、匯出

當您建立零件、圖面、組合及簡報等檔案時，可使用指定的名稱和檔案類型來儲存、另存及匯出，Autodesk Inventor 各模組可儲存之檔案格式如下表所示：

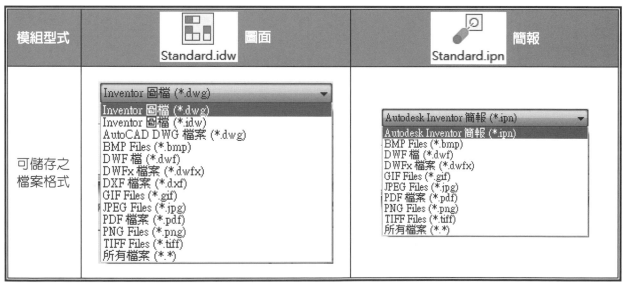

儲存流程

在應用程式中的儲存選項裡，可分為儲存、全部儲存，操作流程及說明如下所示：

① 檔案 → 📀 儲存 → 📀 儲存

說明：儲存目前正作用中的檔案儲存至視窗標題中指定的檔案，儲存後該檔案仍然處於開啟狀態。

② 檔案 → 儲存 → 全部儲存

說明：將目前所有開啟的檔案儲存至視窗標題中指定的檔案，儲存後該檔案仍然處於開啟狀態。

另存說明

　　應用程式中的另存選項裡，可分為另存、另存複本、另存複本成樣板、打包傳送，操作流程及說明如下所示：

① 檔案 → 另存 → 另存

說明：將目前正作用中的檔案「另存」至使用者於對話框中指定的檔案，另存後原始的視窗將關閉，而新儲存的檔案將開啟，且其原始之檔案內容將保持不變。

② 檔案 → 另存 → 將複本儲存成

說明：將目前正作用中的文件儲存為指定的檔案。

③ 檔案 → 另存 → 將複本儲存成樣板

說明：將目前作用中檔案儲存成樣板資料夾中的樣板，其操作過程在本書「10-2-4」有詳細說明。

儲存後的樣板檔 →

④ 檔案 → 另存 → 打包傳送

說明：打包傳送是在單一的位置封裝 Autodesk Inventor 檔案以及其參考檔案，使用打包傳送來儲存檔案資料可複製完整的檔案集，並且保持相關參考檔案的連結，例如在專案中若使用型式資源庫中的標準零件，該標準零件亦會自動被打包傳送在所建立的目標資料夾中，打包傳送對話框如下圖所示。

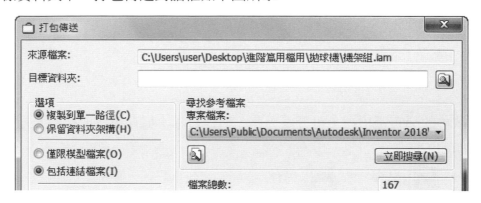

匯出流程

應用程式中的另存選項裡，可分為另存、另存複本、另存複本成樣板、打包傳送，操作流程及說明如下所示：

① 檔案 → 匯出 → 影像

說明：以影像檔案格式(例如：BMP、GIF、JPEG、PNG、TIFE)匯出檔案。

② 檔案 → 匯出 → **3D PDF**

說明：可將單一實體零件或組合實體零件以 PDF 檔案格式匯出，在 PDF 文件中可使用 3D導覽工具相關指令來操控模型視圖，如下圖所示。

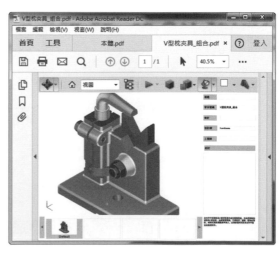

③ 檔案 → 匯出 → PDF

說明：以 PDF 檔案格式匯出檔案。

④ 檔案 → 匯出 → CAD 格式

說明：以其他可接受的 CAD 檔案格式匯出，例如：Parasolid、Creo 或 STEP。

⑤ 檔案 → 匯出 → RVT 格式

說明：將檔案匯出為 Revit 模型(RVT)格式。

⑥ 檔案 → 匯出 → DWG

說明：將檔案匯出至 DWG 檔案格式。

⑦ 檔案 → 匯出 → 匯出至 DWF

說明：DWF(Design Web Format)是一種壓縮的安全格式，主要用於 CAD 資料的發佈與展示，Autodesk Inventor 可發佈與展示有零件、組合、板金、熔接件、圖面及簡報，發佈後的檔案以 Autodesk Design Review 程式開啟，如下圖所示，主要是用來與客戶、行銷人員、廠商及沒有安裝 Autodesk Inventor 程式的其他人員溝通使用。

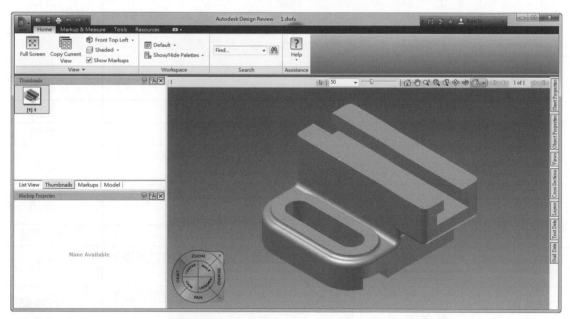

⑧ 檔案 → 匯出 → 傳送 DWF

說明：透過電子郵件將 DWF 檔案格式傳送出去。

1-3　鍵盤與滑鼠

　　熟練的使用鍵盤與滑鼠，將有助於您繪圖效率之提升，在 Autodesk Inventor 中，您可以使用通用 Microsoft Windows 捷徑鍵和快速鍵來執行使用軟體中某些特定工作。

1-3-1　捷徑鍵介紹

　　Autodesk Inventor 2022 系統中，已預先定義許多常用的捷徑鍵和指令別名，如下表所示，捷徑鍵和指令別名僅能在指定的模組中使用。

「鍵」	名稱	功能	品類
F1	說明	說明作用中的指令或對話方塊。	整體
F2	平移	平移圖形視窗。	整體
F2	更名	在模型瀏覽器中啓用節點更名功能。	整體
F3	縮放	在圖形視窗中拉近或拉遠。	整體
F4	旋轉	在圖形視窗中旋轉物件。	整體
F5	上一視圖	返回上一視圖。	整體
F6	等角視圖	顯示模型的等角視圖。	整體
F7	切割圖形	局部切除模型以顯示草圖平面。	草圖
F8	「展示所有約束」	顯示所有約束。	草圖
F9	隱藏所有約束	隱藏所有約束。	草圖
Esc	退出	退出指令。	整體
Delete	「刪除」	刪除選取的物件。	整體
Alt + 拖曳滑鼠		在組合中，套用貼合約束。在草圖中，移動雲形線造型點。	組合
Ctrl + A	選取其他	在模型視圖中，選取元件或次組合時，可存取「選取其他」下拉式功能表。	整體
Ctrl + D	標註	打開或關閉標註 HUD。	3D 草圖
Alt + A	向後切換瀏覽器窗格	將 Inventor 瀏覽器切換為 Vault 增益集瀏覽器。	工具
Ctrl + R	打開/關閉正交模式	打開或關閉 3D 草圖線或雲形線的正交繪製模式。	3D 草圖
Alt + S	向前切換瀏覽器窗格	將 Inventor 瀏覽器切換為 Vault 增益集瀏覽器。	工具
Ctrl + I	推論約束	打開及關閉約束套用。	3D 草圖
Ctrl + Y	重做	啓用「重做」(撤銷最後一次「退回」)。	整體

「鍵」	名稱	功能	品類
Ctrl + Z	退回	在作用中的「直線」指令中，移除最後草繪的線段。	整體
Ctrl + Shift + P	鎖點物件	打開及關閉物件鎖點。	3D 草圖
Shift + 按一下滑鼠右鍵		啓用「選取」指令功能表。	整體
Shift + 旋轉		自動旋轉圖形視窗中的模型。按一下以退出。	整體
Shift + 空格鍵		切換直線和雲形線的草圖平面	3D 草圖
B	件號	啓用「件號」指令。	圖面
BDA	基準面標註集	啓用「基準線標註集」指令。	圖面
C	中心點圓	繪製圓。	草圖
C	約束	啓用「約束」指令。	組合
CH	倒角	建立倒角。	零件/組合
CP	環形陣列	建立草圖幾何圖形的環形陣列。	2D 草圖
D	一般標註	啓用「一般標註」指令。	草圖/圖面
D	面拔模	建立面拔模/推拔。	零件
E	擠出	啓用「擠出」指令。	零件
F	圓角	建立圓角。	零件/組合
FC	特徵控制框	啓用「特徵控制框」指令。	圖面
H	孔	啓用「孔」指令。	零件/組合
L	線	啓用「直線」指令。	草圖
LE	引線文字	建立引線文字	圖面
LO	斷面混成	建立斷面混成特徵。	零件
M	移動元件	啓用「移動元件」指令。	組合
MI	鏡射	建立鏡射特徵。	零件/組合
N	建立元件	啓用「建立元件」指令。	組合
ODS	座標式標註集	啓用「座標式標註集」指令。	草圖
P	放置元件	啓用「放置元件」指令。	組合
Q	建立 iMate	啓用「建立 iMate」指令。	零件/組合
R	迴轉	啓用「迴轉」指令。	零件/組合
RO	旋轉元件	啓用「旋轉元件」指令。	組合
RP	矩形陣列	建立特徵或草圖幾何圖形的矩形陣列。	零件/2D 草圖
S	2D 草圖	啓用「2D 草圖」指令。	2D 草圖/零件/組合
S3	3D 草圖	啓用「3D 草圖」指令。	零件
SW	掃掠	建立掃掠特徵。	零件/組合
T	文字	啓用「文字」指令。	草圖/圖面

「鍵」	名稱	功能	品類
T	轉折元件	啓用「轉折元件」指令。	簡報
TR	修剪	啓用「修剪」指令。	草圖
]	工作平面	建立工作平面。	整體
/	工作軸線	建立工作軸線。	整體
.	工作點	建立工作點。	整體
;	不動工作點	建立不動工作點。	整體
-	水平約束	啓動「水平約束」指令。	草圖
Alt + V	實體和工作特徵	打開和關閉所選實體和工作特徵(平面、軸線、點)的可見性。	零件/組合

注意

1. 若要參考更多的 Inventor 捷徑鍵設定，可參考下列網址。

    https://www.autodesk.com/shortcuts/inventor

2. Autodesk Inventor 系統中的某些捷徑鍵只有在特定環境中才能使用。例如「E」在圖面文件中不能使用，因爲關聯指令只在零件文件中起作用。

3. 當您欲了解某一工具圖示是否定義捷徑鍵時，您可將游標暫時停放在指令工具圖示上方，Inventor 系統即會顯示已定義之功能鍵。

4. 自訂更多的功能鍵(捷徑鍵)其操做步驟如下所示：

STEP 1

①點選 工具。

②點選 自訂。

STEP 2

①點選 鍵盤。

②變更為 草圖。

③變更為未指定。

STEP ③

①在兩點中心線矩形左側區域
　　點按滑鼠左鍵，並輸入字元。
②按 Enter 鍵。
③點選　確定　。

　　經由上述步驟之捷徑鍵指令設定完成後，於零件中的草圖繪製模式時，按「RR」鍵，即可執行兩點中心點矩形指令。

1-3-2　滑鼠的應用

　　滑鼠各鍵之功能，如下表所示：

按鍵	說明
左鍵	選取物件。
中鍵	1. 壓按後並移動滑鼠可使物件平移。 2. 若中鍵為滾輪，則旋轉滾輪可使物件放大或縮小。
右鍵	在不同的檔案類型中壓按滑鼠右鍵皆會出現不同的快顯選單。

1-4　導覽工具

　　在這一章節中，將介紹系統提供的導覽工具、工具列如何開啓與關閉及一般檢視工具、模型檢視工具、相機檢視工具、陰影檢視工具、繪圖環境設定等。

1-4-1　ViewCube 導覽工具

　　ViewCube 是一個常駐式介面，可以使用點選視角方向來進行模型的標準視圖和等角視圖之間進行切換，亦可使用拖曳來旋轉模型。系統預設 ViewCube 工具顯示於螢幕右上位置，且是以非作用中狀態(成半透明狀且不會隱蔽模型的視圖)展示在畫面上，當游標移動至靠近 ViewCube 工具時 ViewCube 即會處於作用中狀態(成不透明狀且會隱蔽模型的視圖)，讓使用者清楚觀看且方便操作，ViewCube 的外觀如下圖所示。

ViewCube 的外觀控制

ViewCube 的開啟與關閉

① 點選 檢視。

② 點選 ▢ 使用者介面。

③ 勾選或取消，即可開啟或 關閉
ViewCube。

④ 螢幕左側的模型瀏覽器亦由此位
置開啟與關閉。

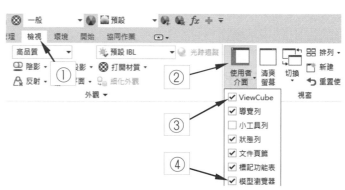

快顯選單

於 ViewCube 圖示上點按滑鼠右鍵，即可顯示快顯選單，快顯選單相關說明如下所示：

快顯選單狀態	模型特徵相對顯示狀態
移至主視圖(G) 將還原與模型特徵一起儲存時的主視圖窗	
將目前視圖切換至正投影模式 ☑ 正投影(T) 透視(E) 透視與正交面(F)	前視圖

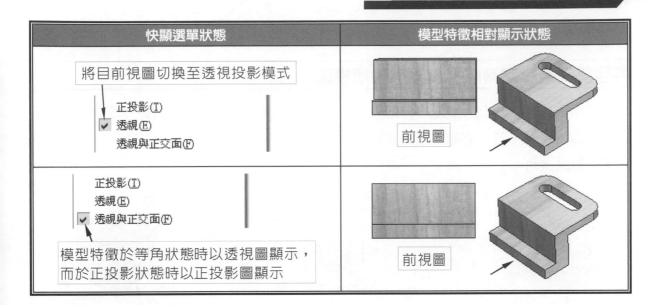

固定距離與佈滿視圖

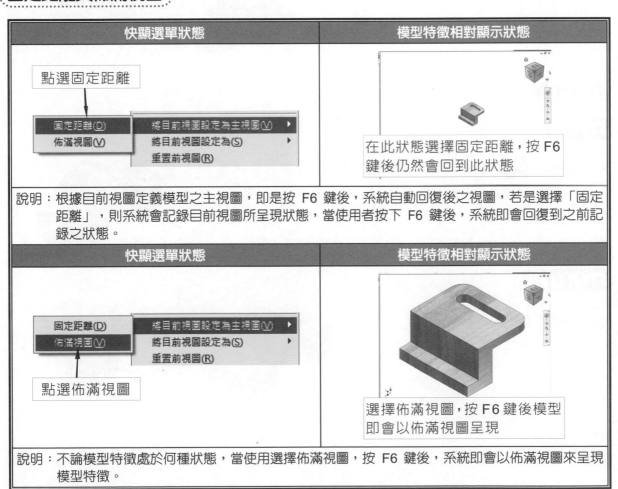

快顯選單狀態	模型特徵相對顯示狀態
點選固定距離 固定距離(D)　將目前視圖設定為主視圖(V) ▶ 佈滿視圖(V)　將目前視圖設定為(S) ▶ 　　　　　　重置前視圖(R)	在此狀態選擇固定距離，按 F6 鍵後仍然會回到此狀態

說明：根據目前視圖定義模型之主視圖，即是按 F6 鍵後，系統自動回復後之視圖，若是選擇「固定距離」，則系統會記錄目前視圖所呈現狀態，當使用者按下 F6 鍵後，系統即會回復到之前記錄之狀態。

快顯選單狀態	模型特徵相對顯示狀態
固定距離(D)　將目前視圖設定為主視圖(V) ▶ 佈滿視圖(V)　將目前視圖設定為(S) ▶ 　　　　　　重置前視圖(R) 點選佈滿視圖	選擇佈滿視圖，按 F6 鍵後模型即會以佈滿視圖呈現

說明：不論模型特徵處於何種狀態，當使用選擇佈滿視圖，按 F6 鍵後，系統即會以佈滿視圖來呈現模型特徵。

→ **應用實例一**

將目前視圖設定為前視圖與重置前視圖

　　可指定目前畫面上所呈現的任何模型特徵視角來做為前視圖，下圖是以零件的某平面來指定為前視圖，若要解除前視圖之定義，僅需於快顯工能表選取重置前視圖，即可恢複系統預設之視角。

②設定零件此面為前視圖

①目前視角

③設定後的視角

操作步驟

STEP ①

①點選 📁 開啟開啟練習檔案
　　→ Ch1\定義前視圖.ipt。
②開啟如圖所示。

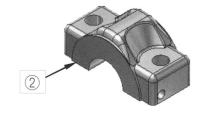

STEP ②

①點選 特徵左側平面。
②點選 下。

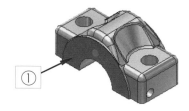

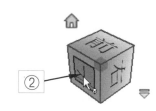

STEP ③

①在 ViewCube 圖示上點
　按滑鼠右鍵。
②移動到將目前視圖設定
　為。
③點選 前視圖。

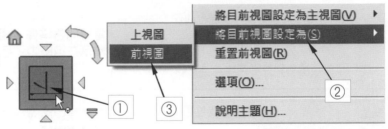

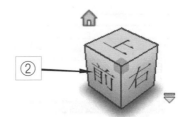

STEP ④

①按 F6 鍵，將視窗轉為等角視圖。
②ViewCube 之前視圖方位的文字已改
　為「前」。

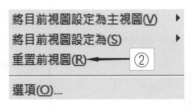

STEP ⑤

①在 ViewCube 圖示上按滑鼠右
　鍵。
②點選 重置前視圖。
③回到系統預設視角。

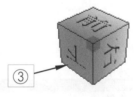

ViewCube 選項：

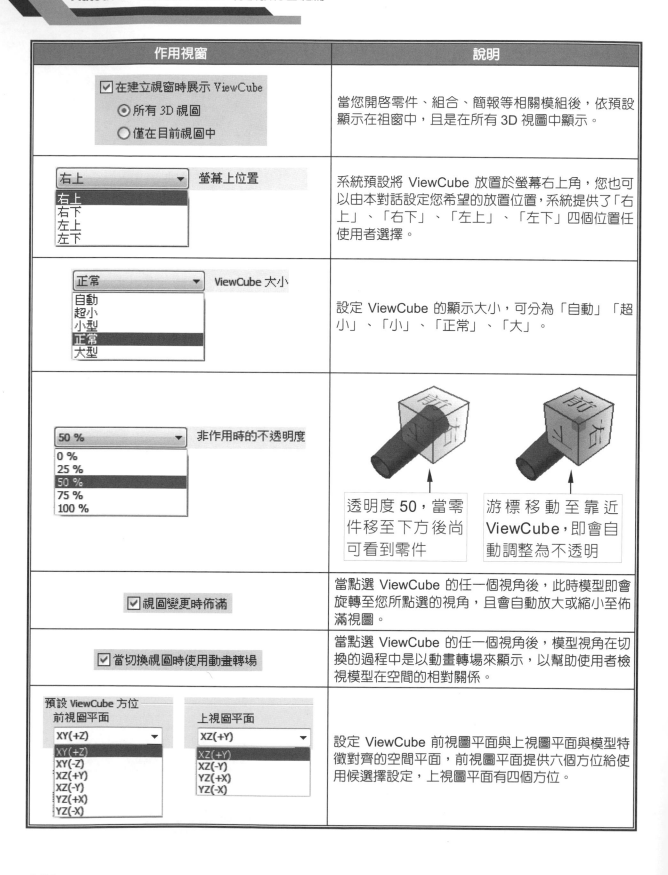

作用視窗	說明
☑ 在建立視窗時展示 ViewCube ◉ 所有 3D 視圖 ○ 僅在目前視圖中	當您開啟零件、組合、簡報等相關模組後，依預設顯示在祖窗中，且是在所有 3D 視圖中顯示。
右上 ▼　螢幕上位置 右上 右下 左上 左下	系統預設將 ViewCube 放置於螢幕右上角，您也可以由本對話設定您希望的放置位置，系統提供了「右上」、「右下」、「左上」、「左下」四個位置任使用者選擇。
正常 ▼　ViewCube 大小 自動 超小 小型 正常 大型	設定 ViewCube 的顯示大小，可分為「自動」「超小」、「小」、「正常」、「大」。
50 % ▼　非作用時的不透明度 0 % 25 % 50 % 75 % 100 %	透明度 50，當零件移至下方後尚可看到零件　游標移動至靠近 ViewCube，即會自動調整為不透明
☑ 視圖變更時佈滿	當點選 ViewCube 的任一個視角後，此時模型即會旋轉至您所點選的視角，且會自動放大或縮小至佈滿視圖。
☑ 當切換視圖時使用動畫轉場	當點選 ViewCube 的任一個視角後，模型視角在切換的過程中是以動畫轉場來顯示，以幫助使用者檢視模型在空間的相對關係。
預設 ViewCube 方位 前視圖平面　XY(+Z) ▼ XY(+Z) XY(-Z) XZ(+Y) XZ(-Y) YZ(+X) YZ(-X) 上視圖平面　XZ(+Y) ▼ XZ(+Y) XZ(-Y) YZ(+X) YZ(-X)	設定 ViewCube 前視圖平面與上視圖平面與模型特徵對齊的空間平面，前視圖平面提供六個方位給使用候選擇設定，上視圖平面有四個方位。

作用視窗	說明
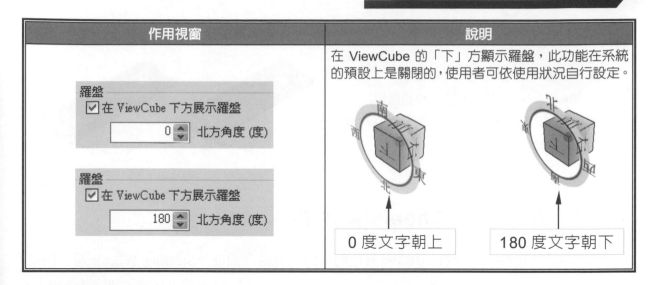	在 ViewCube 的「下」方顯示羅盤，此功能在系統的預設上是關閉的，使用者可依使用狀況自行設定。

→ **應用實例二**

ViewCube 旋轉

　　以 ViewCube 進行旋轉皆是由「軸心」做為旋轉之中心，當旋轉時系統會自動抓取模型特徵或組合件之正中心為軸心來旋轉，其軸心亦可依使用者喜好而自行設定，操作步驟如下所示：

操作步驟

STEP ①

①點選 　　　 開啓開啓練習檔案 →
　Ch1\踏板.ipt。
②開啓如圖所示。

STEP ②

①於 View Cube 上壓住滑鼠左鍵並拖曳。
②零件中心即會出現軸心圖示，並以此軸心
　為旋轉中心。
③放開滑鼠左鍵，並按 F6。

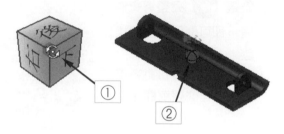

STEP ③

①點選 踏板右下角點。

②於 View Cube 上壓住滑鼠左鍵並拖曳。

③踏板右下角點即會出現軸心圖示，並以此軸
心為旋轉中心。

1-4-2 Steering Wheels(操控盤)

　　Steering Wheels(操控盤)，由許多常用的導覽工具結合而成，Steering Wheels 是一個單一介面，這個綜合多項功能為一體的單一介面，主要是為使用者帶來更為方便、有效率的繪圖環境，以節省使用的寶貴時間。

　　Steering Wheels (操控盤)在 Inventor 系統中的呈現方式有兩種模式，在零件檔、組合檔及簡報檔中為 3D 模式，在圖面檔中為 2D 模式，如下所示：

3D Steering Wheels(操控盤)	2D Steering Wheels(操控盤)
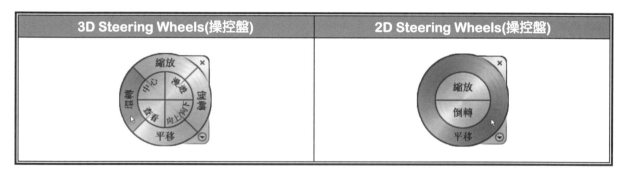	

Steering Wheels 的外觀控制

📦 **Steering Wheels 的開啟與關閉：**

①點選 檢視。

②點選 🔘 完整導覽操控
盤，即可開啟與關閉操控
盤。

③於螢幕右上直接點選操控
盤，亦可開啟或關閉。

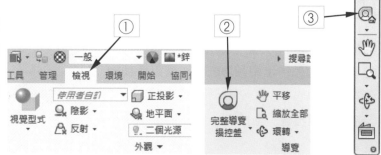

切換不同 3D Steering Wheels 導覽模式

🏠 路徑一：

① 點選 檢視 。

② 點選 展開按鈕。

③ 點選 欲執行的操控盤。

🏠 路徑二：

① 點選 導覽列上的展開箭頭。

② 點選 欲執行的操控盤。

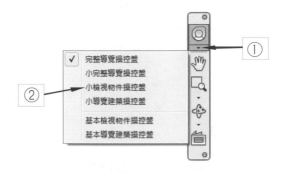

3D Steering Wheels 的導覽模式

操控盤	操作說明
完整導覽 操控盤	此操控盤是專為 3D 使用者優化設計的導覽工具，操作時是以滑鼠左鍵壓住楔形區域，並拖曳滑鼠，即可呈現導覽動作，當您放開滑鼠左鍵時，即可返回至操控盤。

操控盤	操作說明
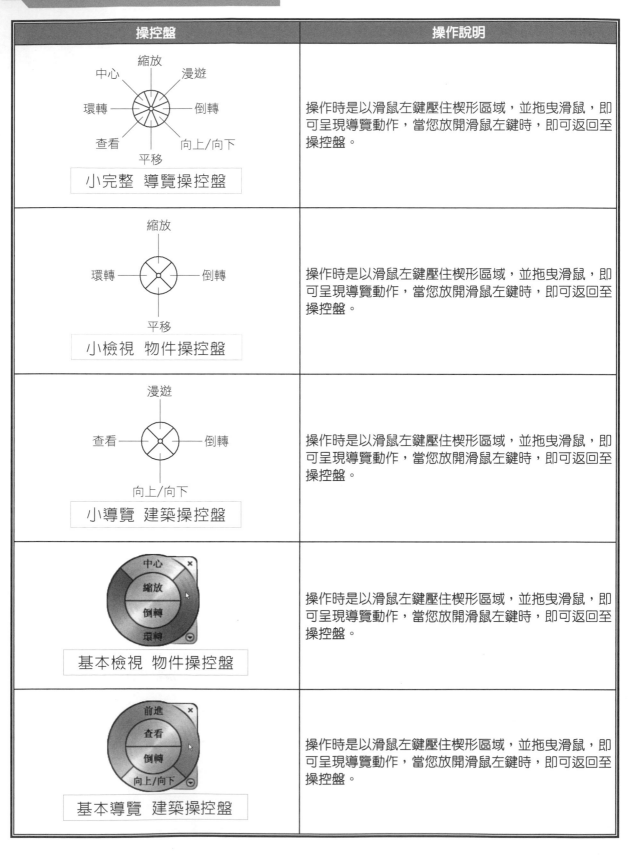 小完整 導覽操控盤	操作時是以滑鼠左鍵壓住楔形區域,並拖曳滑鼠,即可呈現導覽動作,當您放開滑鼠左鍵時,即可返回至操控盤。
小檢視 物件操控盤	操作時是以滑鼠左鍵壓住楔形區域,並拖曳滑鼠,即可呈現導覽動作,當您放開滑鼠左鍵時,即可返回至操控盤。
小導覽 建築操控盤	操作時是以滑鼠左鍵壓住楔形區域,並拖曳滑鼠,即可呈現導覽動作,當您放開滑鼠左鍵時,即可返回至操控盤。
基本檢視 物件操控盤	操作時是以滑鼠左鍵壓住楔形區域,並拖曳滑鼠,即可呈現導覽動作,當您放開滑鼠左鍵時,即可返回至操控盤。
基本導覽 建築操控盤	操作時是以滑鼠左鍵壓住楔形區域,並拖曳滑鼠,即可呈現導覽動作,當您放開滑鼠左鍵時,即可返回至操控盤。

1-4-3　檢視工具

在 Inventor 中，所有的檢視工具皆放置於檢視標籤中，且系統更提供了如 ViewCube、導覽列等優化工具，若不小心將相關工具列或瀏覽器關閉了，或欲開啟其它工具列，皆可由下列路徑執行開啟或關閉：

①點選 檢視標籤。

②點選 ▢ 使用者介面。

③勾選或取消勾選，即可開啟或關閉相關的瀏覽器或工具列。

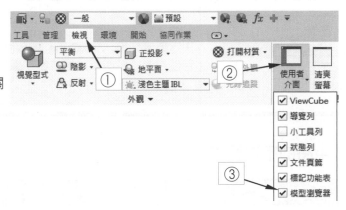

1-4-3-1　導覽列

導覽列，系統預設是與 ViewCube 同時放置於繪圖區的右上角，導覽列上提供了常用的檢視工具，如平移、縮放、環轉等，這些系統預設的工具亦可依使用者喜好而自行新增或刪減。

新增/刪減檢視工具

①點選 自訂，以展開自訂面版。

②點選 欲新增的工具。

③若欲刪除顯示工具，則取消勾選即可。

④亦可於導覽列的工具上點按滑鼠右鍵。

⑤點選 從導覽列移除。

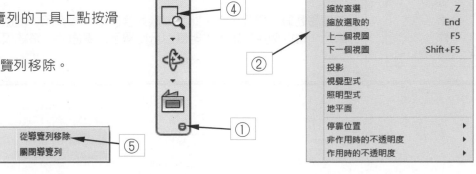

停靠位置

指令選項	說明
✔ 連結到 ViewCube	系統預設此選項為勾選狀態，即當導覽列開啓時，ViewCube 亦會開啓，移動時同時移動，此兩功能之顯示為連動狀態，若不希望其連結顯示，僅需將此選項取消勾選即可。
左上 ✔ 右上 左下 右下	決定導覽列及 ViewCube 的放置位置，系統預設位置為繪圖區的右上角，若使用者欲更改其放置位置，僅需於快顯選單中直接點選即可。

非作用時的不透明度

指令選項	說明	
0% 25% ✓ 50% 75% 100%	未將游標移動靠近導覽列時，此時導覽列稱為非作用中狀態，而此時導覽列的顯示，會以使用設定的透明度百分比顯示於畫面上，系統預設為 50%。	透明度 25% 透明度 100%

作用時的不透明度

指令選項	說明
25% 50% 75% ✓ 100%	將游標移動靠近導覽列時，此時導覽列會自動進入作用中的狀態，而此時導覽列的顯示，會以使用設定的透明度百分比顯示於畫面上，系統預設為 100%。

🔅 1-4-3-2　檢視工具介紹

　　在這一小節中主要是讓您了解到，視窗的縮放、平移、環轉等功能，檢視工具除了可在導覽列上點取外，亦可在功能區中點取，如下圖所示。

① 點選 檢視。
② 點選 檢視工具。

導覽工具

指令	說明
平移 🖐	在圖形視窗中，使用「平移」按鈕，可沿著平行於螢幕的任何方向移動視圖。若其他工具正在作用中時亦可平移視圖。 ① 按一下「平移」按鈕或按住 F2 鍵及滑鼠左鍵。 ② 在圖形視窗中，利用箭頭游標來拖曳視圖。
縮放 ±🔍	利用「縮放」按鈕在圖形視窗內拉近或拉遠視圖，以得到所需的大小。若有其他工具正在作用時，也可以縮放視圖。 1. 按一下「縮放」按鈕或按住 F3 鍵及滑鼠左鍵。 2. 利用箭頭游標來按一下並拖曳視圖。向下拖曳為放大視圖；向上拖曳為減小視圖。
縮放全部 🔍	利用「標準」工具列中的「縮放全部」按鈕來縮放零件、組合件、圖面等，可以使所有零件都顯示在圖形視窗中。
縮放窗選 🔍	利用「縮放窗選」按鈕窗選零件、組合或圖面局部放大區域。 1. 按一下「縮放窗選」按鈕。 2. 使用十字游標來確定區域的位置。 3. 按一下並拖曳來框住所需的區域。
縮放選取的 🔍	利用「縮放選取」按鈕將選取的邊、特徵或其他圖元縮放至圖形視窗的大小。 1. 按一下「縮放選取」按鈕。 2. 按一下要對焦的邊、特徵或其他圖元。
環轉 🔄	在螢幕空間中自由環轉模型，相關說明如下圖所示。

環轉操作

當您按工具列上的「 ⟨◈⟩ 環轉」按鈕或按住「F4」鍵不放,即會出現如下圖所示之環轉模式,依游標位置不同,出現之游標型式亦不同。

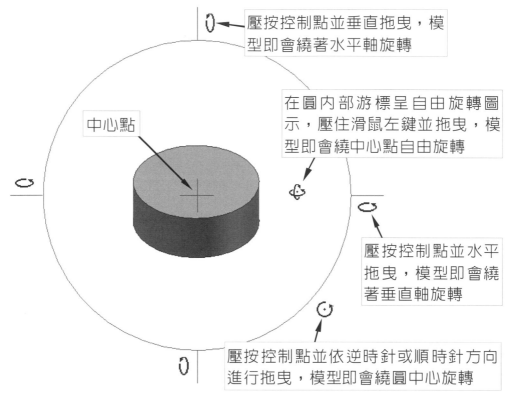

壓按控制點並垂直拖曳,模型即會繞著水平軸旋轉

在圓內部游標呈自由旋轉圖示,壓住滑鼠左鍵並拖曳,模型即會繞中心點自由旋轉

中心點

壓按控制點並水平拖曳,模型即會繞著垂直軸旋轉

壓按控制點並依逆時針或順時針方向進行拖曳,模型即會繞圓中心旋轉

指令	說明
轉正檢視 🖼	當您欲觀看某一面的實際形狀,或是欲將某一平面轉正為與螢幕平行之草繪平面時,即可利用此查看之功能,其執行方式如下。

轉正檢視操作(面轉正)

① 點選 🖼 轉正檢視。

② 點選 欲查看的平面。

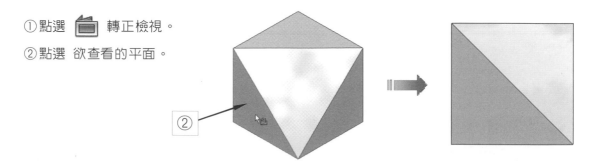

轉正檢視操作(線轉正)

以轉正檢視選擇斜線時，此斜線會被轉正為水平。

① 點選　邊線。
② 點選　🗁　轉正檢視。

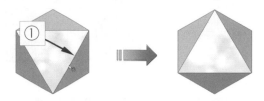

主視圖(等角視)

主視圖是將零件特徵旋轉至等角視圖。

① 於繪圖區點按滑鼠右鍵。
② 點選　主視圖。

　　直接按鍵盤上的「F6」鍵，亦可回到
主視圖。

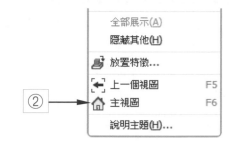

顯示設定工具

在外觀顯示設定中，使用者可變更圖形的投影模式及視覺型式等，外觀顯示設定位置
如下圖所示。

① 點選　檢視。
② 點選　外觀顯示設定指
　令。

投影模式

指令	說明
正投影相機 	在「正投影」模式中顯示的模型，所有視線皆相互平行。

指令	說明	
透視相機		在「透視相機」模式中，組合件或零件是以三點透視來顯示，平行線的視覺效果將會收斂為一個消失點，這正是相機或人眼透視實際物件的方式。
透視與正交面	透視圖　　正投影	模型特徵於等角狀態時以透視圖顯示，而於正投影狀態時以正投影圖顯示。

視覺型式

指令		說明
擬真		將模型的視覺型式設定為具有高品質描影的擬真材質的外觀顯示。
描影		將模型的視覺型式設定為平滑描影的外觀顯示。
帶邊的描影		將模型的視覺型式設定為具有可見邊的平滑描影的外觀顯示。
具有隱藏邊的描影		將模型的視覺型式設定為具有隱藏邊的外觀顯示。
線架構		將模型的視覺型式設定為僅模型邊的外觀顯示。
具有隱藏邊的線架構		將模型的視覺型式設定為具有隱藏邊的線架構的外觀顯示。
僅有可見邊的線架構		將模型的視覺型式設定為僅具有可見邊的線架構的外觀顯示。
單色		將模型的視覺型式設定為簡化的單色描影模型的外觀顯示。
水彩		將模型的視覺型式設定為手工彩繪水彩外觀顯示。

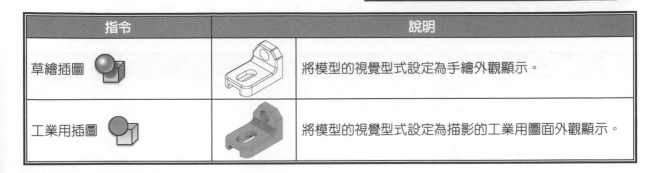

指令		說明
草繪插圖		將模型的視覺型式設定為手繪外觀顯示。
工業用插圖		將模型的視覺型式設定為描影的工業用圖面外觀顯示。

陰影顯示工具

指令		說明
無陰影		模型特徵顯示時，不會於模型下方投射出陰影。
地面陰影		將陰影投射於模型下方，但工作特徵(如基準平面、基準軸等)無法在陰影中呈現。
物件陰影		元件特徵相對於作用中的照明型式投射陰影。可以調整環境陰影、光源強度等使用照明型式。
環境陰影		在模型被擋住的區域中顯示增強的陰影。環境陰影提供更擬真的外觀，但同時也會提高對圖形硬體的要求。
所有陰影		顯示所有可見場景物件的陰影。根據目前的照明，在場景中顯示特徵、元件的陰影。環境陰影用於增強被擋住的區域。

點選 設定... 可以開啓 型式與標準編輯器，進行設定。

反射

指令		說明
無反射		不顯示地面反射。
顯示反射		在地平上顯示模型反射，地面反射可以顯示目前視角無法看到的區域，也可以讓場影更有深度及空間感。

點選 設定... 可以開啓 地平面設定 對話框。

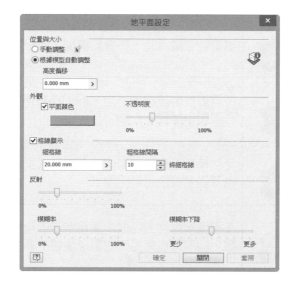

照明

將目前場景照明型式變更爲選取的型式。

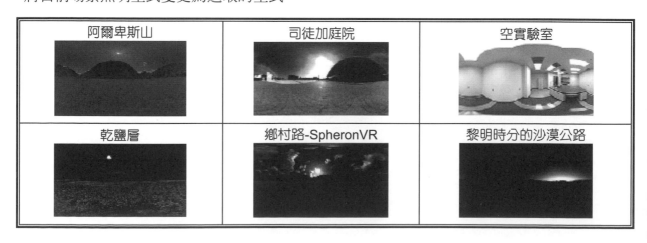

陰影顯示工具

指令		說明
無地平面		不顯示地平面。
開啓地平面		開啓圖形場景中的地平面顯示，地平面可以協助模型定位，並在視覺上形成方向感，地平面的格線顯示可提供比例感。

材料設定

　　材料的選用設定(設定部分包含材料的物理性質等)，可使您繪製的零件更貼近於眞實狀況，以符合使用者的需求，設定路徑如下所示。

◆ 材料設定路徑 1：

①點選　箭頭。
②在材料選單內選擇
　　所需的材料。

◆ 材料設定路徑 2：

①點選　材料　⊗。
②點按　滑鼠右鍵。
③點選　加入到
④點選　文件材料。
⑤點選　　X　。

材料已加入至材料庫

⑥點選 箭頭。

⑦在材料選單內選擇
所需的材料。

材料設定路徑 3：

①點選 工具。

②點選 材料和外觀。

③點選 箭頭。

④選取所需材料。

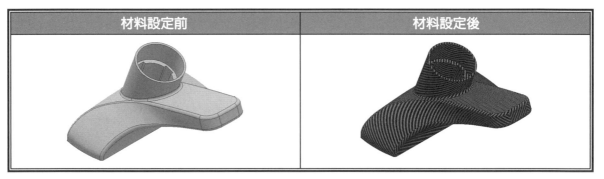

材料設定前	材料設定後

外觀設定

　　選取一種外觀，將其指定給面、特徵或物件。在「外觀瀏覽器」中文件外觀位於上方
區段中，資源庫外觀位於下方區段中。

　　利用「 清除」工具可以清除已設定的外觀，利用「 調整」工具可以複製物件
上已經存在的外觀到其他的面、特徵或物件。

外觀設定路徑 1：

①點選 箭頭。

②在外觀選單內選擇
所需的外觀。

外觀設定路徑 2：

① 點選 🔵 外觀。
② 點按 滑鼠右鍵。
③ 點選 加入到
④ 點選 文件材料。
⑤ 點選 ✕ 。

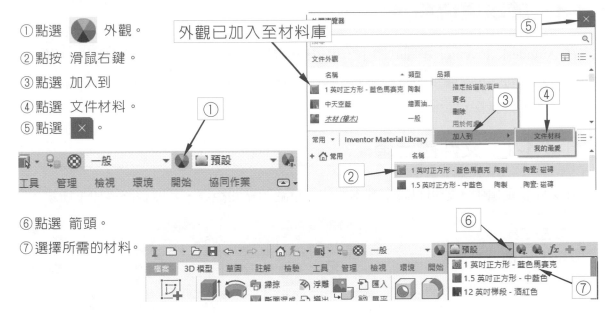

⑥ 點選 箭頭。
⑦ 選擇所需的材料。

外觀設定路徑 3：

① 點選 工具。
② 點選 材料和外觀。
③ 點選 箭頭。
④ 選取所需材料。

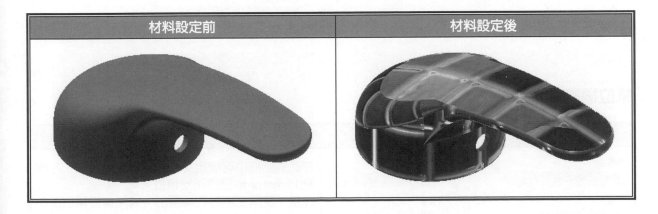

材料設定前	材料設定後

1-4-4 繪圖環境設定

在 Autodesk Inventor 繪圖軟體中，可依使用者喜好做一些繪圖的相關設定，例如：尺度單位、顯示的顏色、顯示的品質等，在本章節中，將著重於使用者較常使用之設定部分，其未說明者，建議採預設值即可。

1-4-4-1 文件設定值

於文件設定值中，您可以設定基本單位、草圖鎖點間距等，其開啟路徑如下所示：

①點選 工具。
②點選 📑 文件設定。

開啟後的文件設定對話框如右圖所示，在文件對話框中可設定光源的照明型式、材料、尺度顯示性質等。

單位標籤

對話框選項	說明
長度 英吋 　時間 秒　角度 度 　質量 磅質量	在此對話框中可設定文件的預設測量單位，左圖為 Inventor 軟體的預設單位。 注意：建議使用者在繪圖前，先將長度單位改為公釐。

對話框選項	說明
線性標註顯示的精確度 3.123　⌄ 角度標註顯示的精確度 2.12　⌄	55.341 105.85
◉顯示為值 ○顯示為名稱 ○顯示為表示式 ○顯示公差 ○顯示精確值	88.341 105.85
○顯示為值 ◉顯示為名稱 ○顯示為表示式 ○顯示公差 ○顯示精確值	d136 d137
○顯示為值 ○顯示為名稱 ◉顯示為表示式 ○顯示公差 ○顯示精確值	d136 = 88.3405983 mm d137 = 105.85 deg
○顯示為值 ○顯示為名稱 ○顯示為表示式 ◉顯示公差 ○顯示精確值	88.341 105.85
○顯示為值 ○顯示為名稱 ○顯示為表示式 ○顯示公差 ◉顯示精確值	88.3405983 105.8497589693

⚙ 1-4-4-2　應用程式選項的設定

您可以在應用程式選項中，設定選項來控制 Autodesk Inventor 工作環境的顏色、顯示、行為模式、專案儲存路徑、預設檔案位置等各種的使用者功能，其開啟路徑如下圖所示。

① 點選 工具。
② 點選 🖿 應用程式
　　選項。

選項說明

◈ 一般頁籤：

1. **註解比例**：註解比例的設定將會影響「尺度」以及「3D 指示符號」的顯示大小，如下圖所示。

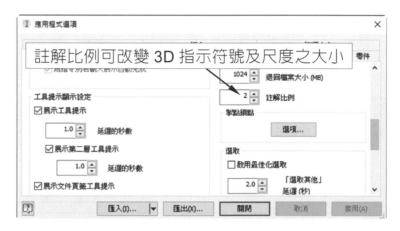

2. **顯示 3D 指示符號**：3D 指示符號由 3 個帶有顏色的箭頭組成，X 軸為紅色箭頭，Y 軸為綠色箭頭，Z 軸為藍色箭頭，系統預設為顯示 3D 指示符號，並於 3D 指示符號前顯示 X、Y、Z 字元，若您為了使畫面單純些，可將此選項取消勾選即可，設定畫面如下圖所示。

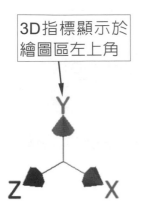

3D指標顯示於繪圖區左上角

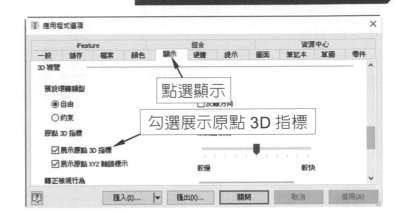

點選顯示

勾選展示原點 3D 指標

儲存頁籤

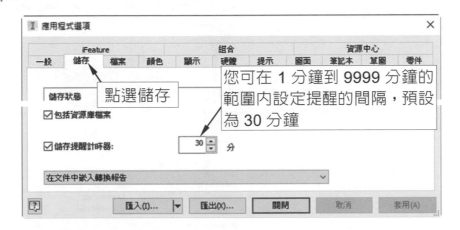

點選儲存

您可在 1 分鐘到 9999 分鐘的範圍內設定提醒的間隔，預設為 30 分鐘

當使用者設定儲存提醒時間後，即會由右上角的 Autodesk Account 來提醒使用者，進行檔案儲存，如下圖所示。

檔案頁籤：(變更預設樣板為公制)

①點選 檔案。
②點選 規劃預設樣板。

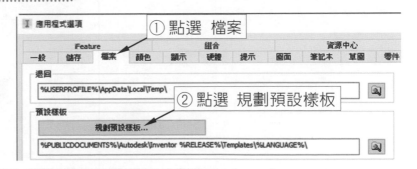

① 點選 檔案

② 點選 規劃預設樣板

③勾選 公釐。
④勾選 ISO。
⑤點選 確定。

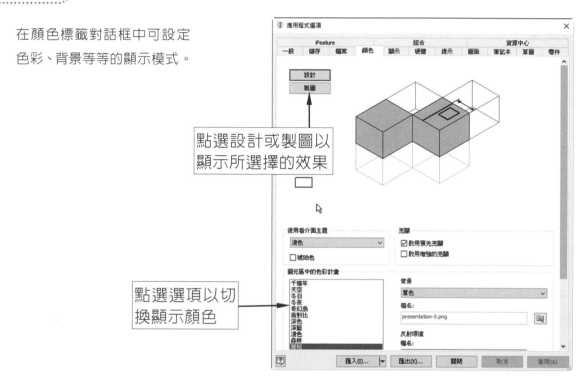

顏色頁籤

在顏色標籤對話框中可設定
色彩、背景等等的顯示模式。

點選設計或製圖以
顯示所選擇的效果

點選選項以切
換顯示顏色

顏色頁籤(背景)

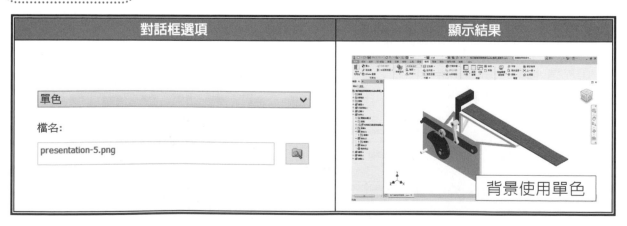

對話框選項	顯示結果
單色　　　　　　　　　　　　　　　　　　　　ˇ　　　　檔名:　　presentation-5.png	背景使用單色

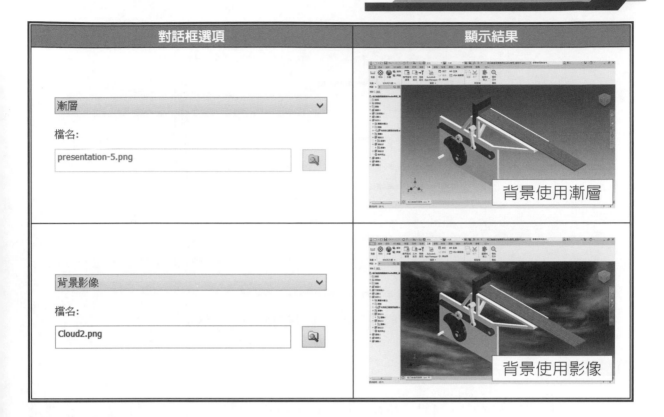

對話框選項	顯示結果
漸層 檔名: presentation-5.png	背景使用漸層
背景影像 檔名: Cloud2.png	背景使用影像

硬體頁籤

　　設定 Autodesk Inventor 系統圖形顯示卡作業的圖形顯示選項。當您有變更任何顯示設定時，則需重新開啓 Inventor 視窗，經變更之新設定值才會生效。

> **注意!**
>
> 當您執行 Inventor 軟體時，若 Inventor 軟體系統會自動跳出或當機，即可能有某些動作需調整，如下所示。
> 1. 切換硬體標籤中的四個選項，並檢視是否已有改善。
> 2. 若切換選項後仍會當機，可嘗試將顯示卡驅動程式更新或改爲英文版。
> 3. 更新版本，可至 Autodesk 網站下載更新版。

草圖頁籤

草圖：在草圖設定欄位中，可設定格線、細格線、軸等的選項，這些選項的設定，主要是提供使用者更方便的草圖繪製環境，其顯示狀態如下圖所示。

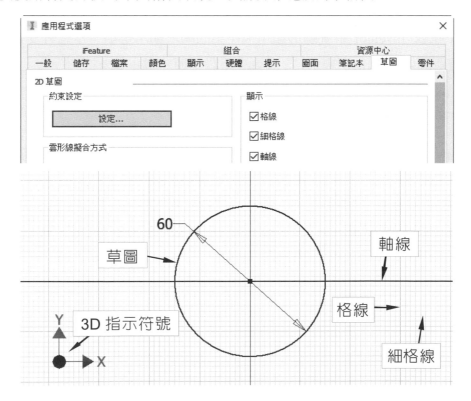

其他選項

選項	說明
☑ 鎖點至格線 繪製草圖時，游標會鎖定在格線上或格線與格線中間。	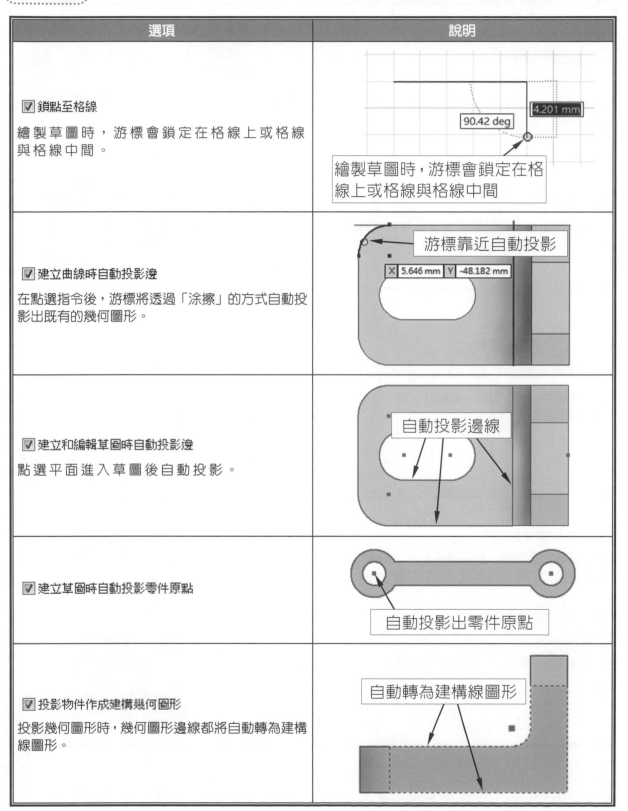繪製草圖時，游標會鎖定在格線上或格線與格線中間
☑ 建立曲線時自動投影邊 在點選指令後，游標將透過「涂擦」的方式自動投影出既有的幾何圖形。	游標靠近自動投影
☑ 建立和編輯草圖時自動投影邊 點選平面進入草圖後自動投影。	自動投影邊線
☑ 建立草圖時自動投影零件原點	自動投影出零件原點
☑ 投影物件作成建構幾何圖形 投影幾何圖形時，幾何圖形邊線都將自動轉為建構線圖形。	自動轉為建構線圖形

選項	說明
建立和編輯草圖時轉正檢視草圖平面 ☑ 在零件環境中 ☑ 在組合環境中 在零件或組合環境中,建立或編輯草圖時,會將草圖平面轉成與螢幕平行。	平面轉成與螢幕平行 點選草圖繪製平面
☑ 點對齊 自動判斷新建幾何圖形的端點與既有幾何圖形的端點、中心點等以虛線指示對齊。	經過可對齊之點時,即會自動出現引導虛線 25.879 mm
☑ 根據初始標註自動調整草圖幾何圖形的比例 草圖繪製完成後,以第一個標註尺度,自動縮放整體草圖的比例大小。	5.811 → 10 / 10
☑ 建立 3D 線時自動折彎 此選項預設為關閉,當勾選後,在 3D 草圖繪製連續線段時,其線段與線段間將自動產生折彎。	10 fx:10 自動建立折彎 fx:10
草圖顯示 透過描影模型顯示之草圖的不透明度。 0 ────── 100 0 %	透明度 0%

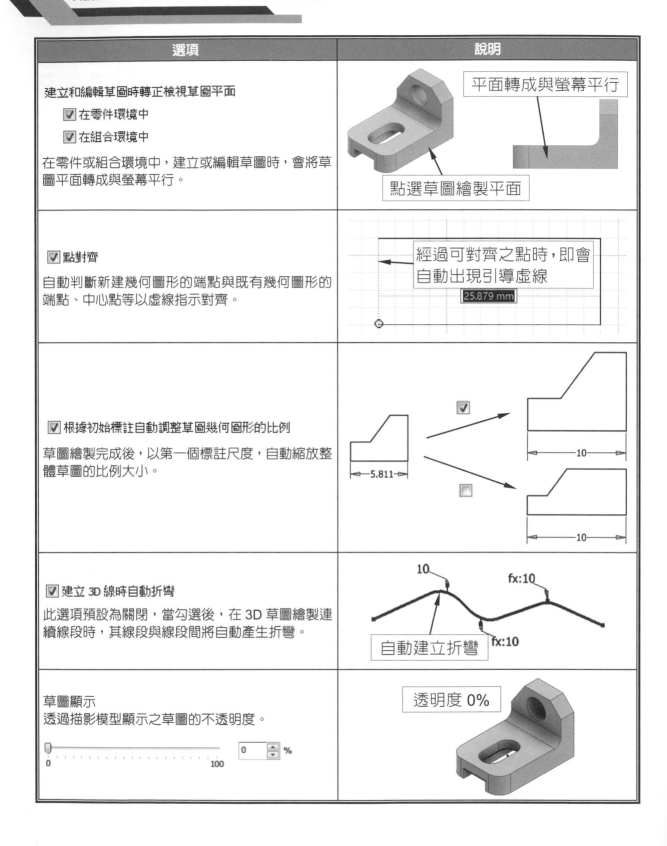

選項	說明
草圖顯示 透過描影模型顯示之草圖的不透明度。 0 ⎯⎯⎯⎯⎯⎯⎯⎯⎯⎯ 100　50 ⬆⬇ %	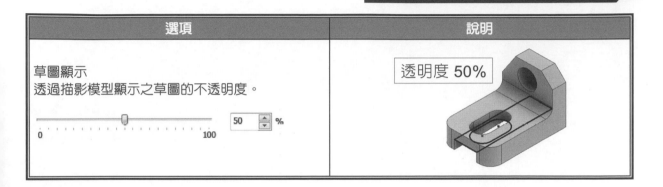 透明度 50%

零件頁籤

選項	說明
⦿無新草圖	建立零件時，不使用自動建立草圖模式。
建立新零件時的草圖 ○無新草圖 ⦿在 X-Y 平面繪製草圖 ○在 Y-Z 平面繪製草圖 ○在 X-Z 平面繪製草圖	將 X-Y 平面設定為草圖繪製平面
建立新零件時的草圖 ○無新草圖 ○在 X-Y 平面繪製草圖 ⦿在 Y-Z 平面繪製草圖 ○在 X-Z 平面繪製草圖	將 Y-Z 平面設定為草圖繪製平面
建立新零件時的草圖 ○無新草圖 ○在 X-Y 平面繪製草圖 ○在 Y-Z 平面繪製草圖 ⦿在 X-Z 平面繪製草圖	將 X-Z 平面設定為草圖繪製平面

草圖繪製與編輯

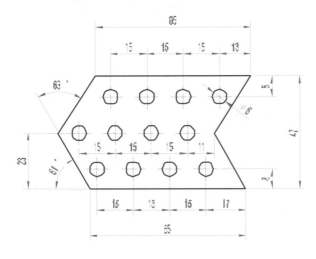

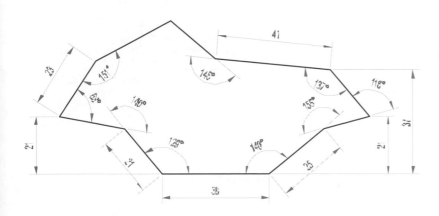

2-1　草圖的概念

　　所謂草圖，即是以 Inventor 所繪製的 2D 圖形或輪廓稱為草圖，再將此 2D 草圖往某深度軸方向擠出一個深度，即可建立 3D 實體特徵，如圖 2-1 所示。

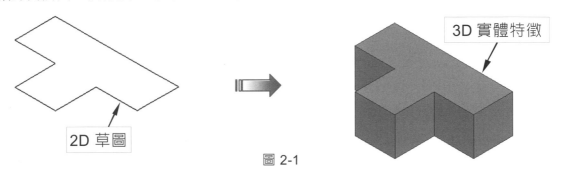

3D 實體特徵

2D 草圖

圖 2-1

2-1-1　3D 實體特徵建構過程

3D 實體特徵的建立過程大至可分為下列步驟

1. 選擇 2D 草圖繪製平面，如圖 2-2(a)所示，當您將系統內定之「YZ」、「XZ」、「XY」平面之可見性開啓後，即可自行指定某一工作平面為草圖繪製平面，或使用「工作平面 ⬚」工具另行建立所需之草圖繪製平面。

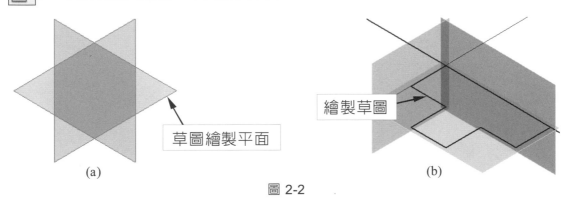

草圖繪製平面

繪製草圖

(a)　　　　　　　　　　　　　　　　　(b)

圖 2-2

2. 繪製與欲完成之圖形大約相近似之草圖，如圖 2-2(b)所示。

3. 加入約束條件並標註尺度，以完成正確之草圖形狀，如圖 2-3(a)所示。

4. 以「擠出」、「迴轉」等特徵建構工具，將草圖建立成 3D 實體特徵，如圖 2-3(b)(c) 所示。

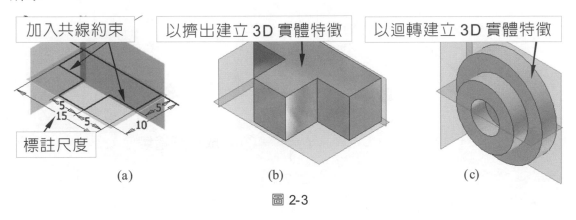

圖 2-3

2-2　進入與結束草圖繪製

指定草圖繪製之工作平面步驟如下

點選工具列的 新建 📄 → 以滑鼠左鍵快按兩下「 Standard.ipt 」 → 開啟零件檔 → 點

選如圖 2-4 所示①②③ → 按 F6 鍵 →

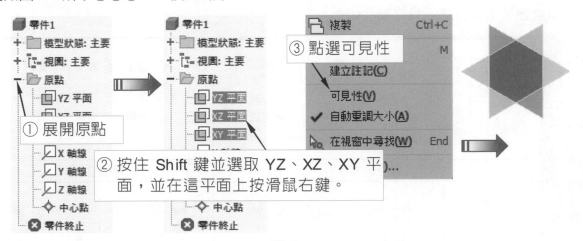

圖 2-4

→ 點選 🗔 開始繪製 2D 草圖 → 點選圖 2-5 所示① → 進入草圖繪製模式② → 繪製完成所需的幾何草圖③ → 點選 ✔ 完成草圖 → 按 F6 鍵轉成等角視圖；按 F5 返回上一視圖。

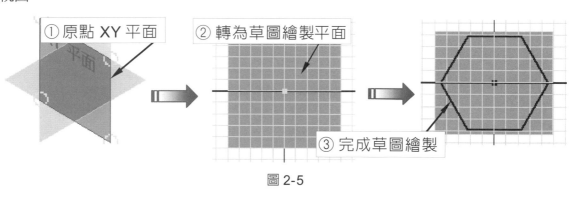

① 原點 XY 平面　② 轉為草圖繪製平面　③ 完成草圖繪製

圖 2-5

2-3 2D 草圖工具

草圖頁籤主要包含有「建立」、「修改」、「陣列」、「約束」等面板，面板內有建立草圖所需要的指令。

2-3-1 草圖工具介紹

草圖繪製工具台各工具之屬性如下：

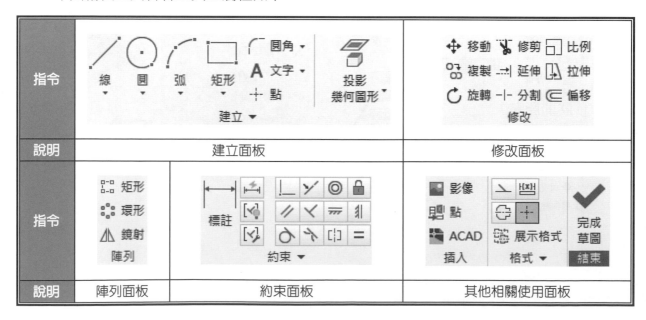

指令	建立面板	修改面板
說明	建立面板	修改面板
指令	陣列面板	約束面板	其他相關使用面板
說明	陣列面板	約束面板	其他相關使用面板

將游標放置於指令上約兩秒時間，即會出現指令說明視窗，在指令名稱右側若出現英文字母時，例如右圖所示①指令名稱旁出現「L」，此「L」是系統內定直線指令之快速指令，當使用者在草圖繪製模式時按下「L」鍵就可執行畫線指令。

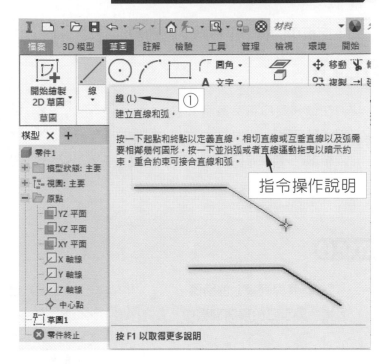

而若面板下方出現「▼」之圖示時，即表示在主面板下方仍有其它工具圖示，當使用者按下「▼」圖示後即會展開擴充面板，如下表所示：

指令	說明
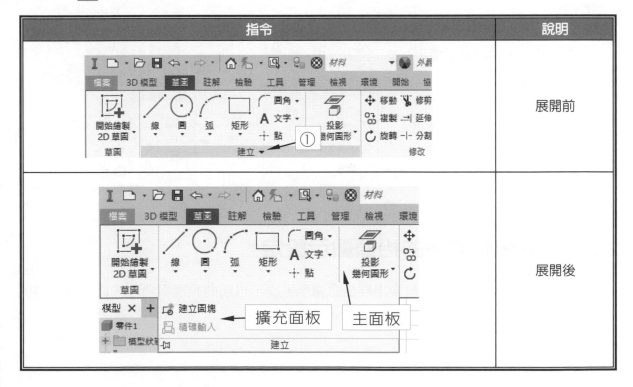	展開前
	展開後

主面板中的指令可移動至展開面板，反之亦同，其操作方式如下所示：

STEP 1

①在欲移動的指令圖示上按
　滑鼠右鍵。
②點選 移動至展開面板。

STEP 2

①點選 展開面板上的箭頭。
②指令圖示已於展開面板中。

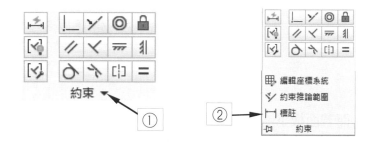

STEP 3

①在展開面板中的指令圖示上按
　滑鼠右鍵。
②點選 移至主面板。
③指令圖示再次顯示於主面版。

2-3-2 草圖繪製時的抬頭顯示設定

　　使用草圖繪製指令時，系統會出現抬頭顯示，提示目前的長度與角度，使用者可以開啓也可以關閉抬頭顯示，系統預設為開啓。

①點選 工具。

②點選 應用程式選項。

③點選 草圖。

④內定為 勾選 啓用抬頭顯示。

⑤點選 設定... 。

⑥開啓 抬頭顯示設定 對話框。

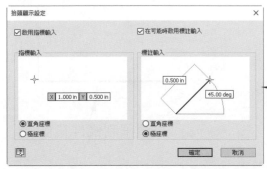

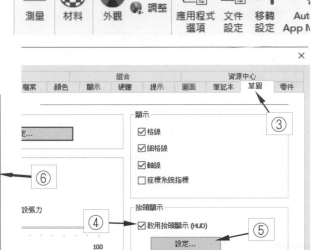

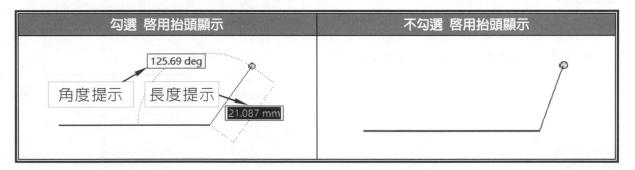

2-3-3　草圖繪製工具介紹

→ 直線繪製範例一

如右圖所示，其繪製步驟如下：

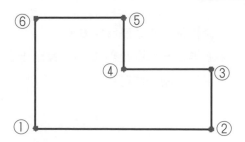

STEP 1

①點取 ✏ 指令。

②於繪圖區點取第 1 點，以決定起始點。

③游標往右移動，點取第 2 點。

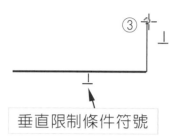

STEP 2

①游標往上移動點取第 3 點。

②游標往上移動時會出現垂直限制條件符號。

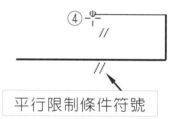

垂直限制條件符號

STEP 3

①游標往左移動點取第 4 點。

②游標往左移動時會出現平行限制條件符號。

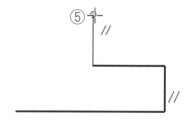

平行限制條件符號

STEP 4

①游標往上移動點取第 5 點。

②游標往上移動時再次出現平行限制條件符號。

STEP 5

①游標往左移動點取第 6 點。

②游標往左移動至點 6 時，會出現對齊的虛線及
平行限制條件符號。

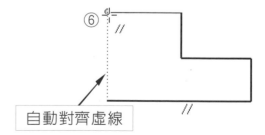

自動對齊虛線

STEP ⑥

①游標往下移動點取第 1 點,完成圖形繪製,當游標往下
移動時,將會再次出現平行限制條件符號。

②按 Esc 鍵。

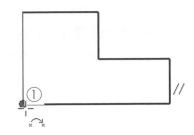

→ 直線繪製範例二

如右圖所示,其繪製步驟如下:

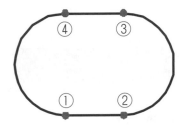

STEP ①

①於繪圖區點取第 1 點,以決定起始點。

②游標往右移動,點取第 2 點。

STEP ②

①於點 2 處壓住滑鼠左鍵。

②先往右拖曳滑鼠,再往上拖曳滑鼠至第 3 點位置
後放開滑鼠。

③游標往上移動時會出現垂直限制條件符號。

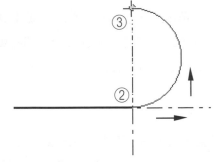

STEP ③

①游標往左移動點取第 4 點。

②游標往左移動至點 4 時,會出現對齊的虛線
及平行限制條件與相切限制條件符號。

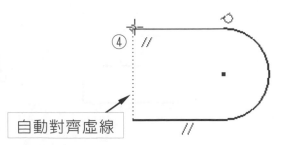

自動對齊虛線

STEP ④

① 於點 4 處壓住滑鼠左鍵。

② 先往左拖曳滑鼠，再往下拖曳滑鼠至第 1 點位置後放開滑鼠，完成圖形繪製。

③ 按 Esc 鍵。

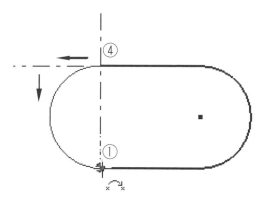

2 圖元之選取

→ 選取方式

1. 單一選取：在欲選取的圖元上按一下滑鼠左鍵，每次僅能選取一個圖元。

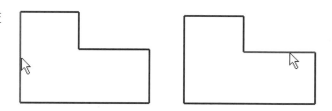

2. 多重選取：按住鍵盤「**Ctrl**」或「**Shift**」鍵不放，再以滑鼠左鍵連續點選圖元，如右圖所示，箭頭所指處為被選取之圖元。

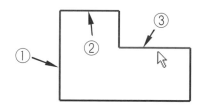

3. 窗選選取：由左而右拖曳視窗點取①②，拖曳時視窗框線呈「**藍色細實線**」框線內為粉紅色底，以此方式僅能選取被完全包括在窗選框內的圖元。若欲取消圖元之選取，只需將游標移至繪圖區空白處點按滑鼠左鍵即可取消圖元之選取。(箭頭所指處為被選取之圖元)

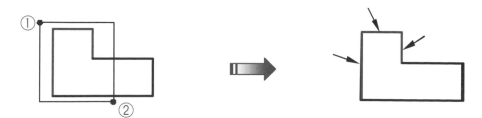

4. 框選選取：於①處按住滑鼠左鍵並拖曳游標至②處後放開滑鼠，拖曳時視窗框線呈「**藍色細虛線**」框線內為粉綠色底，以此方式選取圖元，窗選框所接觸的圖元將全部被選取。若欲取消圖元之選取，只需將游標移至繪圖區空白處點按滑鼠左鍵即可取消圖元之選取。(箭頭所指之圖元為被選取之圖元)

→ 刪除方式

STEP ❶

①點取欲刪除的圖元。
②按滑鼠右鍵。
③點取刪除選項。

STEP ❷

①點取欲刪除的圖元。
②按「Delete」鍵，刪除圖元。

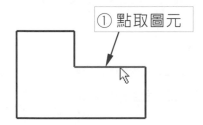

4 控制頂點雲形線

畫法：

①點取第 1 點，決定雲形線起始點。

②點取第 2 點。

③點取第 3 點。

④點取第 4 點。

⑤點取第 5 點。

⑥點取確定，完成雲形線繪製。

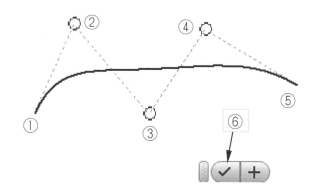

5 插補雲形線

畫法：

①點取第 1 點，決定雲形線起始點。

②點取第 2 點。

③點取第 3 點。

④點取第 4 點。

⑤點取確定，完成雲形線繪製。

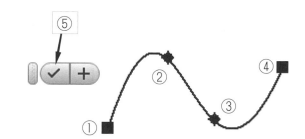

6 橋接曲線

畫法：

①點取第 1 條雲形線。

②點取第 2 條雲形線。

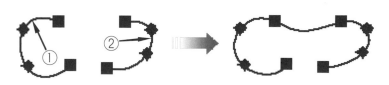

7 方程式曲線

畫法：

① 輸入 t^2。

② 輸入 t。

③ 輸入 -1。

④ 輸入 1。

⑤ 點按 ✓ 。

8 中心點圓

畫法：

① 點取第 1 點，決定圓心位置。

② 向外移動滑鼠，點取第 2 點以決定半徑大小。

③ 完成圓形之繪製。

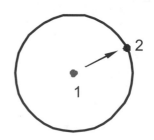

9 相切圓

畫法：

① 點取第 1 條相切線。

② 點取第 2 條相切線。

③ 點取第 3 條相切線。

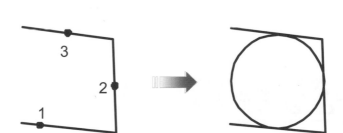

10 橢圓

畫法：

① 點取第 1 點，決定橢圓中心位置。

② 點取第 2 點，決定橢圓一軸長之半。

③ 點取第 3 點，決定橢圓另一軸長之半。

④ 若要退出建立橢圓，請按 Esc 鍵。

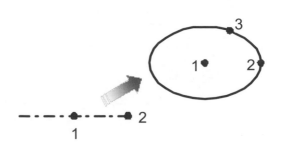

11 三點弧

畫法：

①點取第 1 點，決定圓弧的起始端點位置。

②點取第 2 點，決定圓弧的另一端點位置。

③移動滑鼠，點取第 3 點(決定圓弧的方向和半徑)。

12 中心點弧

畫法：

①點取第 1 點，決定圓弧的中心點位置。

②點取第 2 點，指定圓弧的半徑和起點。

③點取第 3 點，決定圓弧的方向及終點。

13 相切弧

畫法：

①點取第 1 點，在曲線的端點上。

②點取第 2 點，決定相切弧之另一端點位置。

直線段

三點弧線

自由曲線

14 二點矩形

畫法：

①點取第 1 點，矩形之第一角點。

②移至適當位置點取第 2 點，決定矩形之對角點。

15 三點矩形

畫法：

①點取第 1 點，矩形之第一角點。

②點取第 2 點。

③點取第 3 點，決定矩形之對角點。

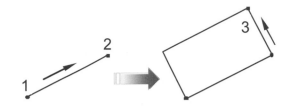

16 兩點中心點矩形

畫法：

①點取第 1 點，矩形之中心點。

②點取第 2 點，決定矩形之對角點。

17 三點中心點矩形

畫法：

①點取第 1 點，矩形之中心點。

②點取第 2 點，決定矩形邊長中點。

③點取第 2 點，決定矩形邊長中點。

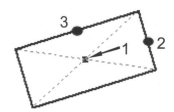

18 中心到中心槽

畫法：

①點取第 1 點槽弧中心點。

②點取第 2 點槽弧中心點。

③點取第 3 點，決定槽弧的寬度。

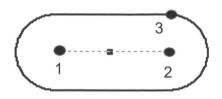

19 整體槽

畫法：

① 點取槽中心線的起點 1。

② 點取槽中心線的起點 2。

③ 點取第 3 點，決定槽弧的寬度。

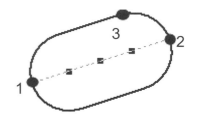

20 中心點槽

畫法：

① 點取槽中心點 1。

② 點取槽弧中心點 2。

③ 點取第 3 點，決定槽弧的寬度。

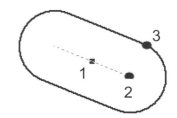

21 三點槽

畫法：

① 點取槽中心弧的起點 1。

② 點取槽中心弧的起點 2。

③ 點取槽中心弧的起點 3。

④ 點取第 4 點，決定槽弧的寬度。

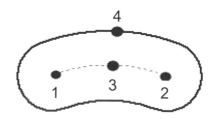

22 中心點弧槽

畫法：

① 點取槽的中心點 1。

② 點取槽中心弧的起點 2。

③ 點取槽中心弧的起點 3。

④ 點取第 4 點，決定槽弧的寬度。

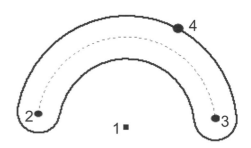

23 多邊形

畫法：

①點取「多邊形」指令。

②設定多邊形為內接或外切。

③設定多邊形之邊數。

④指定多邊形之中心點位置。

⑤向外拖曳多邊形，指定多邊形第二點位置。

③ 設定邊數

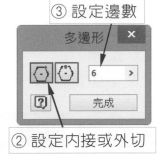

② 設定內接或外切

內接多邊形

外切多邊形

24 點，中心點

畫法：

選取「點」指令後，於繪圖區任意按一下滑鼠左鍵，即可產生點。點並不會影響模型建構的外型，大都僅作為參考用。

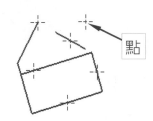

點

精確定位於線段中點：

①點取點工具圖示。

②於繪圖區按滑鼠右鍵。

③點取 點鎖點。

④點取 中點。

⑤點取任意線段。

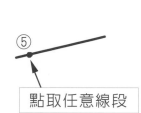

點取任意線段

點自動落於線段中點

精確定位於中心：

①點取點工具圖示。

②於繪圖區按滑鼠右鍵。

③點取 點鎖點。

④點取 置中。

⑤點取 圓弧曲線。

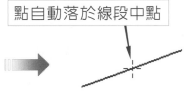

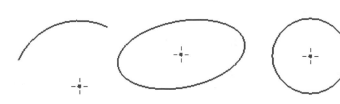

精確定位於兩線段交點：

①點取點工具圖示。

②於繪圖區按滑鼠右鍵。

③點取 點鎖點。

④點取 相交。

⑤點取 線段一。

⑥點取 線段二。

點自動落於兩線段之延伸交點上

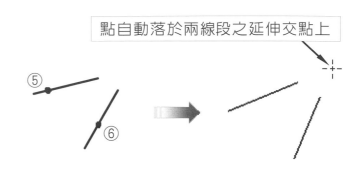

25 投影幾何圖形

　　將現有草圖中的邊線、頂點、工作特徵、迴路與曲線、實體模型邊緣線投影至目前的草圖繪圖平面，經投影出的幾何圖形，可用作輪廓或路徑，也可用來限制或標註草圖曲線或點。

🔲 投影範例

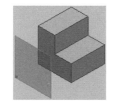

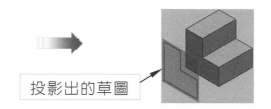

投影出的草圖

操作步驟

STEP 1

①點選 📁 開啟。

②開啟 Ch2\投影幾何圖形.ipt。

③開啟如圖所示。

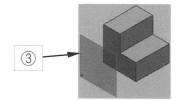

STEP 2

操作方式：

①點取 開始繪製 2D 草圖。

②點取 工作平面。

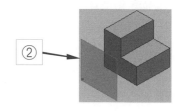

STEP ③

操作方式：

①點選 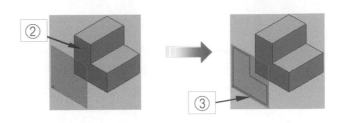 投影幾何圖形。

②點選 左側平面。

③完成投影。

2-4　草圖約束條件

　　在目前的 CAD/CAM 軟體中，約束條件可以說是扮演著極為重要的角色，幾何圖形中加入了約束條件，便可以很容易控制兩物件之間的相互關係，這對從事機構設計或造形設計的工程師而言有著極大的便利性，當您於草圖中加入約束條件直到整個圖形無法再變動時，即稱為「完全約束條件」，草圖約束條件加入的愈多，利用尺度來限制圖形的次數也就會愈少。

指令位置

2-4-1　草圖約束條件介紹

　　Inventor 系統提供了 12 種草圖約束條件，以下將針對各種圖元使用的約束條件詳加介紹。

　　於資料夾中開啟 ch2\草圖約束條件介紹.ipt，進入草圖 1 編輯，即可練習約束條件。

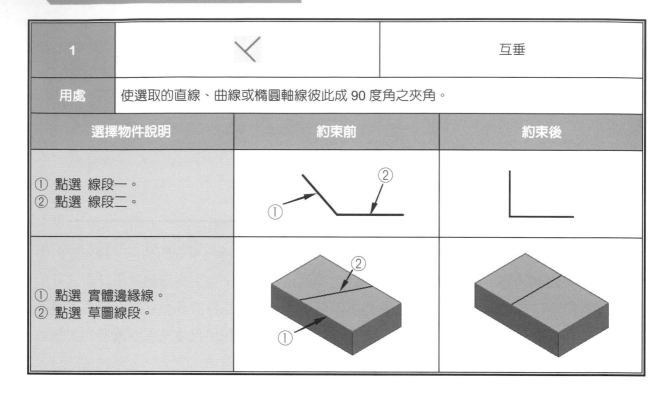

1		互垂
用處	使選取的直線、曲線或橢圓軸線彼此成 90 度角之夾角。	

選擇物件說明	約束前	約束後
① 點選 線段一。 ② 點選 線段二。		
① 點選 實體邊緣線。 ② 點選 草圖線段。		

2		平行
用處	使兩條以上的直線或直線與實體邊緣線相互平行。	

選擇物件說明	約束前	約束後
① 點選 線段一。 ② 點選 線段二。		
① 點選 實體邊緣線。 ② 點選 草圖線段。		

3		相切
用處	使兩圖元如線、弧、圓、橢圓相切。	

選擇物件說明	約束前	約束後
① 點選 直線。 ② 點選 圓弧曲線。		
① 點選 圓弧曲線一。 ② 點選 圓弧曲線二。		
① 點選 圓形曲線一。 ② 點選 圓形曲線二。		

4		重合
用處	使點、線、弧、圓、曲線重合。	

選擇物件說明	約束前	約束後
① 點選 圓中心點。 ② 點選 線段端點。		
① 點選 圓中心點。 ② 點選 實體之頂點。		

5	◎	同圓心
用處	使兩個弧、圓或橢圓具有同一個中心點。	

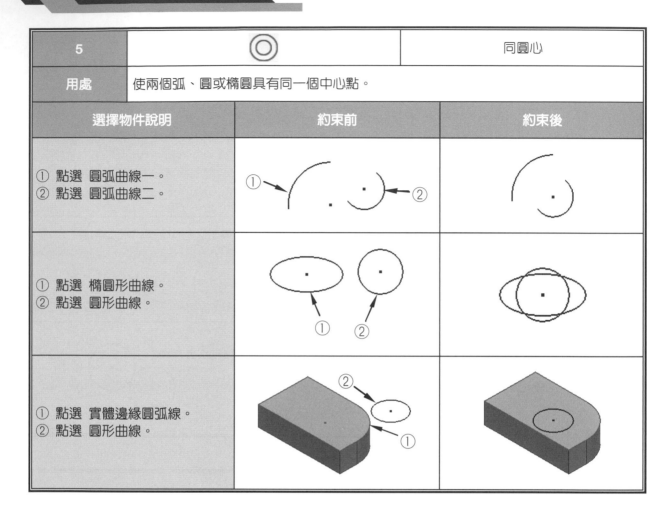

選擇物件說明	約束前	約束後
① 點選 圓弧曲線一。 ② 點選 圓弧曲線二。		
① 點選 橢圓形曲線。 ② 點選 圓形曲線。		
① 點選 實體邊緣圓弧線。 ② 點選 圓形曲線。		

6		共線
用處	使兩條或多條線段落在同一條直線上或其延伸方向上。	

選擇物件說明	約束前	約束後
① 點選 線段一。 ② 點選 線段二。		

7	⫽⫽⫽	水平
用處	使選取之線段擺放成水平方向或使選取之物件左右對齊。	

選擇物件說明	約束前	約束後
① 點選　線段。		
① 點選　圓中心點。 ② 點選　圓中心點。		
① 點選　線段端點一。 ② 點選　線段端點二。		

8	⫾⫾⫾	垂直
用處	使選取之線段擺放成垂直方向或使選取之物件上下對齊。	

選擇物件說明	約束前	約束後
① 點選　線段。		
① 點選　圓中心點。 ② 點選　圓中心點。		
① 點選　線段端點一。 ② 點選　線段端點二。		

9	═	相等
用處	使兩個以上的線、圓、圓弧的大小相等。	

選擇物件說明	約束前	約束後
① 點選 圓形曲線一。 ② 點選 圓形曲線二。		
① 點選 線段一。 ② 點選 線段二。		
① 點選 圓弧曲線一。 ② 點選 圓弧曲線二。		

10	🔒	固定
用處	將圖元固定位置，使其無法移動。	

選擇物件說明	約束前	約束後
① 點選 🔒 固定。 ② 點選 大圓中心點。 ③ 點選 ◎ 同圓心。 ④ 點選 大圓曲線。 ⑤ 點選 小圓曲線。		因大圓已被固定住，當再設定同圓心時，則小圓將移動至大圓。

11	[|]	對稱
用處	使兩個圖元成對稱模式。	

選擇物件說明	約束前	約束後
① 點選　小橢圓曲線。 ② 點選　大橢圓曲線。 ③ 點選　直立線段。		

12	✂	平滑
用處	用以建立如雲形線和直線、弧、雲形線之間的曲率連續約束。	

選擇物件說明	約束前	約束後
① 點選　雲形線。 ② 點選　直線。 ③ 點選　雲形線。 ④ 點選　直線。		

13	[◁💡]	展示約束條件
用處	用以指定某一圖元來顯該圖元之限制條件。	

選擇物件說明	顯示前	顯示後
① 點選　垂直線段。 ② 點選　橢圓曲線。 註：按「Esc」鍵可取消指令之 　　執行。		

14	F8	顯示全部限制條件
	F9	隱藏全部限制條件
用處	於草圖繪製模式壓按 F8 鍵可以用來顯示全部限制條件。 於草圖繪製模式壓按 F9 鍵可以用來隱藏全部限制條件。	

選擇物件說明	顯示前	顯示後
① 按 F8 鍵展示全部限制條件。 ② 按 F9 鍵隱藏全部限制條件。 ③ 亦可於繪圖區按滑鼠右鍵，點選展示或隱藏全部限制條件。	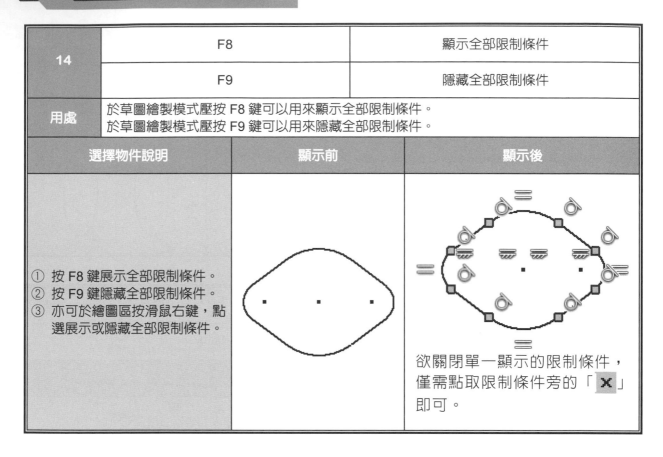	欲關閉單一顯示的限制條件，僅需點取限制條件旁的「 ✗ 」即可。

2-4-2　草圖約束條件應用實例

　　約束條件的使用對於草圖繪製而言可說是相當重要，在這一節中，將以圖 2-6 所示之草圖為例，說明及繪製圖形並示範其約束條件之使用狀況。

應用實例一　　　　應用實例二

圖 2-6

→ **應用實例一**

1 繪製一水平線

① 點選 ╱ 直線，再點取點 A，決定起始點。

② 游標往右移動，點取點 B。

③ 按「Esc」鍵。

A ———————————————＋
　　　　　　　　　　　　　　B

2 三點弧

① 點選 ╱ 三點弧，再點取端點 A，決定圓弧的起始端點位置。

② 垂直移動往上再點取 B 點，決定圓弧的另一端點位置。

③ 移動滑鼠往右，點取 C 點(決定圓弧的方向和半徑)。

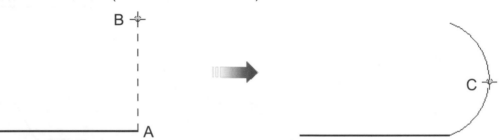

3 繪製連續不規則線段

① 點選 ╱ 直線。

② 點選 A、B、C、D、E 共五點，以繪製連續不規則之線段。

③ 按「Esc」鍵。

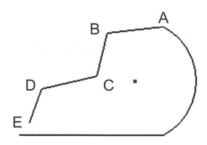

4 加入水平限制條件

① 點選 ⇶ 水平。
② 點選 線段。
③ 點選 線段。
④ 按「Esc」鍵。

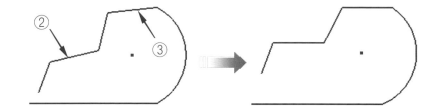

5 加入相等約束條件

① 點選 ═ 相等。
② 點選 線段。
③ 點選 線段。
④ 按「Esc」鍵。

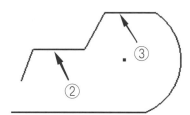

6 加入相等約束條件

① 點選 ═ 相等。
② 點選 線段。
③ 點選 線段。
④ 按「Esc」鍵。

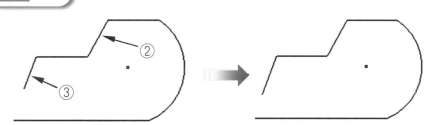

7 加入垂直約束條件

① 點選 ╢ 垂直。
② 點選 線段。
③ 點選 線段。
④ 按「Esc」鍵。

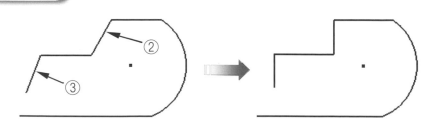

8　加入相切約束條件

① 點選 ○ 相切。

② 點選 線段 A、B、C、D。

③ 按「Esc」鍵。

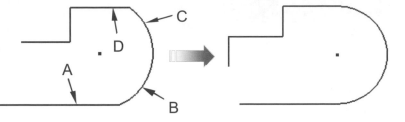

9　加入重合約束條件

① 點選 ⌐ 重合。

② 點選 端點。

③ 點選 端點。

④ 按「Esc」鍵。

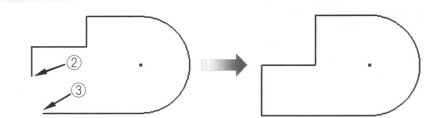

10　展示約束條件

① 點選 展示約束。

② 點選 線段。

③ 按「Esc」鍵。

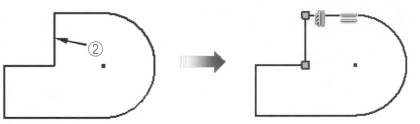

11　顯示全部約束條件　F8

① 壓按「F8」鍵，顯示全部約束條件。

② 壓按「F9」鍵，隱藏全部約束條件。

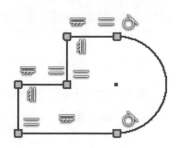

→ 應用實例二

1 繪製一水平線

① 點選 ╱ 直線。

② 點選 點 A，決定起始點。

③ 游標往右移動，點取點 B。

④ 按「Esc」鍵。

A ——————————————+
                                      B

2 中心點圓

① 點選 ⊙ 圓。

② 於線段中點繪製大圓。

③ 繪製左端小圓。

④ 繪製右端小圓。

⑤ 按「Esc」鍵。

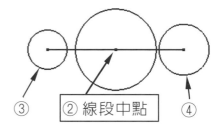

③　　② 線段中點　　④

3 加入相等約束條件 ═

① 點選 相等 ═。

② 點選 左邊的小圓。

③ 點選 右邊的小圓。

④ 按「Esc」鍵。

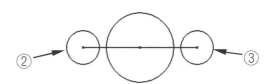

② →　　　　　　　　　← ③

4 繪製四段斜線

① 點取 ╱ 直線。

② 繪製箭頭所指之四段斜線。

③ 按「Esc」鍵。

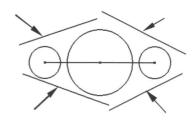

5 加入相切約束條件

① 點選 相切。

② 點選 線段。

③ 點選 圓，使四段斜線皆與圓相切。

④ 按「Esc」鍵。

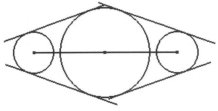

6 修剪凸出之線段 ✂

① 點選 ✂ 修剪。

② 點選 所有凸出之線段。

③ 按「Esc」鍵。

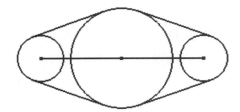

7 展示單一約束條件

① 點選 展示約束。

② 點選 斜線段。

③ 按「Esc」鍵。

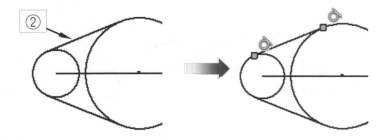

8 展示全部約束條件　F8

① 按「F8」鍵，展示全部約束條件。

② 按「F9」鍵，隱藏全部約束條件。

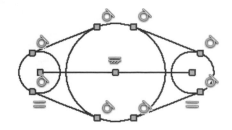

2-5 2D 草圖編輯工具

草圖編輯工具可增進您對圖形編輯的方便性，使您快速完成圖形繪製，Inventor 系統提供了多種草圖編輯指令，以下將針對各編輯指令詳加介紹。

開啓檔案進行練習 Ch2\2-5 2D 草圖編輯工具.ipt

操作方式

①點選 兩圖元 A、B 建立圓角。
②點選 兩圖元之交點建立圓角。

點選兩圖元

點選相交之頂點

點選兩圖元，線段
將自動修剪。

點選兩圖元，線段
將自動延伸。

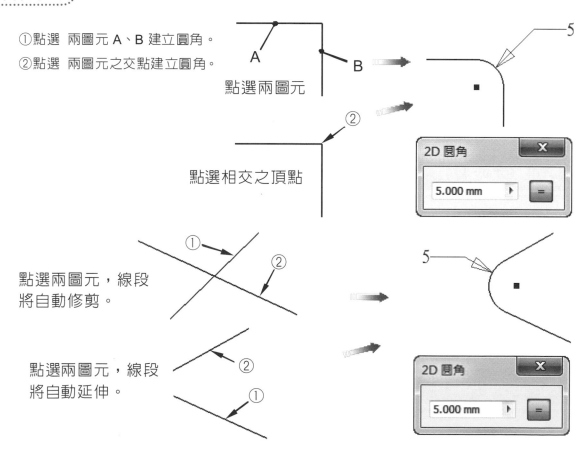

2 倒角

操作方式

①點選 圖元(先被點選之圖元為去角之第一邊)。

②點選 圖元。

參數設定　　　　選取圖元　　　　結果

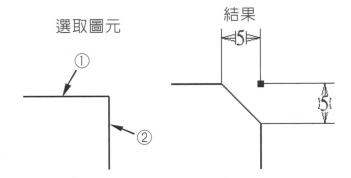

參數設定　　　　選取圖元　　　　結果

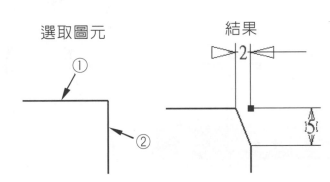

參數設定　　　　選取圖元　　　　結果

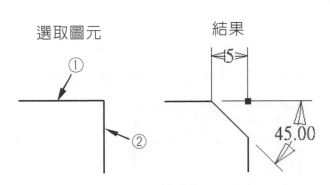

3 鏡射

操作步驟

STEP 1

①於點 A 處按住滑鼠左鍵(第 1 點)。

②拖曳至點 B 處後放開滑鼠左鍵(框選欲鏡射之圖元)。

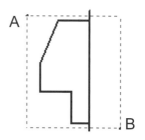

STEP 2

①點選 鏡射。

②點選 鏡射線 。

③點選 鏡射線。

④點選 套用。

⑤點選 完成。

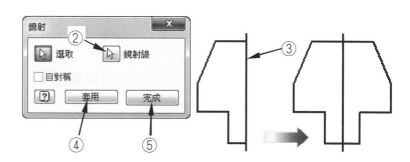

4 矩形陣列

說明

對多個相同的圖元且排列成一矩形時,使用此指令是較為方便的。可同時在兩方向等距的複製多個相同圖元,以避免重覆草圖繪製步驟。

 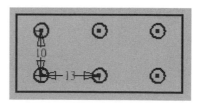

操作步驟

STEP 1

①點選 ⊞ 矩形陣列。

②點選 欲複製的圖元。

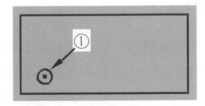

STEP 2

①點選 方向選取 ⬚ 。

②點選 水平線。

③輸入 欲複製之數量。

④輸入 間距數值。

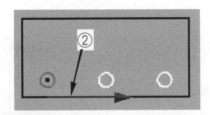

註：您也可以點取**翻轉** ⬚ 來
切換圖元複製的方向。

STEP 3

①點選 方向選取 ⬚ 。

②點選 垂直線。

③點選 翻轉 ⬚ 。

④輸入 欲複製之數量。

⑤輸入 間距數值。

⑥點選 **確定** 。

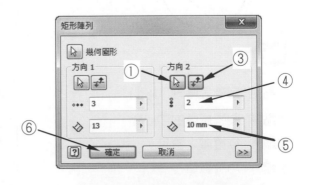

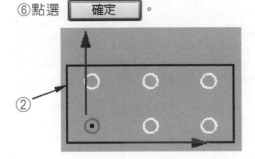

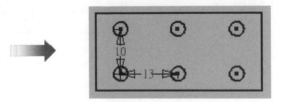

5 環形陣列

說明

　　對多個相同的圖元且排列成一環形時，使用此指令是較爲方便的。可在圓周上等距複製出多個相同圖元，以避免重覆草圖繪製步驟。

操作步驟

STEP 1

①點選 環形陣列。
②點選 欲複製的圖元。

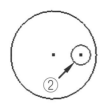

STEP 2

①點選 定義迴轉軸。
②點選 圓或旋轉的中心點。
③輸入 欲複製之數量。
④輸入 角度數值。

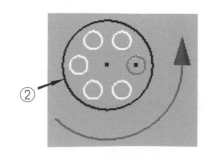

註：您也可以點取**翻轉** 來切換圖元複製的方向。

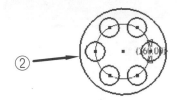

STEP ③

①點取 確定 。

②完成如圖所示。

---

6 偏移

操作步驟

①點選 偏移。

②點選 欲偏移的圖元。

③移動游標並點取發置點。

④完成偏移複製。

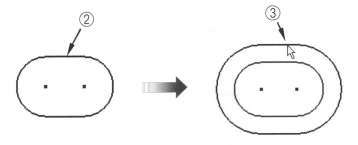

---

7 延伸

操作步驟

①點選 延伸。

②將游標停在欲延伸之曲線上來預覽延伸結果,再按該曲線一
　下即完成延伸。

③當您點取延伸指令後可於繪圖區按一下滑鼠右鍵,進行延
　伸、修剪、分割之間切換。

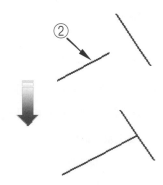

8 修剪

操作步驟

①點選 ✂ 修剪。

②點選如圖箭頭所示之線段，圖元若未交叉，則該圖元將會被刪除。

③當您點選修剪指令後可於繪圖區按一下滑鼠右鍵，進行修剪、延伸、分割之間切換。

9 分割

　　在曲線之交點及延伸交點處進行分割，進行分割時僅需將游標停在曲線上，即可預覽分割，經分割後的圖元，其原有的約束條件如「水平」、「垂直」、「平行」等仍繼續存在，不會因分割後而使約束條件消失。

操作步驟

STEP 1

①點選 —|— 分割。

②將游標移至線上，即可在交點上出現記號。

③出現預覽記號後按滑鼠左鍵，即可分割線段。

④按 Esc 鍵。

⑤刪除左側線段。

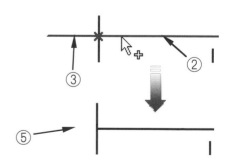

STEP ②

① 點選 ── 分割。

② 將游標移至線上，在線段的延伸交點上出現記號。

③ 出現預覽記號後按滑鼠左鍵，即可分割線段。

④ 按 Esc 鍵。

⑤ 刪除左側線段。

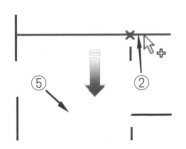

10　移動

操作步驟一

①點選 ✛ 移動。

② 點選 圓。

③ 勾選 複製選項。

④ 點選 基準點 🔲 。

⑤ 點選 線段端點「A」。

⑥ 點選 線段端點「B」。

⑦ 點選 ［完成］ 。

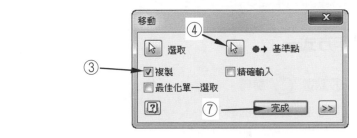

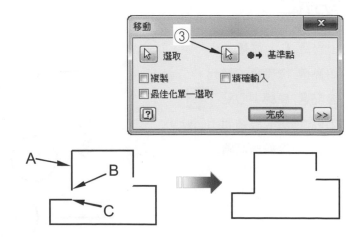

操作步驟二

STEP ①

① 點選 ✛ 移動。

② 點選 線段 A。

③ 點選 基準點 🔲 。

④ 點選 端點 B。

⑤ 點選 ［否(N)］ 。

⑥ 點選 端點 C。

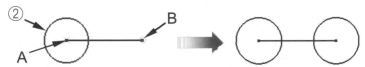

STEP ②

① 點選 線段 A。
② 點選 基準點 。
③ 點選 端點 B。
④ 點選 　　否(N)　　 。
⑤ 點選 端點 C。
⑥ 點選 　　完成　　 。

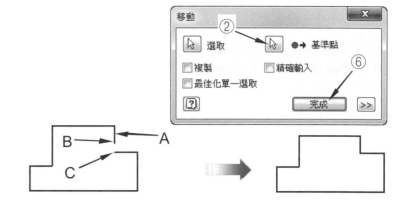

11 旋轉 ↻

操作方式一

① 點選 ↻ 旋轉。
② 點選 欲旋轉的圖元。
③ 點選 旋轉中心點 �。
④ 點選 圖元旋轉的中心點。
⑤ 輸入 旋轉角度值。
⑥ 點選 　　套用　　 。
⑦ 點選 　　完成　　 。

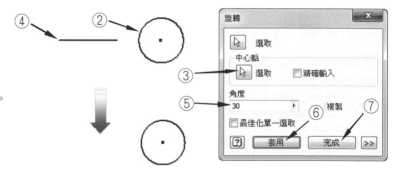

操作方式二

① 點選 ↻ 旋轉。
② 點選 欲旋轉的圖元。
③ 點選 旋轉中心點 �。
④ 點選 圖元旋轉的中心點。
⑤ 輸入 旋轉角度值
⑥ 勾選 複製選項。
⑦ 點選 　　套用　　 。
⑧ 點選 　　完成　　 。

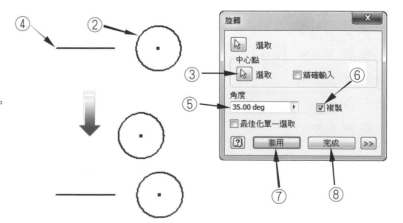

操作方式

①點選 複製。

②點選 欲複製的圖元。

③點選 複製基準點 。

④點選 圖元複製的基準點。

⑤點選 放置點。

⑥點選 完成 。

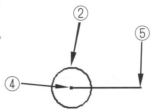

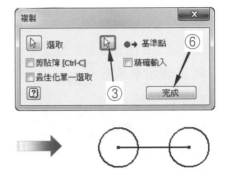

操作方式

①點選 比例。

②由點 A、B 拖曳框選圖元。

③點選 選取基準點 。

④點選 C 交點。

⑤輸入 比例縮放數值。

⑥點選 套用 。

⑦點選 完成 。

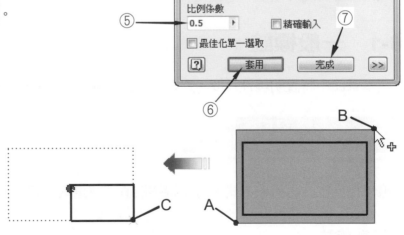

 14 拉伸

操作方式

① 點選 拉伸。

② 由點 A、B 拖曳框選右側圖元。

③ 點選 選取基準點 。

④ 點選 C 交點。

⑤ 點選 是(Y) 。

⑥ 點選 放置點。

⑦ 點選 完成 。

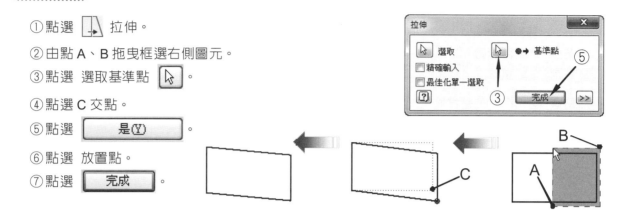

2-6 尺度標註

尺度標註主要是提供對圖形形狀的定義，Inventor 尺度為參數式，當您修改尺度數值時，幾何圖形將隨即改變，迅速完成正確圖形。

2-6-1 一般標註

在本章節中將說明線性尺度、圓形、圓弧尺度、角度尺度之標註，及其修改方式為何。

 1 線性尺度

線性尺度標註之選取方式，可直接選取直線或選取直線的兩個端點。

水平尺度標註

① 點選 線段。

② 點選 放置尺度位置。

垂直尺度標註

① 點選　線段端點。
② 點選　線段端點。
③ 點選　放置尺度位置。

對齊尺度標註

◆ 標註斜直線之尺度時，依其游標所在位置可以有水平尺度、垂直尺度以及對齊尺度等三種不同的尺度產生。

產生水平尺度　　　　　　　　　　　　　　產生垂直尺度

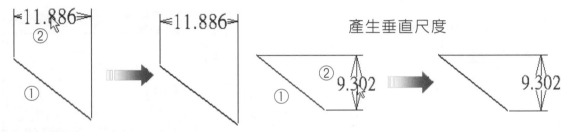

對齊尺度標註

◆ 欲於斜直線標註對齊之尺度時，需使游標出現「對齊 」圖示，再點按滑鼠左鍵，即可標註出對齊尺度。

2-6-2　自動標註

所謂自動標註尺度，即是軟體本身自動產生的尺度標註，在本節中將以右側範例來說明自動標註功能。

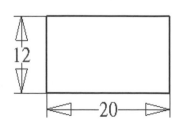

1 繪製二點矩形

① 點選 二點矩形指令。

② 點選 第 1 點，矩形之第一角點。

③ 移至適當位置點取第 2 點，決定矩形之對角點。

④ 按「Esc」鍵。

2 自動標註

① 點選 自動標註。

② 點選 套用 。

③ 點選 完成 。

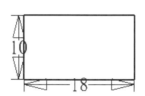

3 編輯尺度

操作方式

① 將游標移動至垂直尺度上方，快按滑鼠左鍵兩下。

② 輸入數值 12。

③ 點取 完成 ✓ 。

④ 將游標移動至水平尺度上方，快按滑鼠左鍵兩下。

⑤ 輸入數值 20。

⑥ 點取 完成 ✓ 。

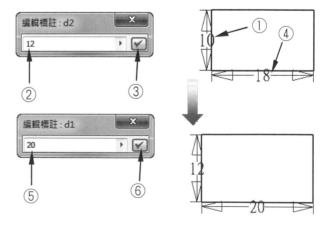

2-6-3　參數標註

　　在 Inventor 系統的參數式標註，可使用於草圖、零件特徵及組合件上，系統將會給每一個尺度標註指定一個預設名稱，而這預設名稱的呈現格式為「d」字樣後面接著新參數的增量整數。

1　變更尺度標註呈現方式

當您於草圖標註一矩形尺度時，其出現之尺度應為標註的數值，如右圖所示之尺度「50」，這種標註呈現的方式稱為值的方式。

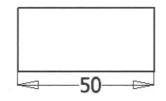

　　Inventor 標註呈現的方式共可分為五種，如「值」、「名稱」、「表示式」、「公差」、「精確值」等，其改變設定步驟如下所示：

操作方式

①按「Esc」鍵，以確定取消任何目前執行中之指令。

②於繪圖區空白位置按滑鼠右鍵。

③將游標移至 標註顯示。

④點取 表示式。

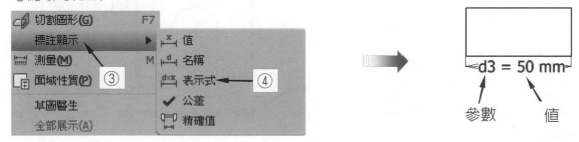

2 參數式標註應用範例

操作步驟

STEP 1

①請先大略繪製如右圖所示之圖形，並標註如圖所示之兩尺度。

②按 Esc 鍵。

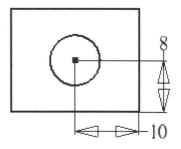

STEP 2

①於繪圖區空白處按滑鼠右鍵。

②將游標移至 標註顯示。

③點取 表示式。

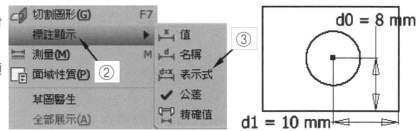

STEP 3

①點選 |—| 一般標註。

②標註水平尺度 d2，參數為 d1*2。

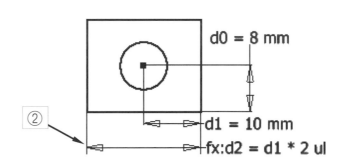

STEP 4

①標註垂直尺度 D3 為 d0*2。

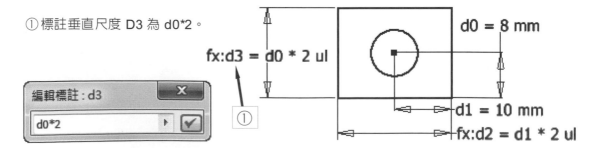

STEP ⑤

① 標註圓形尺度 d4 為
　 d3/2。
② 按 Esc 鍵，取消尺度標
　 註指令。

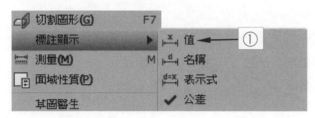

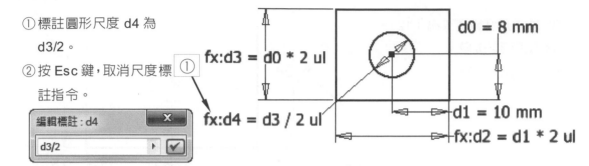

STEP ⑥

① 變更尺度標註型式為「值」。

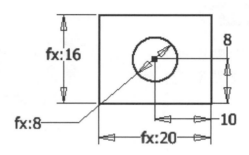

STEP ⑦

① 將 d1 之尺度數值變更為 15。
② 因參數設定關系，d2 之尺度數值亦隨之改變。

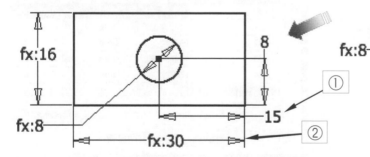

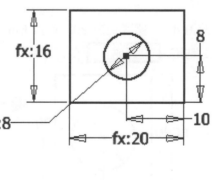

STEP 8

①將 d0 之尺度數值改為「12」。

②d3 數值隨之改變。

③d4 數值隨之改變。

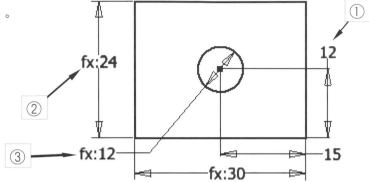

STEP 9

①點選 管理。

②點選 fx 參數。

STEP 10

①將 d0 參數變更為 20，並按 Enter 鍵。

②點取 完成 。

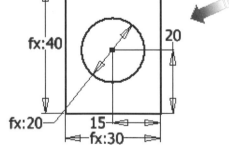

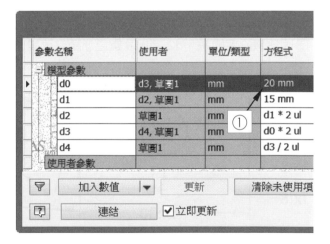

參數名稱		使用者	單位/類型	方程式
模型參數				
	d0	d3, 草圖1	mm	20 mm
	d1	d2, 草圖1	mm	15 mm
	d2	草圖1	mm	d1 * 2 ul
	d3	d4, 草圖1	mm	d0 * 2 ul
	d4	草圖1	mm	d3 / 2 ul
使用者參數				

2-7 綜合應用實例

2-7-1 應用實例一

本範例將以右側所示草圖來說明圖形繪製、約束條件及尺度標註之使用。

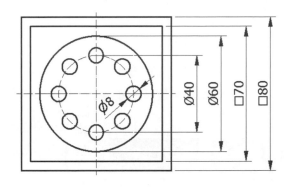

1 繪製水平線與垂直線

①點選 ╱ 線，點取第 1 點，決定起始點。

②游標往右移動滑鼠，點選第 2 點。

③按「Enter」鍵。

④點選 第 3 點。

⑤游標往下移動滑鼠，點選第 4 點。

⑥按「Esc」鍵。

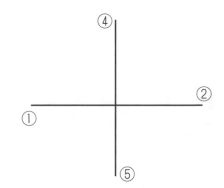

2 加入相等約束條件 ＝

①點選 ▬ 相等。

②點選 垂直線段。

③點選 水平線段。

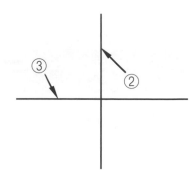

3 加入對稱約束條件

① 點選 對稱。

② 點選 端點 1、端點 2。

③ 點選 線段 3，按「Esc 鍵」。

④ 點選 對稱。

⑤ 點選 端點 4、端點 5。

⑥ 點選 線段 6，按「Esc 鍵」。

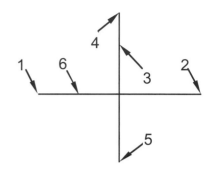

4 實線變更為中心線

① 按住 1 並拖曳滑鼠至 2 後放開。

② 點選 中心線。

③ 於繪圖區按一下滑鼠左鍵
 (取消線段選取)。

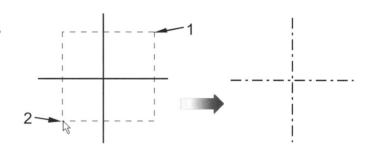

5 繪製二點矩形

① 點選 兩點矩形。

② 於左上角點選矩形第一點。

③ 移動游標至右下點選矩形第二點。

④ 按「Esc」鍵。

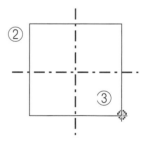

6 加入相等約束條件

① 點選 相等。

② 點選 直立線段。

③ 點選 水平線段。

④ 按「Esc」鍵。

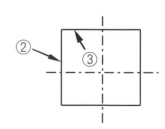

7　加入對稱約束條件

①點選 [·] 對稱。

②點選 邊線 1、2。

③點選 中心線 3，按「Esc 鍵」。

④點選 [·] 對稱。

⑤點選 邊線 4、5。

⑥點選 中心線 6，按「Esc 鍵」。

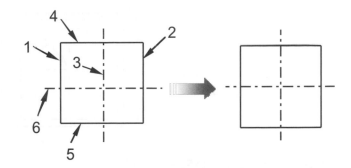

8　繪製偏移圖元

①點選 偏移。

②點選 矩形線段。

③游標往外移動並點按滑鼠左鍵，決定大小。

④按「Esc」鍵。

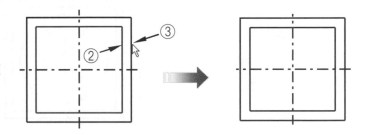

9　加入矩形尺度

①點選 一般標註。

②點選 矩形線段。

③點選 尺度放置位置。

④輸入 數值為 80。

⑤點選 完成 ✓。

⑥接著標註小矩形之尺度，其數值為 70。

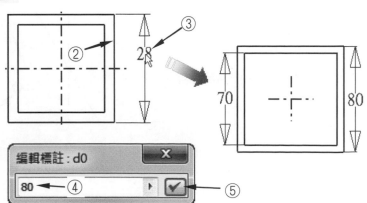

10 繪製中心點圓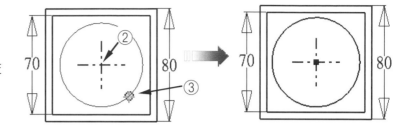

①點選 ⊙ 圓。

②點選 交點。

③往外移動游標，按滑鼠左
　鍵，以決定圓形大小。

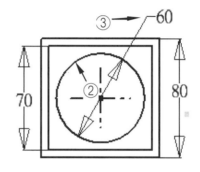

11 加入圓形尺度

①點選 ⊢⊣ 一般標註。

②點選 圓形線段。

③點選 尺度放置位置。

④輸入 數值為 60。

⑤點選 完成 ✔ 。

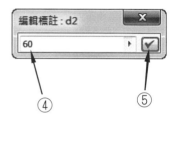

12 繪製中心點圓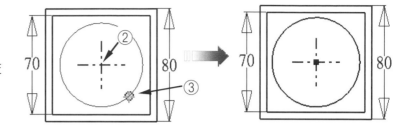

①點選 ⊙ 圓。

②點選 水平中心線。

③往外移動游標，按滑鼠左鍵，
　決定圓形大小。

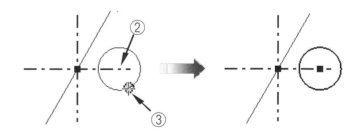

13 加入圓形尺度

① 點選 ⊢→ 一般標註。
② 點選 圓形線段。
③ 點選 尺度放置位置。
④ 輸入 數值為 8。
⑤ 點選 完成 ✔。

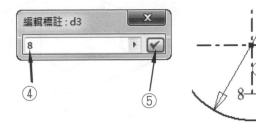

14 加入圓形尺度

① 點選 ⊢→ 一般標註。
② 點選 小圓形線段。
③ 點選 垂直中心線。
④ 點選 尺度放置位置。
⑤ 輸入 數值為 40。
⑥ 點選 完成 ✔。

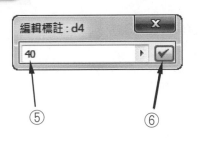
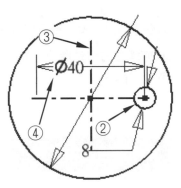

15 建立環形陣列圖形

① 點選 環形陣列。
② 點選 小圓形線段。
③ 點選 環形陣列軸心 ▧。
④ 點選 圓心。
⑤ 輸入 數量 8。
⑥ 點選 確定。

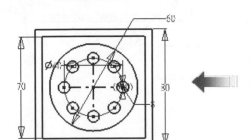
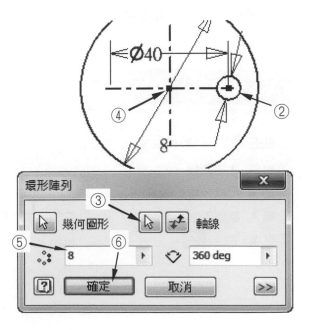

2-7-2 應用實例二

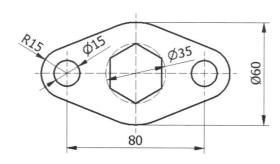

1 繪製一水平線

① 點選 ╱ 線，點選第 1 點(決定起始點)。

② 游標往右移動滑鼠，點選第 2 點。

③ 按「Esc」鍵。

2 實線變更為中心線

① 點選 水平線段。

② 點選 ╘╤ 中心線。

③ 於繪圖區按一下滑鼠左鍵。

3 加入尺度

① 點選 ├─┤ 一般標註。

② 點選 水平線段。

③ 點選 尺度放置位置。

④ 輸入 數值為 80。

⑤ 點選 完成 ☑。

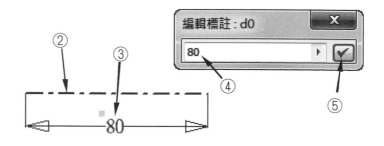

4　繪製三個中心點圓

① 點選 ⊙ 圓。

② 點選 中心線端點，往外移動游標後按滑鼠左鍵(以決定圓形大小)。

③ 點選 中心線中點繪製一中心點圓。

④ 點選 中心線右邊端點繪製一中心點圓。

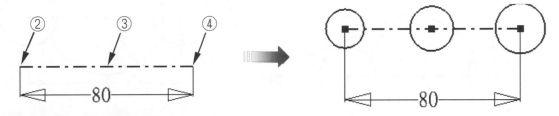

5　加入相等約束條件

① 點選 ═ 相等。

② 點選 圓形線段。

③ 點選 圓形線段。

④ 按「Esc」鍵。

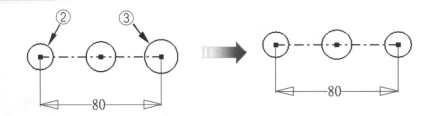

6　加入尺度

① 點選 ├─┤ 一般標註。

② 點選 圓弧線段。

③ 點選 尺度放置位置。

④ 輸入 數值為 30，再點選 完成 ✓。

⑤ 接續標註中間圓之尺度，數值為 60。

編輯標註：d1

30　▶　✓

④

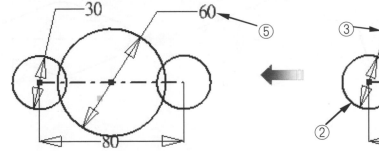

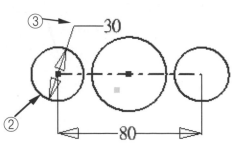

7 繪製 4 條斜線

①點選 ╱ 線。

②點選 第 1 點，決定起始點。

③游標往右上移動，點選第 2 點，再按「Enter」鍵。

④依序繪製其餘斜線。

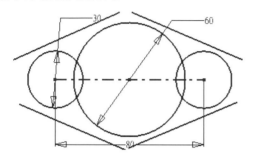
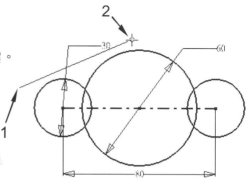

8 加入相切約束條件

①點選 ⌒ 相切。

②點選線段再點選圓，使四段斜線皆與圓相切。

③按「Esc」鍵。

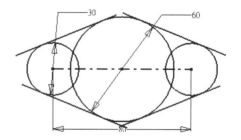

9 修剪凸出之線段

①點選 ✂ 修剪。

②點選凸出之線段。

③依序點選 所有凸出及內部之線段。

④按「Esc」鍵。

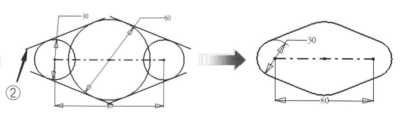

10 繪製三個中心點圓

① 點選 ⊙ 中心點圓。

② 點選 圓中心點，往外移動游標後按滑鼠左鍵(以決定圓形大小)。

③ 點選 圓中心點，繪製一中心點圓。

④ 點選 圓中心點，繪製一中心點圓。

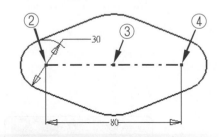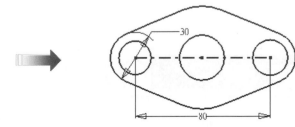

11 加入相等約束條件 ▬

① 點選 ▬ 相等。

② 點選 圓形線段。

③ 點選 圓形線段。

④ 按「Esc」鍵。

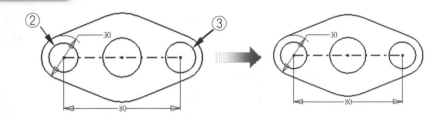

12 加入尺度

① 點選 ⊢⊣ 一般標註。

② 點選 圓弧線段。

③ 點選 尺度放置位置。

④ 輸入 數值為 15，再點取 完成 ✓。

⑤ 接續標註中間圓之尺度，數值為 35。

編輯標註：d3

15

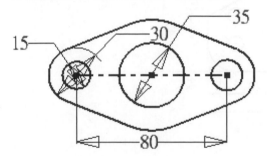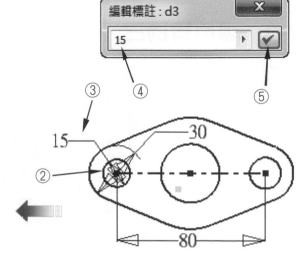

13 變更中間圓為構圖線

① 點選 中間圓。

② 點選 建構。

③ 於繪圖區按一下滑鼠
左鍵。

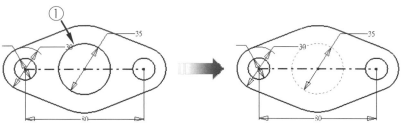

14 繪製六邊形

① 點選 多邊形。

② 點選 內接，再設定多邊形之邊數為 6。

③ 點選 中間圓之圓心為六邊形之中心點位置。

④ 向上移動游標至構圖圓，按滑鼠左鍵。

⑤ 點選 完成 。

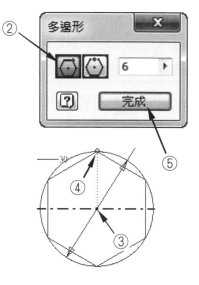

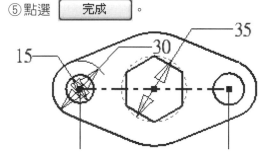

2-7-3 應用實例三

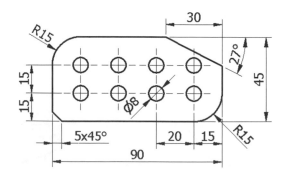

1 繪製二點矩形

①點選 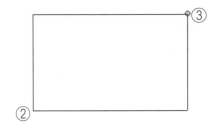 兩點矩形。

②於左下角點選矩形第一點。

③移動游標至右上，點選矩形第二點。

④按「Esc」鍵。

2 加入尺度

①點選 一般標註。

②點選 矩形線段。

③點選 尺度放置位置。

④輸入 數值為 90，再點選 完成 ☑。

⑤接續標註矩形另一垂直尺度，數值為 45。

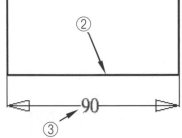

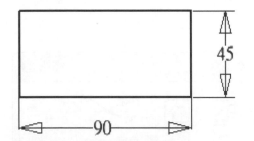

3 圓角

①點選 圓角。

②輸入 圓角數值 15。

③點選 矩形頂點 A、B。

④按「Esc」鍵。

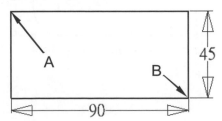

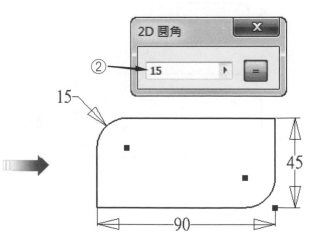

4 倒角

相等距離：

① 點選 ╱ 倒角。

② 輸入 去角距離 5。

③ 點選 矩形頂點。

④ 點選 ┃ 確定 ┃ 。

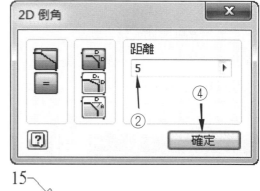

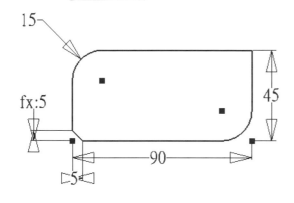

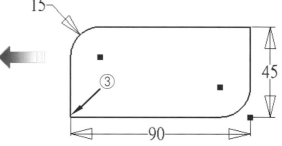

相等距離：

① 點選 ╱ 倒角。

② 點選 距離和角度 。

③ 輸入 去角距離 30。

④ 輸入 去角角度 27。

⑤ 點選 水平線、再點取垂直線。

⑥ 點選 ┃ 確定 ┃ 。

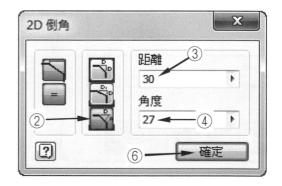

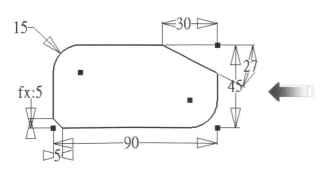

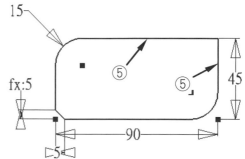

5 繪製一個中心點圓

①點選　⊙　中心點圓。

②點選　中心點放置位置(大約在右下角)，往外移
　　動游標後按滑鼠左鍵(決定圓形大小)。

③按「Esc」鍵。

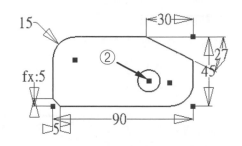

6 加入尺度

①點選　├─┤　一般標註。

②點選　垂直線。

③點選　圓中心點。

④點選　尺度放置位置。

⑤輸入 15，再點選　完成　☑。

⑥接續標註圓之尺度，數值為 8，另一垂直尺度，數值為 15。

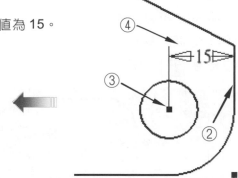

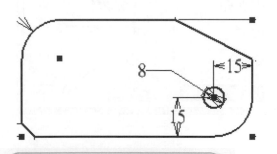

7 矩形陣列

STEP ①

①點選　▢-▢　矩形陣列。

②點選　小圓(為欲複製的圖元)。

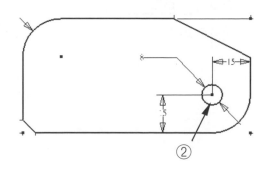

STEP ②

① 點選 方向 1 指令。

② 點選 水平線。

③ 輸入 欲複製之數量 4。

④ 輸入 間距數值 20。

⑤ 點選 翻轉 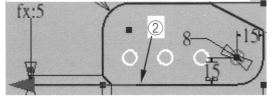。

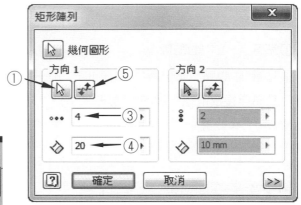

STEP ③

① 點選 方向 2 指令。

② 點選 垂直線。

③ 輸入 欲複製之數量 2。

④ 輸入 間距數值 15。

⑤ 點選 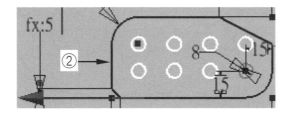 翻轉。

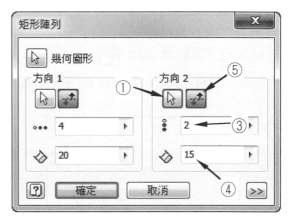

STEP ④

① 點選 確定 。

② 完成如圖所示。

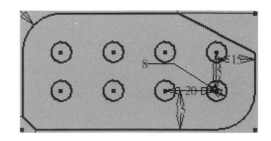

作業

1

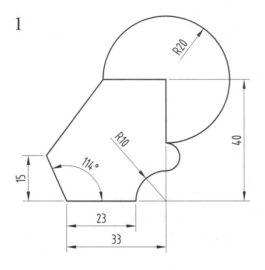

2

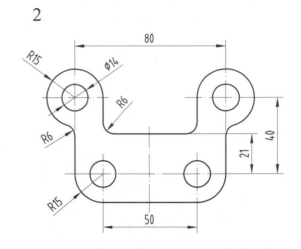

3

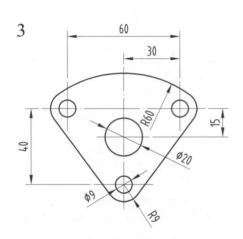

4

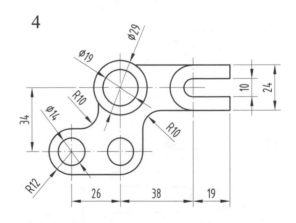

5

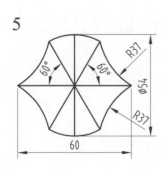

6

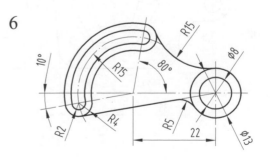

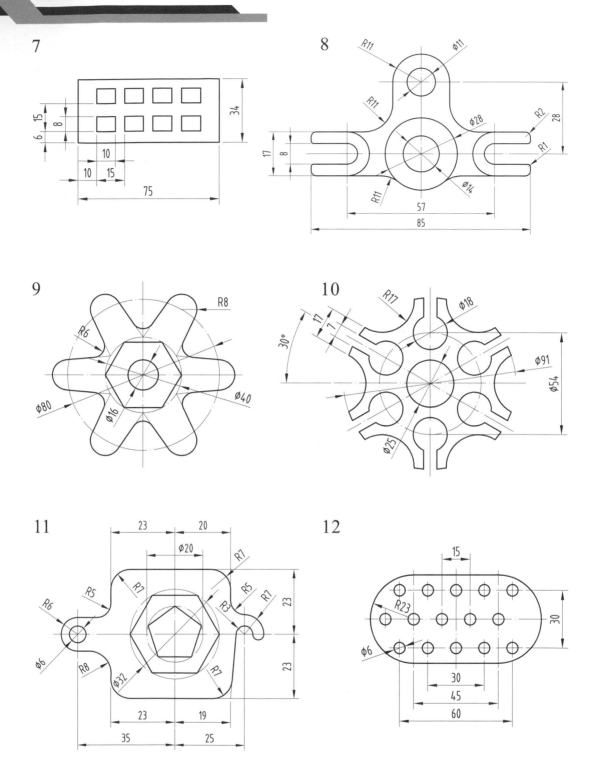

基礎特徵建立

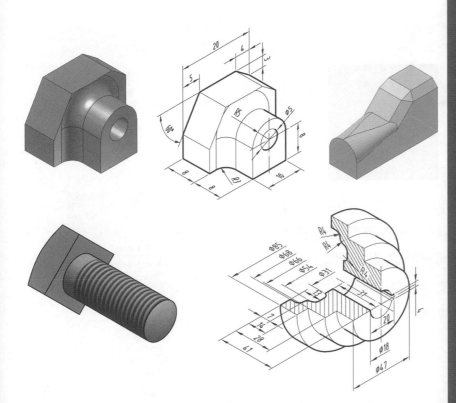

前言：完成草圖輪廓後，即可將草圖輪廓擠出為實體，擠出的實體可以用圓角、倒角等實體編修指令。在零件檔中第一個特徵為新實體，如果要新增另外的特徵可以使用接合、切割或相交原有的特徵。

3-1 擠出

指令位置

⬚ **3D 模型 → 擠出**

選項說明

本性質面板最初浮動於圖形區域上方，拖曳面板邊線可重新調整大小，亦可移動至與模型瀏覽器結合，面板上的 ▼ 圖示，可展開/收闔區段顯示。

建議由上而下進行設定，因在區段中所做的選取將會決定下一區段中的顯示選項。

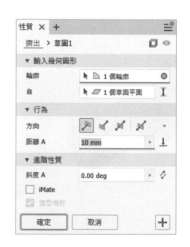

子系草圖

輸出為 實體、曲面類型(點按切換)

進階設定功能表

✓ 使用 (+) 時保持草圖可見 ●
✓ 預測布林運算 ●
✓ 隱藏預置(P)
✓ 按 Enter 一次以完成指令 ●
　 說明(H)

預覽(點按切換)

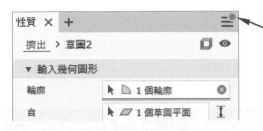

新安裝時會顯示橙色圓點，圓點為【亮顯更新】徽章，徽章是協助使用者快速識別新的或更新的功能和指令，不容易看到的功能選項也會顯示徽章。

指定為實體模式或曲面模式

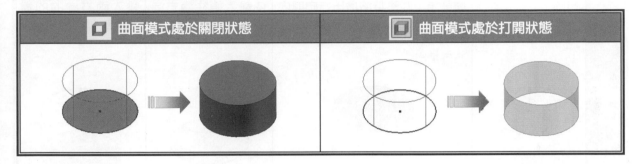

輸入幾何圖形

輪廓：選取要擠出的區域或輪廓。執行擠出特徵時，草圖必須為封閉輪廓，若未封閉則會形成擠出曲面，輪廓為單一封閉區域時，系統會自動選取。輪廓為多重封閉區域時，須使用者自行選取一個或多個封閉區域。按住 Ctrl 鍵，然後按一下已選取的封閉區域，即可移除已選取的區域。

自：指定擠出的起始位置。

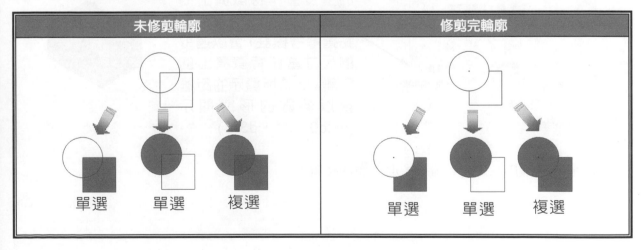

行為

1. **方向與距離：**方向即是特徵擠出的方向。

方向	預設	翻轉方向	對稱	不對稱
說明	內定特徵擠出的方向。	與內定特徵擠出的方向相反。從繪圖區中觀察特徵擠出方向與內定相反時，可以點選 翻轉方向擠出。	往兩方向擠出。依輸入值往兩方向平均擠出。	往兩方向擠出。分別輸入兩方向的的擠出距離。

距離 A：指定擠出的深度。擠出的終止面與草圖平面平行。

測量：點按輸入距離右側的 ▶ 時，會出現 測量(M) 與 參考標註。

距離 B：選取「不對稱」時才顯示，主要為指定次要方向深度。

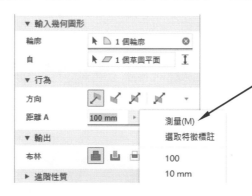

點選**測量(M)**，將以選取的邊長當作特徵擠出的距離。

點選**參考標註**，會以選取的尺寸當作特徵擠出的距離，此時所顯示的距離會以參數的形態顯示(ex:d0、d1、d3…)。

開啟 ch3\擠出全部.ipt 檔案，進行操作練習。

2. 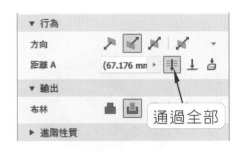 通過全部：指定擠出輪廓穿過全部的特徵和草圖。

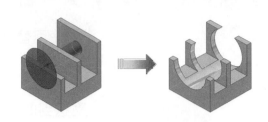

開啟 ch3\擠出至.ipt 檔案，進行操作練習。

3. 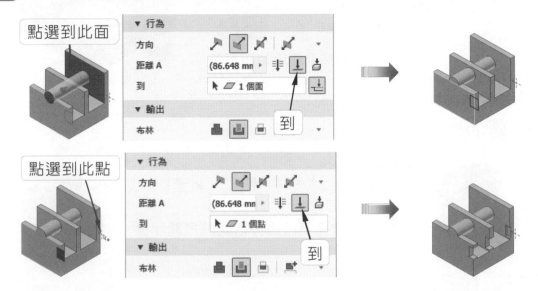 到：指定擠出特徵到達的面或單點。

4.  到下一個：指定擠出的方式為終止方向上的下一個可能的面或實體。

開啟 ch3\可選解法.ipt 檔案，進行操作練習。

5. 　替用解法：

　　點選　擠出 → 點選　到 → 點選 內圓。

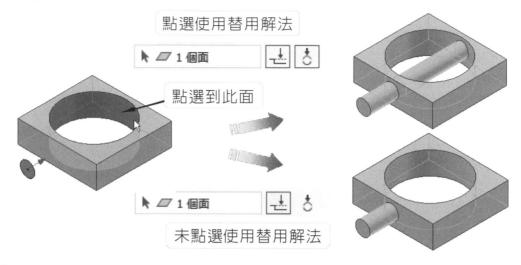

點選使用替用解法

↖ ⌧ 1 個面

點選到此面

↖ ⌧ 1 個面

末點選使用替用解法

6. 　延伸面至終止特徵：

　　點選　擠出 → 點選　到 → 點選 內圓。

點選到此面

↖ ⌧ 1 個面

延伸面至終止特徵處於打開狀態

7. **輸出：**

　　以布林運算執行特徵接合、切割、相交或新實體。第一次擠出為　**新實體**，其它三種運算方式無法選取。

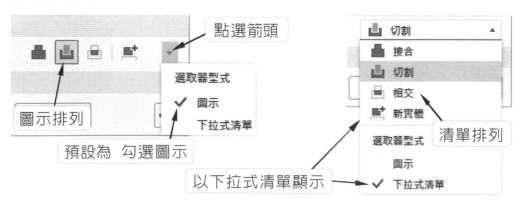

點選箭頭

選取器型式

✓ 圖示

下拉式清單

圖示排列

預設為 勾選圖示

以下拉式清單顯示

切割

接合

切割

相交

新實體

選取器型式

圖示

✓ 下拉式清單

清單排列

運算方式	運算結果
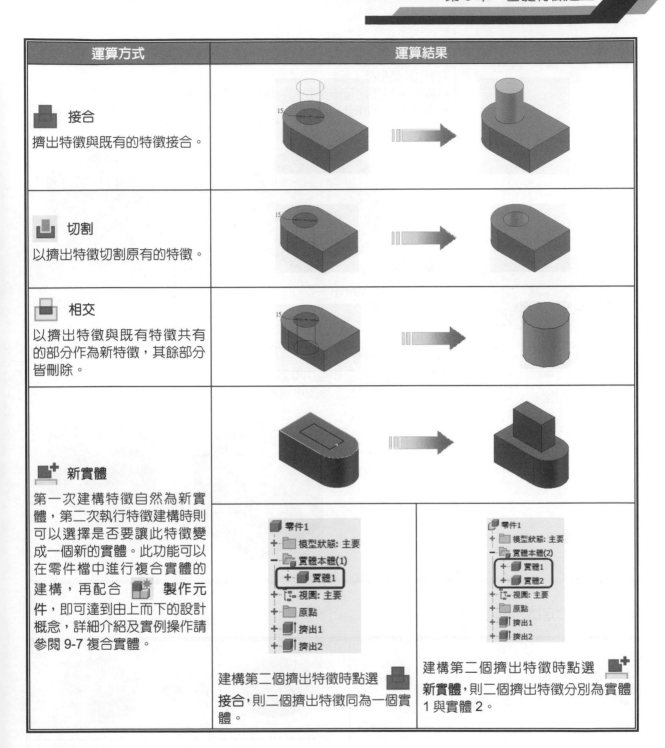 接合 擠出特徵與既有的特徵接合。	
切割 以擠出特徵切割原有的特徵。	
相交 以擠出特徵與既有特徵共有的部分作為新特徵，其餘部分皆刪除。	
新實體 第一次建構特徵自然為新實體，第二次執行特徵建構時則可以選擇是否要讓此特徵變成一個新的實體。此功能可以在零件檔中進行複合實體的建構，再配合 製作元件，即可達到由上而下的設計概念，詳細介紹及實例操作請參閱 9-7 複合實體。	

建構第二個擠出特徵時點選 接合，則二個擠出特徵同為一個實體。

建構第二個擠出特徵時點選 新實體，則二個擠出特徵分別為實體 1 與實體 2。

進階性質

開啟 ch3\造型相符.ipt 檔案，進行操作練習。

造型相符：當草圖為開放輪廓時啟用。

開放草圖輪廓	狀況	結果
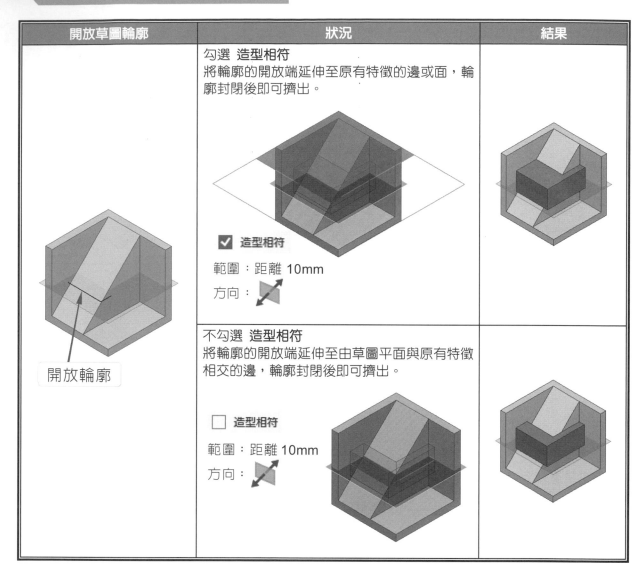	勾選 造型相符 將輪廓的開放端延伸至原有特徵的邊或面，輪廓封閉後即可擠出。 ☑ 造型相符 範圍：距離 10mm 方向：	
開放輪廓	不勾選 造型相符 將輪廓的開放端延伸至由草圖平面與原有特徵相交的邊，輪廓封閉後即可擠出。 ☐ 造型相符 範圍：距離 10mm 方向：	

斜度 A：設定擠出的推拔角。

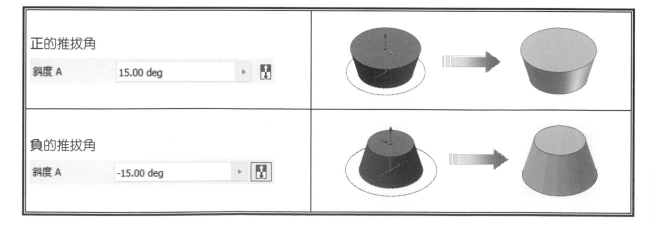

3-2　圓角

🔲 **3D 模型 → 圓角**

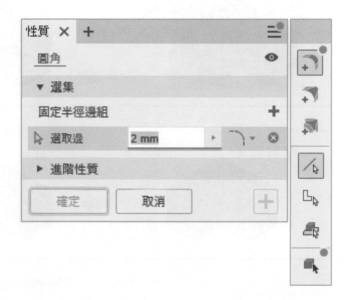

開啟 ch3\固定半徑圓角 1.ipt 檔案，進行操作練習。

👁 **打開/** 🚫 **關閉特徵預覽**：圓角特徵以預覽模式呈現，內定為打開。

預覽模式	👁 打開特徵預覽	🚫 關閉特徵預覽
圓角特徵 預覽結果		

固定半徑邊組圓角

特徵倒出固定半徑圓角。固定圓角有三種選取模式 **邊、迴路** 及 **特徵**，如果一次要將零件的內或外圓角全部完成，可勾選 **所有圓角** 及 **所有外圓角**，此兩種選項可以同時勾選。

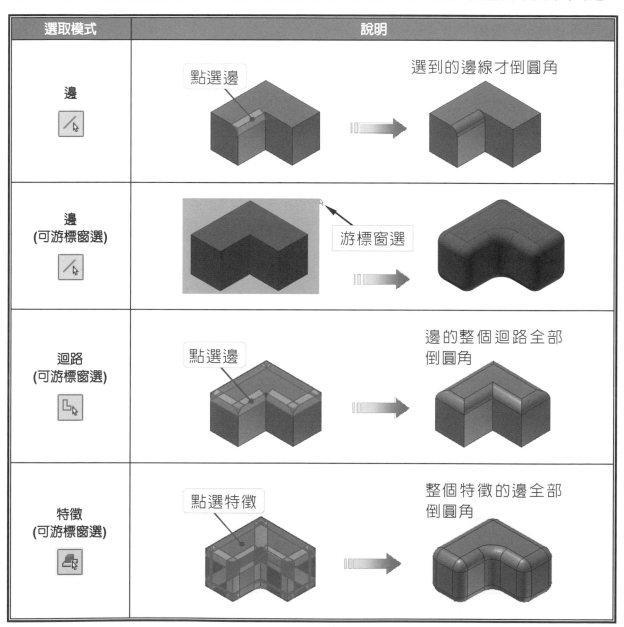

選取模式	說明
邊	點選邊 → 選到的邊線才倒圓角
邊 (可游標窗選)	游標窗選
迴路 (可游標窗選)	點選邊 → 邊的整個迴路全部倒圓角
特徵 (可游標窗選)	點選特徵 → 整個特徵的邊全部倒圓角

開啓 ch3\相切平滑反轉圓角.ipt 檔案，進行操作練習。

狀況	說明

進階性質

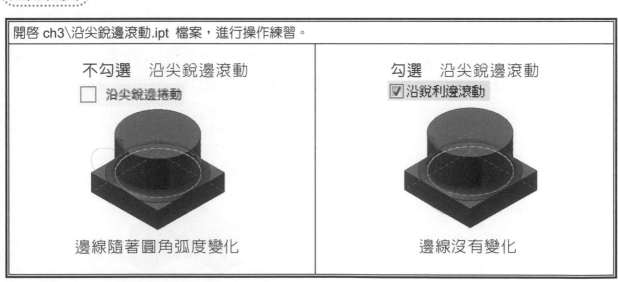

開啟 ch3\在可能使用圓角球.ipt 檔案,進行操作練習。

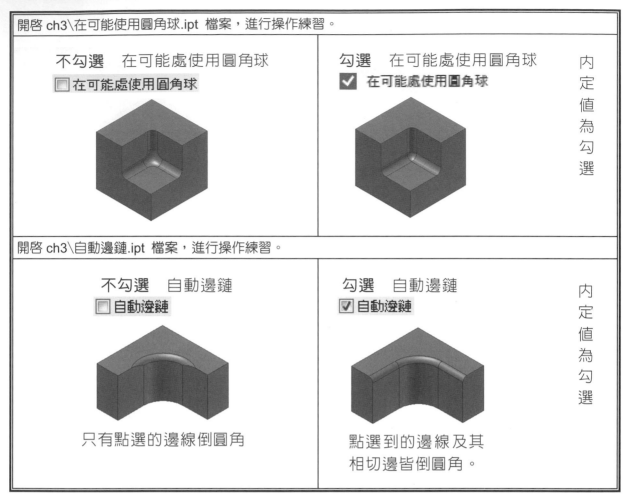

| 不勾選　在可能處使用圓角球
☐ 在可能處使用圓角球 | 勾選　在可能處使用圓角球
☑ 在可能處使用圓角球 | 內定值為勾選 |

開啟 ch3\自動邊鏈.ipt 檔案,進行操作練習。

| 不勾選　自動邊鏈
☐ 自動邊鏈 | 勾選　自動邊鏈
☑ 自動邊鏈 | 內定值為勾選 |
| 只有點選的邊線倒圓角 | 點選到的邊線及其
相切邊皆倒圓角。 | |

開啟 ch3\可變半徑圓角.ipt 檔案,進行操作練習。

變動半徑圓角

　　特徵倒出變動半徑的圓角。被選取的邊線除了起點與終止點可以設定圓角半徑外,還可以在該邊線上任意的增加圓角半徑的設定點。利用 **位置** 可以精準的指定設定點的位置。

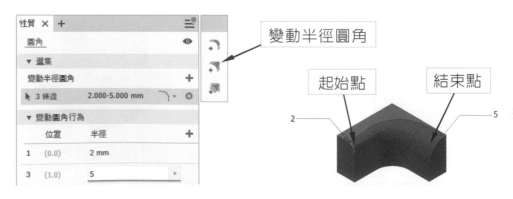

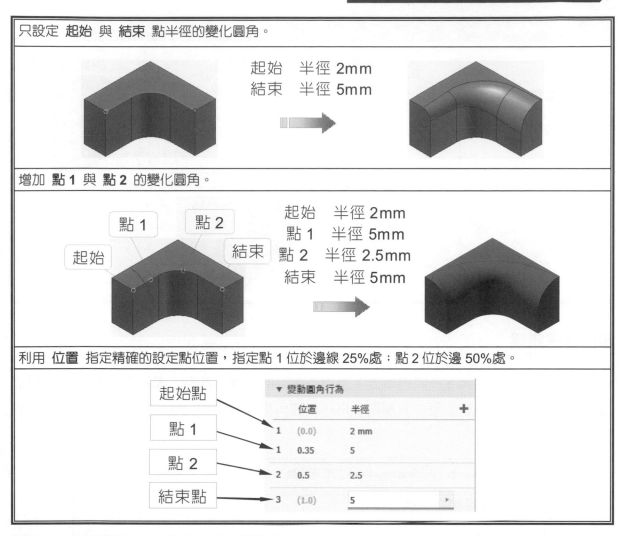

開啟 ch3\縮進圓角.ipt 檔案，進行操作練習。

轉角縮進

當多條相交邊線皆倒圓角時，可以利用 **轉角縮進** 來設定個別邊線的變化。

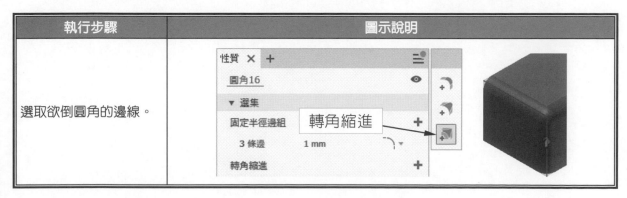

執行步驟	圖示說明
切換至 **轉角縮進** 的頁面，點選 **頂點**，並輸入各邊線的縮進值。	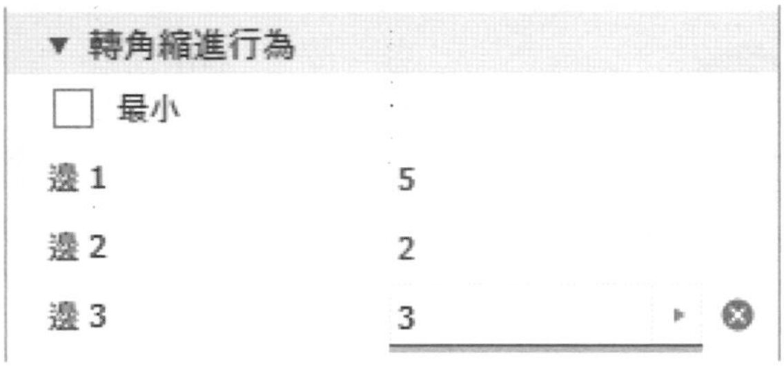 
結果。	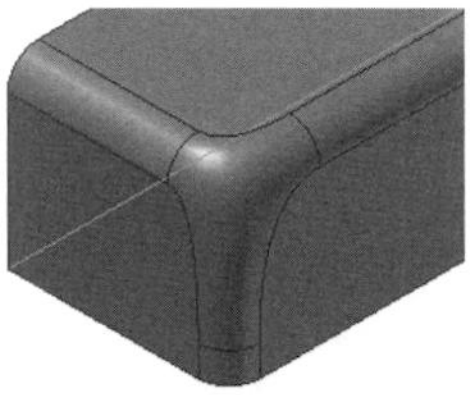

圓角建構錯誤

　　當圓角的半徑太大、一次選取太多邊線或選取的順序有誤時，都可能造成圓角建構的錯誤。此時可先點選對話框中的編輯，再修正圓角半徑變小、分次倒圓角或者更改選取的順序等。

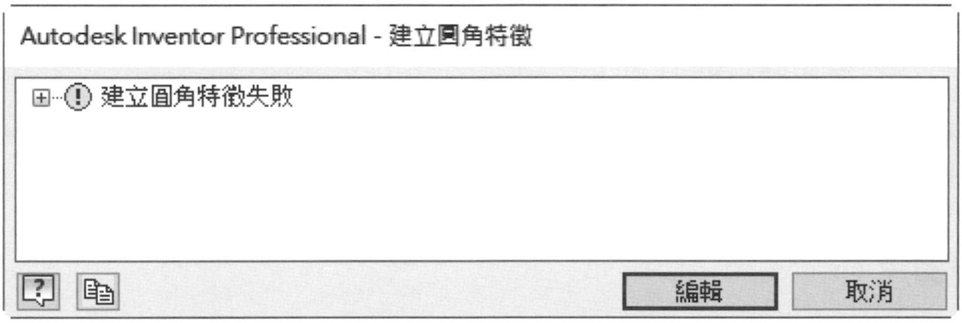

 面圓角

可以建立沒有共用邊線的兩面集之間的圓角。如要在一個面集中選取多個面，必須清除 **最佳化單一選取**。

開啟 ch3\面圓角.ipt 檔案，進行操作練習。

(1) 點選如下圖所示①②③④⑤ → ⑥確定。

 全圓圓角

可以建立三個相鄰面集之間的全圓圓角。如要在一個面集中選取多個面，必須清除 **最佳化單一選取**。當取消 **包含相切面** 時，相切於中心面的面就不會產生圓角。

開啟 ch3\全圓圓角.ipt 檔案，進行操作練習。

(1) 點選如下圖所示①②③④⑤ → ⑥確定。

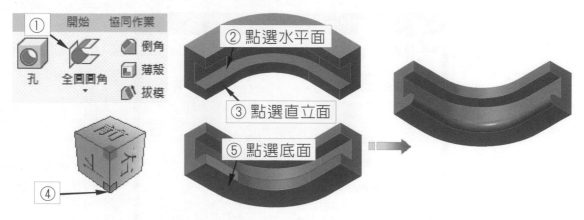

(2) 點選如下圖所示①②③ → 按 F6 鍵 → 點選④⑤⑥ → ⑦確定。

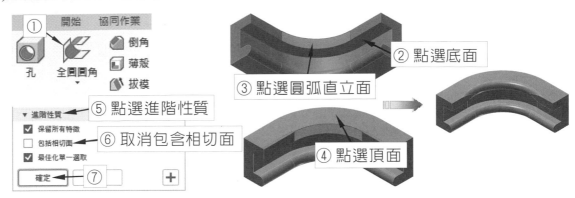

3-3 倒角

指令位置

◆ **3D 模型** → 倒角

選項說明

開啟 ch3\倒角距離.ipt 檔案，進行操作練習。

距離

以單一距離進行倒角,即倒角的兩端與邊線距離相同。

邊鏈 ⬜⬜ 及倒角相交處的 **縮進** ▽▽。

開啓 ch3\倒角邊鏈.ipt 檔案,進行操作練習。	
邊鏈方式 邊鏈 ⬜⬜	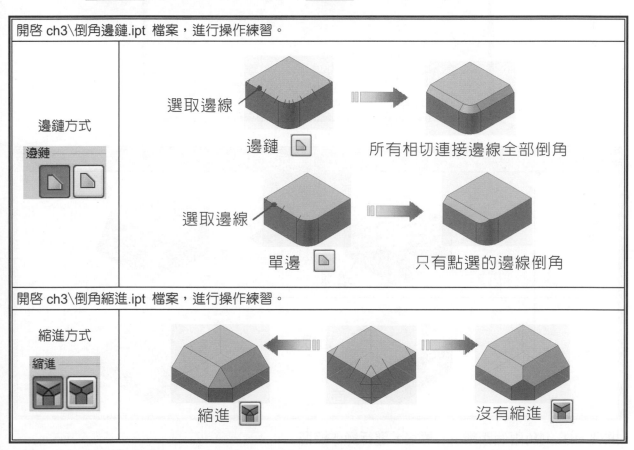 選取邊線 邊鏈 ⬜　　所有相切連接邊線全部倒角 選取邊線 單邊 ⬜　　只有點選的邊線倒角
開啓 ch3\倒角縮進.ipt 檔案,進行操作練習。	
縮進方式 縮進 ▽▽	縮進 ▽　　　　　沒有縮進 ▽

開啓 ch3\倒角距離與角度.ipt 檔案,進行操作練習。

📐 **距離與角度**

以距離與角度進行倒角。倒角時選取的面會影響倒角的結果。

狀況	圖示說明
狀況一	面 / 邊線
狀況二	邊線 / 面

開啟 ch3\倒角兩個距離.ipt 檔案，進行操作練習。

兩個距離

以兩個距離進行倒角。欲變更兩個距離的方向時，可以點按 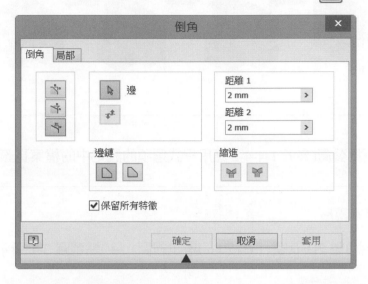 翻轉。

狀況	圖示說明
翻轉前	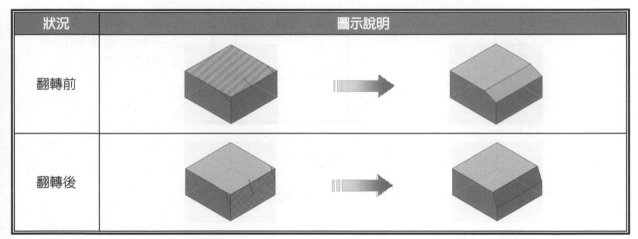
翻轉後	

→ **擠出、圓角綜合應用實例**

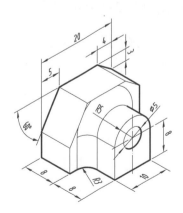

特徵建構流程

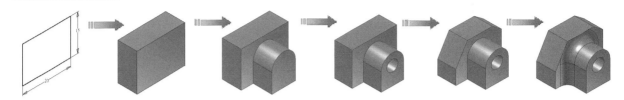

注意！

請先將單位變更爲公釐(參考 1-4-4-2 應用程式選項的設定中的**檔案頁籤**)

STEP 1 繪製基本圖形

(1) 點選 ☑ 開始繪製 2D 草圖 → 按 F6 鍵(主視圖) → 點選圖 3-1 所示 ▢ YZ 工作平面 ①。

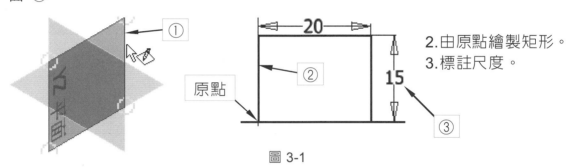

2.由原點繪製矩形。
3.標註尺度。

圖 3-1

(2) 繪製如圖 3-1 所示之矩形②及標註尺度③ → ✔ 完成草圖。

STEP 2 建立擠出特徵 1

(1) 點選 ▨ → 點選圖 3-2 所示①②。

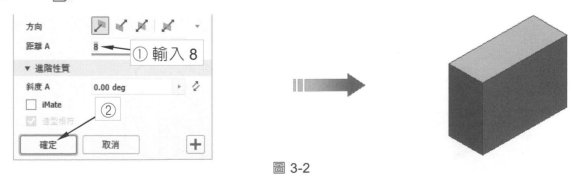

圖 3-2

 **繪製草圖 2**

(1) 點選 ⊡ 開始繪製 2D 草圖 → 點選圖 3-3 所示① → 繪製如圖 3-3 所示之圖形②③ →
　　✔ 完成草圖。

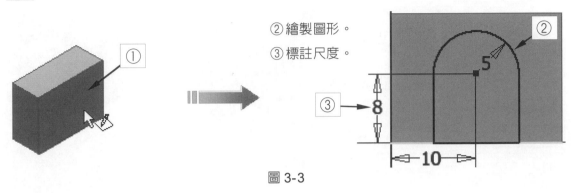

② 繪製圖形。

③ 標註尺度。

圖 3-3

STEP ④　建立擠出特徵 2

(1) 點選 ▉↑ → 點選圖 3-4 所示①②。

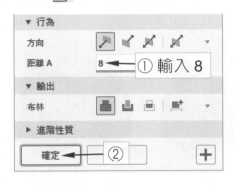

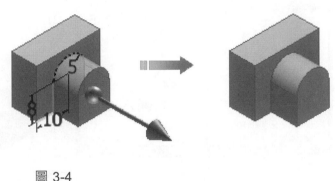

圖 3-4

STEP ⑤　繪製草圖 3

(1) 點選 ⊡ 開始繪製 2D 草圖 → 點選圖 3-5 所示① → 繪製如圖 3-5 所示之圖形②③④
　　→ ✔ 完成草圖。

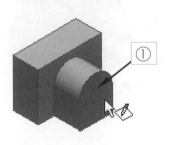

② 畫圓。

③ 設定 A、B 為同心圓
　（點選 同心圓 ◎ ）。

④ 標註圓直徑為 5。

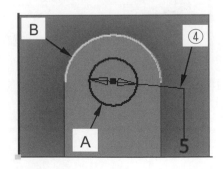

圖 3-5

STEP 6 建立擠出特徵 3

(1) 點選 📦 → 點選如圖 3-6 所示①②③。

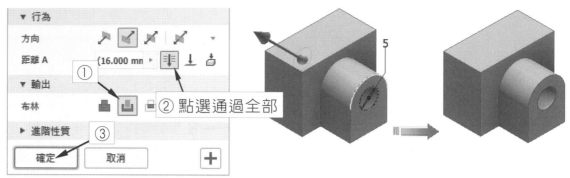

圖 3-6

STEP 7 建立倒角特徵

(1) 點選 🔷 → 點選如圖 3-7 所示①②③④⑤⑥。

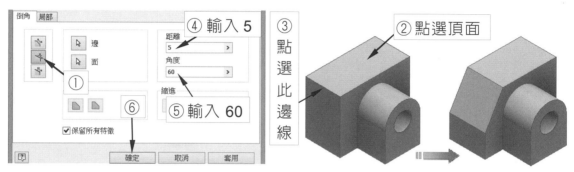

圖 3-7

(2) 點選 🔷 → 點選如圖 3-8 所示①②③④ → ⑤確定。

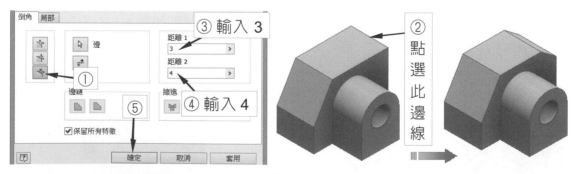

圖 3-8

STEP 8　建立圓角特徵

(1) 點選 → 點選如圖 3-9 所示①②③。

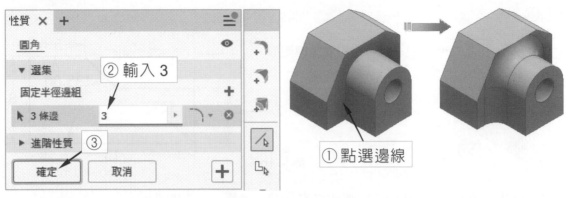

圖 3-9

→ 擠出、圓角、倒角綜合應用實例

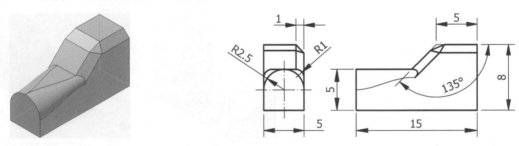

特徵建構流程

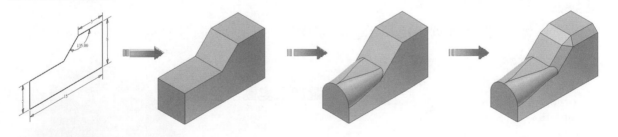

注意

請先將單位變更為公釐(參考 1-4-4-2 應用程式選項的設定中的**檔案頁籤**)

STEP 1 繪製基本圖形

(1) 點選 開始繪製 2D 草圖 → 按 F6 鍵(主視圖) → 點選圖 3-10 所示 YZ 工作平面 ①。

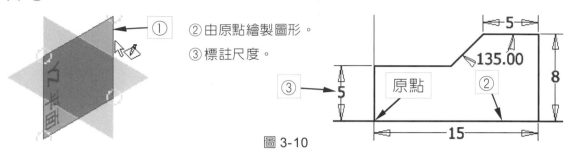

② 由原點繪製圖形。

③ 標註尺度。

原點

圖 3-10

(2) 繪製如圖 3-10 所示之圖形②及標註尺度③ → 完成草圖。

STEP 2 建立擠出特徵 1

(1) 點選 → 點選如圖 3-11 所示之①②③。

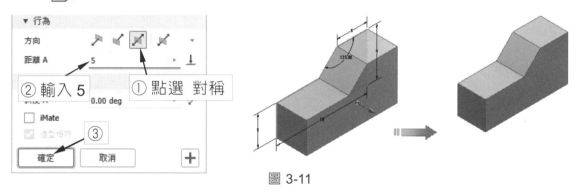

② 輸入 5

① 點選 對稱

③

圖 3-11

STEP 3 建立可變圓角特徵

(1) 點選 → 點選如圖 3-12 所示①②③④⑤。

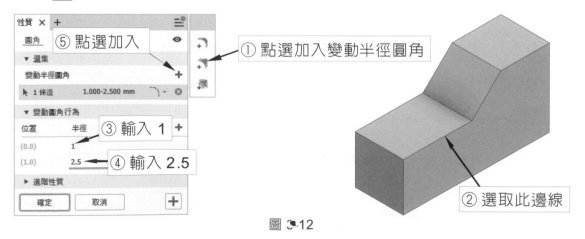

⑤ 點選加入

① 點選加入變動半徑圓角

③ 輸入 1

④ 輸入 2.5

② 選取此邊線

圖 3-12

(2) 點選如圖 3-13 所示①②③④。

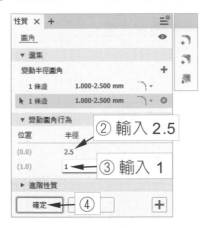
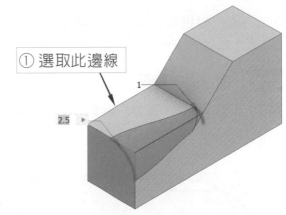

圖 3-13

STEP 4　建立倒角特徵

(1) 點選  → 點選如圖 3-14 所示①②③④ → 點選 ｜ 確定 ｜。

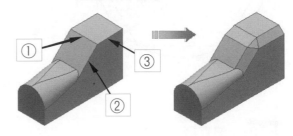

圖 3-14

→ 擠出、倒角綜合應用實例

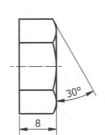

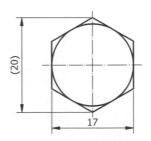

特徵建構流程

注意

請先將單位變更為公釐(參考 1-4-4-2 應用程式選項的設定中的**檔案頁籤**)

STEP 1 繪製基本圖形

(1) 點選 開始繪製 2D 草圖 → 按 F6 鍵(主視圖) → 點選 XZ 工作平面。

(2) 繪製如圖 3-15 所示之圖形 → 完成草圖。

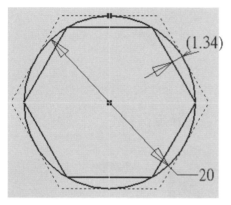

① 畫圓。

② 畫圓內接正六邊形。

③ 畫圓外切正六邊形。

④ 將外切正六邊形更改為建構線。

⑤ 設定兩個六邊形邊長為平行。

⑥ 標註圓直徑為 20（自動產生參數代號為 **d0**）。

⑦ 標註兩個六邊形邊長間的距離，定值為 1.34，此尺度
　為參考尺度（自動產生參數代號為 **d1**）。

圖 3-15

STEP 2 建立擠出特徵 1

(1) 點選 → 點選如圖 3-16 所示之①②③④。

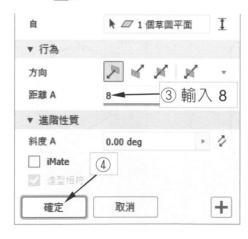

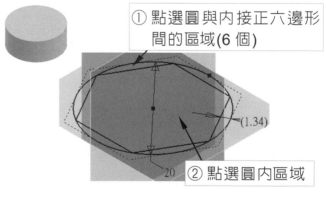

① 點選圓與內接正六邊形
　間的區域(6 個)

② 點選圓內區域

圖 3-16

STEP ③　建立倒角特徵

(1) 點選 🔷 → 點選如圖 3-17 所示①②③④⑤⑥⑦⑧ → 點選 ▭確定▭ 。

> 注意：d1 乃為(1.34)尺度的參數代號。若在草圖標註尺度時先標(1.34)，再標直徑 20，則(1.34)的代號為 d0；20 的代號 d1。系統會自動按標註的先後從 d0 開始排序產生參數代號。

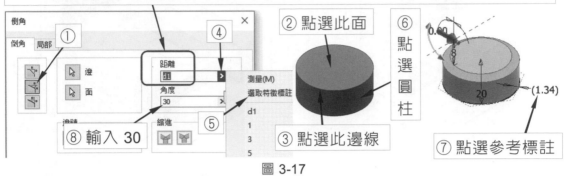

圖 3-17

STEP ④　建立共用草圖

(1) 點選如圖 3-18 所示①②③。

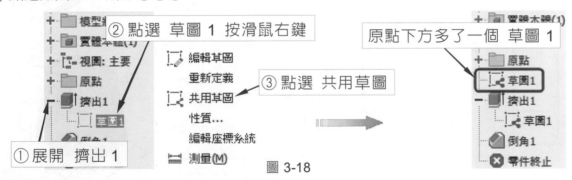

圖 3-18

STEP ⑤　建立擠出特徵 2(相交)

(1) 點選 🟦 → 點選如圖 3-19 所示之①② → ③確定。

(2) 取消共用草圖的可見性。

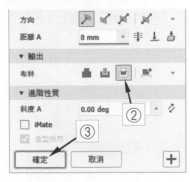
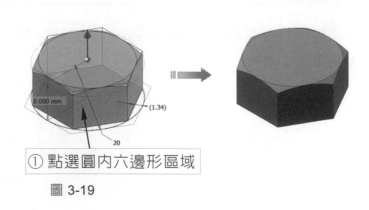

圖 3-19

精選練習範例

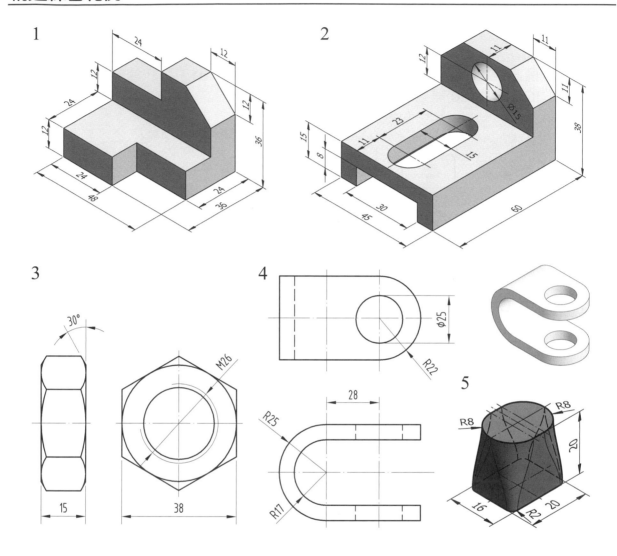

1

2

3

4

5

3-4　迴轉

　　迴轉 可以繞著軸線旋轉草圖輪廓來建立特徵。除了曲面，迴轉特徵之橫斷面必需是封閉輪廓草圖。

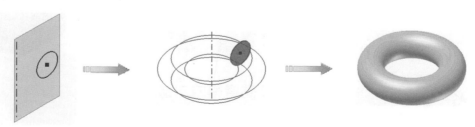

指令位置

◈ **3D 模型 → 迴轉**

選項說明

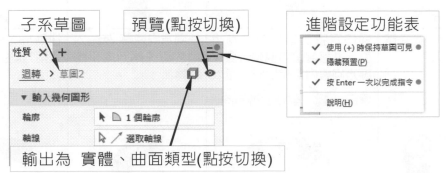

子系草圖　　預覽(點按切換)　　　進階設定功能表

輸出為 實體、曲面類型(點按切換)

指定為實體模式或曲面模式

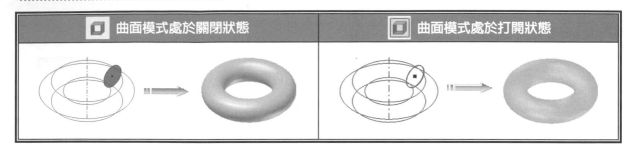

輸入幾何圖形

輪廓	迴轉的區域或輪廓。與 擠出 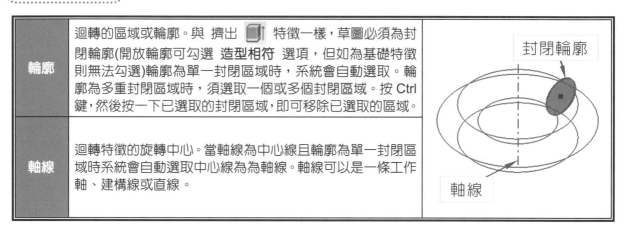 特徵一樣,草圖必須為封閉輪廓(開放輪廓可勾選 **造型相符** 選項,但如為基礎特徵則無法勾選)輪廓為單一封閉區域時,系統會自動選取。輪廓為多重封閉區域時,須選取一個或多個封閉區域。按 Ctrl 鍵,然後按一下已選取的封閉區域,即可移除已選取的區域。	
軸線	迴轉特徵的旋轉中心。當軸線為中心線且輪廓為單一封閉區域時系統會自動選取中心線為為軸線。軸線可以是一條工作軸、建構線或直線。	

封閉輪廓

軸線

行為

1. 方向與角度:

方向				
說明	內定特徵迴轉的方向。	與內定特徵迴轉的方向相反。從繪圖區中觀察特徵迴旋方向與內定相反時,可以選取 翻轉迴轉方向。	往兩方向迴轉。依輸入角度值往兩方向平均迴轉。	往兩方向迴轉。分別輸入兩方向的迴轉角度。

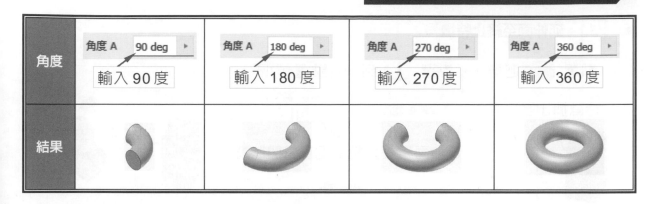

角度	角度 A　90 deg 輸入 90 度	角度 A　180 deg 輸入 180 度	角度 A　270 deg 輸入 270 度	角度 A　360 deg 輸入 360 度
結果				

2. **到**：指定迴轉特徵到達的面。

 **：最小解法**

點選 迴轉 → 點選 ↓ 到 → 點選 內圓。

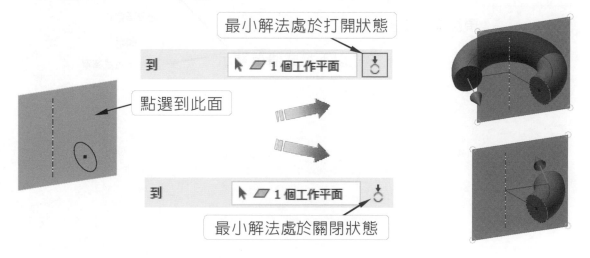

 ⬇ ：**延伸面至終止特徵**

點選 🌙 迴轉 → 點選 ⬇ 到 → 點選 內圓。

特徵擠出至此面

▶ ◢ 1 個面

延伸面至終止特徵處於打開狀態

3. 🔄 **完整**：將輪廓繞著軸線迴轉 360 度。與輸入角度 360 度相同。

輸出

以布林運算執行特徵接合、切割、相交或新實體。第一次迴轉為 ■⁺ **新實體**，其它三種運算方式無法選取。

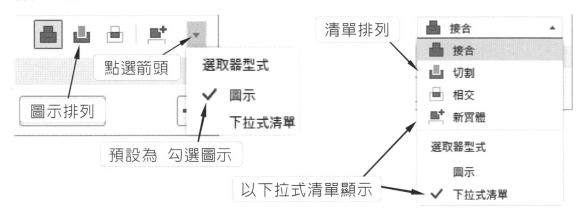

點選箭頭

選取器型式

✓ 圖示

下拉式清單

圖示排列

預設為 勾選圖示

以下拉式清單顯示

清單排列

接合

接合

切割

相交

新實體

選取器型式

圖示

✓ 下拉式清單

運算：指定迴轉與既有的特徵接合、切割或相交。新實體時無法使用。

運算方式	運算結果
▣ **接合** 擠出特徵與既有的特徵接合。	
▣ **切割** 以擠出特徵切割原有的特徵。	
▣ **相交** 以擠出特徵與既有特徵共有的部分作為新特徵，其餘部分皆刪除。	
▣ **新實體** 第一次建構特徵自然為新實體，第二次執行特徵建構時則可以選擇是否要讓此特徵變成一個新的實體。此功能可以在零件檔中進行複合實體的建構，再配合 ▣ 製作元件，即可達到由上而下的設計概念，詳細介紹及實例操作請參閱 9-7 複合實體。	 建構第二個迴轉特徵時點選接合，則二個迴轉特徵同為一個實體。 建構第二個迴轉特徵時點選 ▣ **新實體**，則二個迴轉特徵分別為實體 1 與實體 2。

進階性質

開啓 ch3\迴轉造型相符.ipt 檔案,進行操作練習。

造型相符:當草圖為開放輪廓時啓用。

開放草圖輪廓	狀況	結果
開放輪廓	勾選 造型相符 將輪廓的開放端延伸至原有特徵的邊或面,輪廓封閉後即可迴轉。 ☑ 造型相符 範圍:角度 30deg 方向:	
	不勾選 造型相符 將輪廓的開放端延伸至由草圖平面與原有特徵相交的邊,輪廓封閉後即可擠出。 ☐ 造型相符 範圍:角度 30 deg 方向:	

→ **應用實例一**

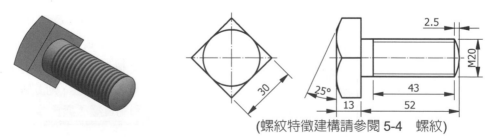

(螺紋特徵建構請參閱 5-4 螺紋)

特徵建構流程

注意

請先將單位變更為公釐(參考 1-4-4-2 應用程式選項的設定中的**檔案頁籤**)

STEP 1 建立基礎特徵

(1) 點選 開始繪製 2D 草圖 → 按 F6 鍵(主視圖) → 點選如圖 3-20 所示之 XY 工作平面 ①。

(2) 繪製如圖 3-20 所示之矩形 → 完成草圖。

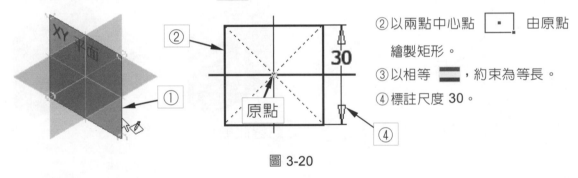

② 以兩點中心點 由原點 繪製矩形。

③ 以相等 ，約束為等長。

④ 標註尺度 30。

圖 3-20

(3) 點選 → 點選如圖 3-21 所示①②。

① 輸入 13

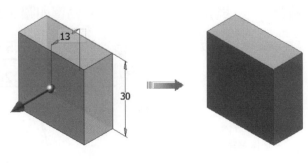

圖 3-21

3-35

STEP ② 建立迴轉特徵 1(切割)

(1) 點選 📝 開始繪製 2D 草圖 → 點選如圖 3-22 所示之 YZ 平面①。

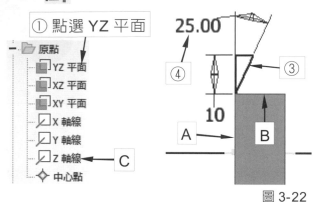

②投影兩輪廓線 A、B 及 Z 軸線 C
(點選 📦 投影幾何圖形)。

③畫一三角形，三角形下方的頂點通過兩輪廓線的交點。

④標註長度尺度 10 及角度 25 度。

圖 3-22

(2) 繪製如圖 3-22 所示之圖形②③④ → ✔ 完成草圖。

(3) 點選 🔲 → 點選如圖 3-23 所示①②③。

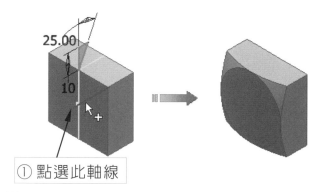

①點選此軸線

圖 3-23

STEP ③ 建立迴轉特徵 2

(1) 點選 📝 開始繪製 2D 草圖 → 點選如圖 3-24 所示之 YZ 工作平面 🔲 ①。

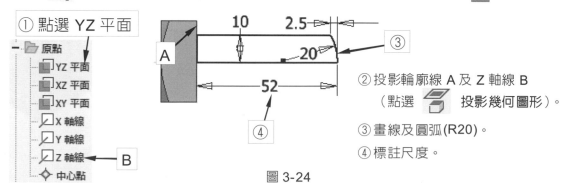

②投影輪廓線 A 及 Z 軸線 B
（點選 📦 投影幾何圖形）。

③畫線及圓弧(R20)。

④標註尺度。

圖 3-24

(3) 繪製如圖 3-24 所示之圖形②③④ → ✔ 完成草圖。

(4) 點選 → 點選如圖 3-25 所示①②。

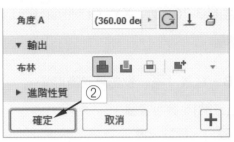

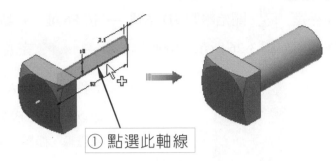

① 點選此軸線

圖 3-25

→ 應用實例二

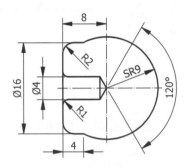

特徵建構流程

注意

請先將單位變更爲公釐(參考 1-4-4-2 應用程式選項的設定中的**檔案頁籤**)

STEP 1 建立迴轉特徵

(1) 點選 開始繪製 2D 草圖 → 按 F6 鍵 → 點選圖 3-26 所示 XY 工作平面 ①。

(2) 繪製如圖 3-26 所示之圖形②③④ → 完成草圖。

②投影兩軸線 A、B（點選 投影幾何圖形）。

③以兩軸線的交點(原點)為圓心畫圓。

④畫線、修剪、倒圓角、標註尺度。

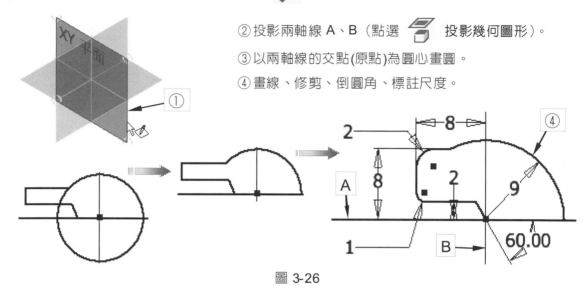

圖 3-26

(3) 點選 → 點選如圖 3-27 所示之①②③④。

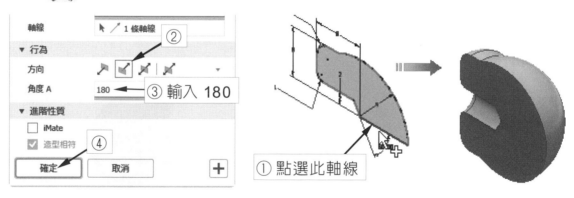

① 點選此軸線

圖 3-27

精選練習範例

1

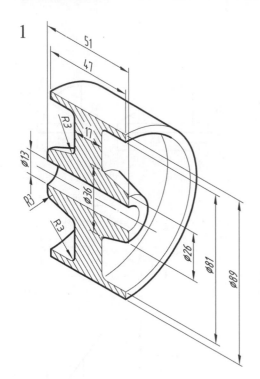

2

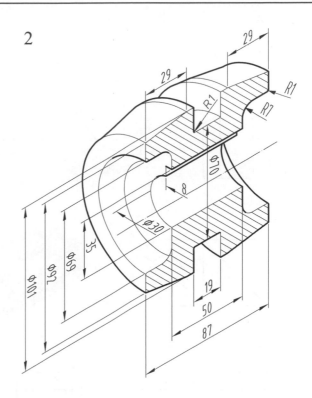

作業

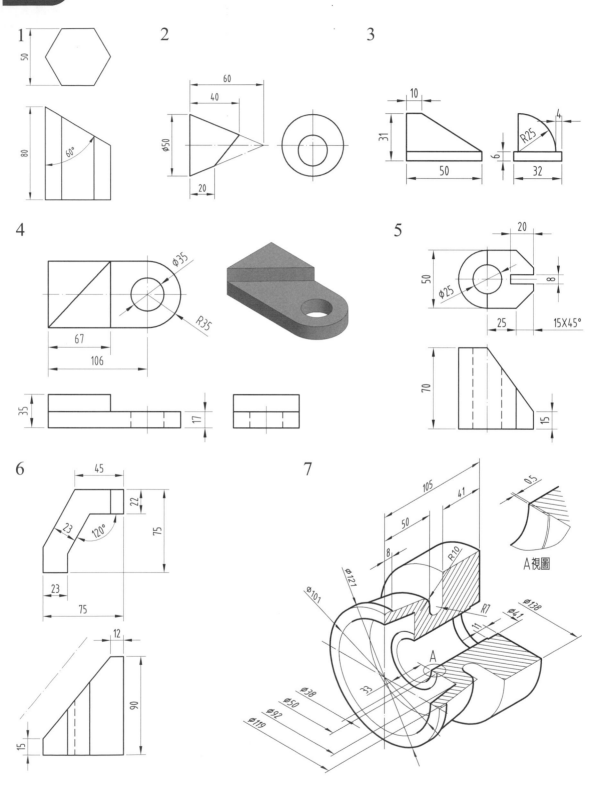

1

50

80

60°

2

60
40
Ø50
20

3

10
31
50
R25
4
6
32

4

Ø35
R35
67
106
35
17

5

20
50
Ø25
8
25
15X45°
70
15

6

45
22
23
120°
75
23
75
12
90
15

7

105
41
0.5
50
8
R10
A視圖
Ø121
Ø101
R7
Ø128
Ø41
11
A
Ø38
Ø50
Ø92
Ø119

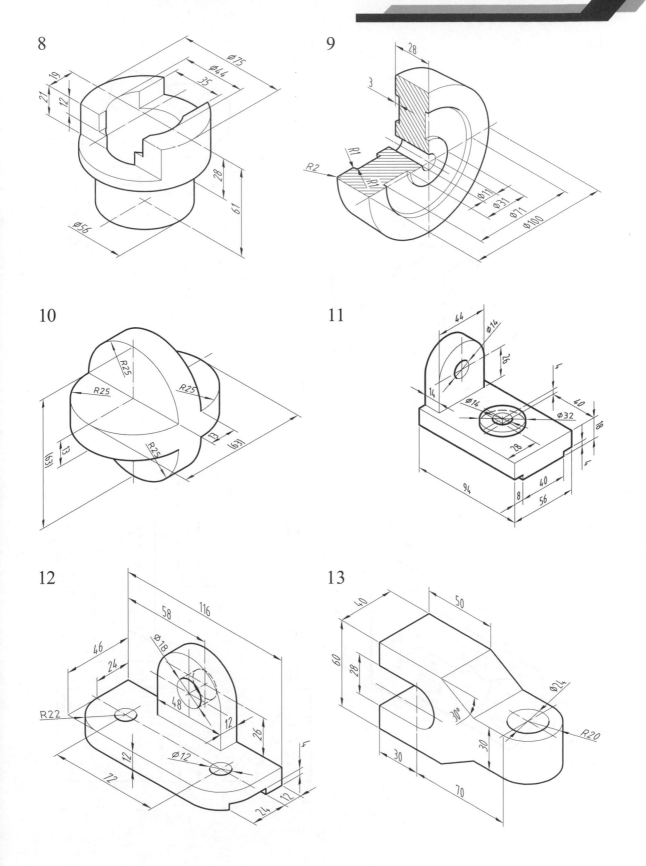

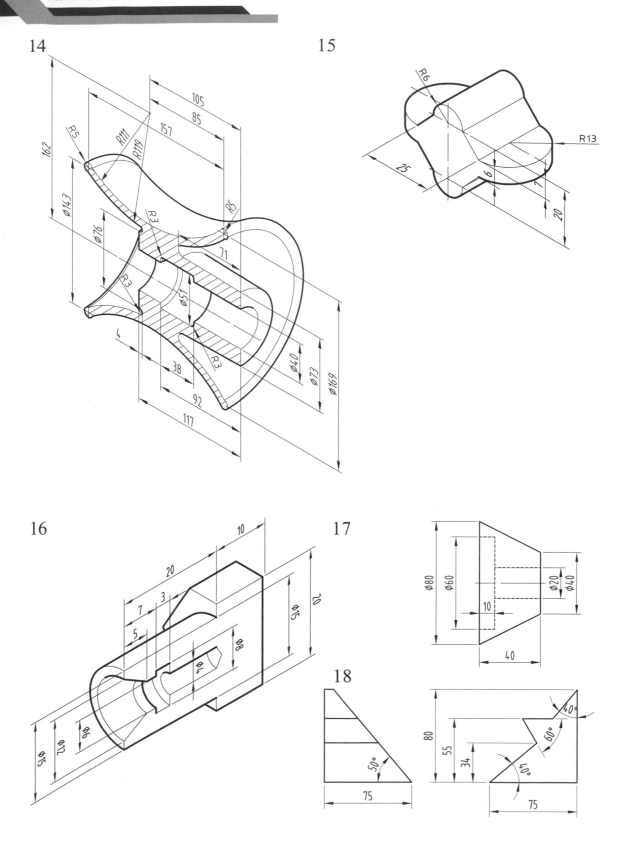

14

15

16

17

18

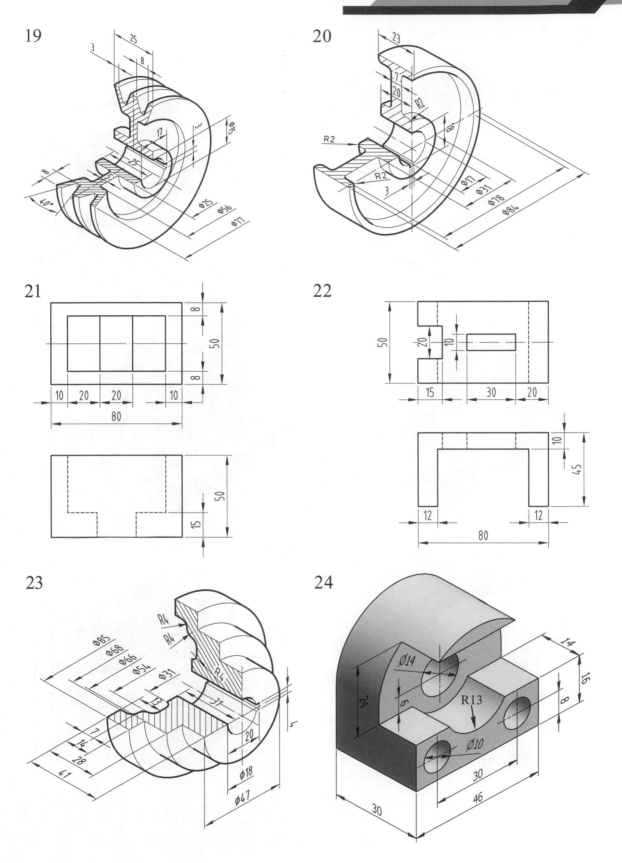

19

20

21

22

23

24

25

26

27

28

29

30

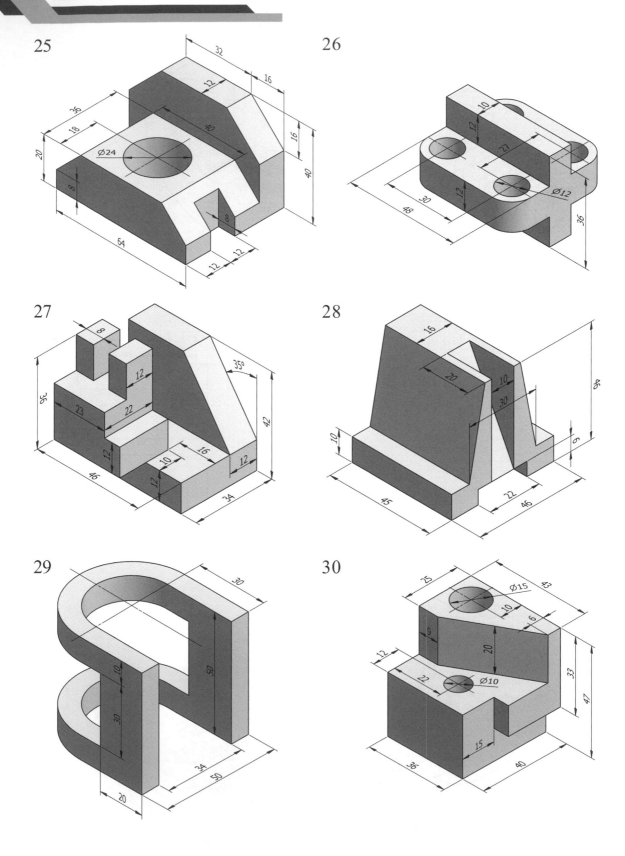

工作特徵

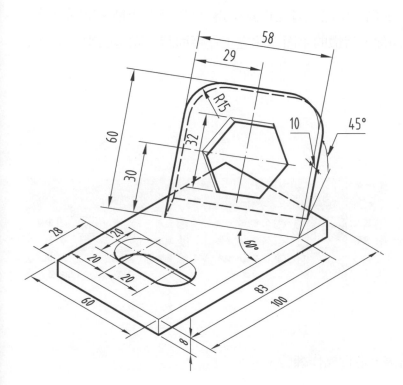

前言：當草圖的條件不夠用以建立與定位新特徵時，可以建構新的工作特徵。善用工作特徵可以幫助特徵建構更順利，工作特徵包含有工作平面、工作軸線、工作點和使用者座標系統(UCS)。每一個的零件檔或組合檔，在瀏覽器中可以看到系統內定的工作特徵，點按原點 ✛🖿原點 的✛，展開後有 YZ、XZ、XY 三個工作平面；X、Y、Z軸；使用者亦可以依繪圖的需求，自行定義一個以上的使用者座標系統(UCS)。

4-1　工作平面

利用特徵的頂點、邊、面及其他工作特徵可以定義工作平面。用來建構工作平面的點、邊、面其 點 可以是線段的端點、交點、中點或者工作點；邊 可以是工作軸、草圖直線、特徵的邊；面 可以是工作平面、曲面、特徵的平面。建立工作平面時，點選的順序沒有一定，先選邊、點或面都可以。

指令位置

🗊 模型 → 平面

建構方式說明

請直接開啟 ch4\工作平面 1.ipt 檔案，進行操作練習。

◎ 方式 1：選取欲通過的任意三點 建構工作平面

操作步驟

(1) 點選 ▧ 平面 → 點按如圖所示①②③ → 完成工作平面。

完成工作平面建構

◎ 方式 2：選取平面與輸入偏移 建構工作平面

操作步驟

(1) 點選 ▧ 平面 → 按住如下圖所示的右側面①，並往右施曳 → ②輸入偏移距離 5 →
③ ✔ → 完成工作平面。

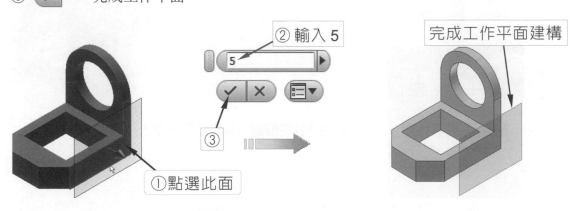

② 輸入 5
5
③

完成工作平面建構
①點選此面

方式 3：選取面、旋轉軸與輸入角度 建構工作平面

操作步驟

(1) 點選 ▢ 平面 → 點按如圖所示①②③ → ④ ✓ → 完成工作面。

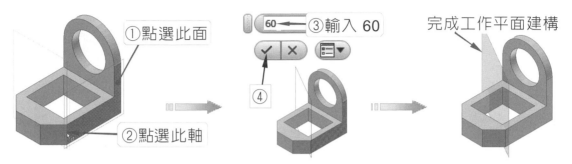

方式 4：選取面與通過點 建構工作平面

操作步驟

(1) 點選 ▢ 平面 → 點按如圖所示①② → 完成工作平面。

方式 5：點選兩個平行面，以兩個面的中點位置 建構工作平面

操作步驟

(1) 點選 ▢ 平面 → 點按如圖所示①② → 完成工作平面。

🔷 **方式 6：點選欲通過的兩條邊線 建構工作平面**

🔷 **操作步驟**

(1) 點選 ⬜ 平面 → 點按如圖所示①② → 完成工作平面。

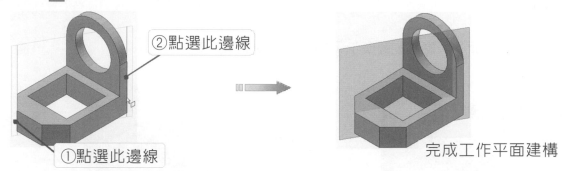

②點選此邊線

①點選此邊線

完成工作平面建構

🔷 **方式 7：選取欲相切的面與通過邊 建構工作平面**

🔷 **操作步驟**

(1) 點選 ⬜ 平面 → 點按如圖所示①② → 完成工作平面。

①點選此曲面

②點選此邊線

完成工作平面建構

請直接開啟 ch4\工作平面 2.ipt 檔案，進行操作練習。

🔷 **方式 8：選取欲垂直的線段端點與相切的圓柱面 建構工作平面**

🔷 **操作步驟**

(1) 點選 ⬜ 平面 → 點按如圖所示①② → 完成工作平面。

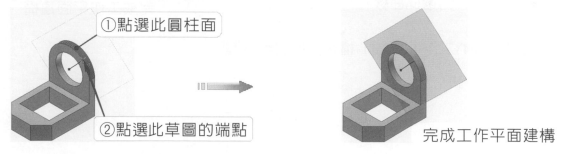

①點選此圓柱面

②點選此草圖的端點

完成工作平面建構

請直接開啓 ch4\工作平面 3.ipt 檔案，進行操作練習。

方式 9：點選通過點與垂直線 建構工作平面

操作步驟

(1) 點選 ⬜ 平面 → 點按如圖所示①② → 完成工作平面。

②點選此端點

①點選此軸線

工作平面垂直
所選取的軸線

完成工作平面建構

請直接開啓 ch4\工作平面 4.ipt 檔案，進行操作練習。

方式 10：點選欲相切的曲面與平行平面 建構工作平面

操作步驟

(1) 點選 ⬜ 平面 → 點按如圖所示①② → 完成工作平面。

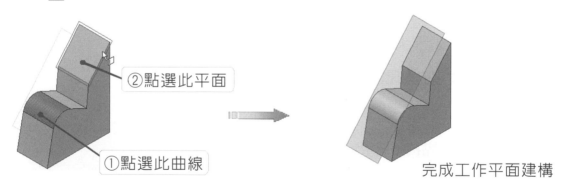

②點選此平面

①點選此曲線

完成工作平面建構

請直接開啓 ch4\工作平面 5.ipt 檔案，進行操作練習。

● 方式 11：點選欲垂直的曲線與曲線上的通過點 建構工作平面

操作步驟

(1) 點選 ⬛ 平面 → 點按如圖所示①② → 完成工作平面。

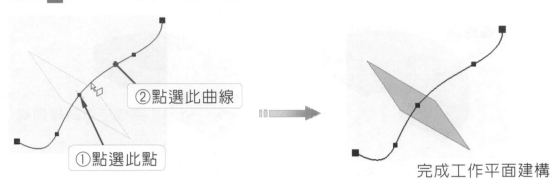

②點選此曲線

①點選此點

完成工作平面建構

4-2　工作軸線

　　工作軸線是貼附到特徵的構圖線，工作軸線可以讓特徵建構時定位容易，工作軸線可以是工作平面建構的依據。草圖輪廓、點或特徵的邊線都可以作為工作軸線。

指令位置

● 模型 → 軸

建構方式說明

請直接開啟 ch4\工作軸線 1.ipt 檔案，進行操作練習。

方式 1：選取迴轉面或迴轉特徵 建構工作軸線

操作步驟

(1) 點選 ⬜ 軸→ 點按如圖所示圓錐面① → 完成工作軸線。

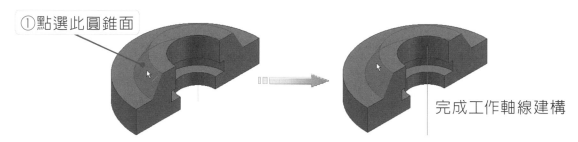

①點選此圓錐面

完成工作軸線建構

方式 2：選取邊線 建構工作軸線

操作步驟

(1) 點選 ⬜ 軸→ 點按如圖所示特徵邊線① → 完成工作軸線。

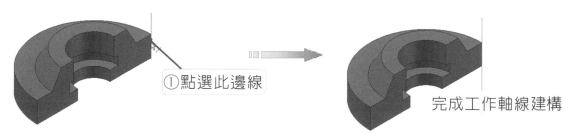

①點選此邊線

完成工作軸線建構

方式 3：選取任意兩點 建構工作軸線

操作步驟

(1) 點選 ⬜ 軸 → 點按如圖所示的點①② → 完成工作軸線。

①點選此點

②點選此點

完成工作軸線建構

⬢ 方式 4：選取欲通過的點與垂直的平面　建構工作軸線

操作步驟

(1) 點選 ⟋ 軸 → 點按如圖所示的①② → 完成工作軸線。

②點選此特徵頂點

①點選此特徵平面

完成工作軸線建構

請直接開啟 ch4\工作軸線 2.ipt 檔案，進行操作練習。

⬢ 方式 5：選取草圖直線　建構工作軸線

操作步驟

(1) 點選 ⟋ 軸 → 點按如圖所示的草圖線① → 完成工作軸線。

①點選此草圖線

完成工作軸線建構

請直接開啟 ch4\工作軸線 3.ipt 檔案，進行操作練習。

⬢ 方式 6：選取兩相交平面　建構工作軸線

操作步驟

(1) 點選 ⟋ 軸 → 點按如圖所示的平面①② → 完成工作軸線。

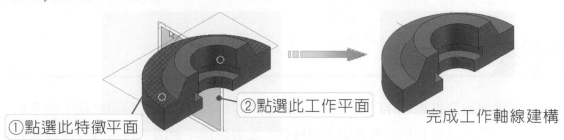

②點選此工作平面

①點選此特徵平面

完成工作軸線建構

請直接開啟 ch4\工作軸線 4.ipt 檔案，進行操作練習。

方式 7：選取 3D 草圖直線 建構工作軸線

操作步驟

(1) 點選 🔲 軸 → 點按如圖所示的 3D 草圖直線① → 完成工作軸線。

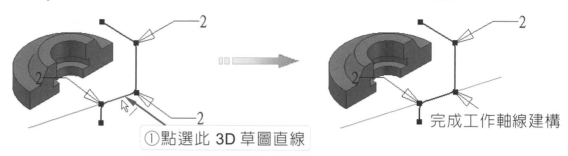

①點選此 3D 草圖直線

完成工作軸線建構

請直接開啟 ch4\工作軸線 5.ipt 檔案，進行操作練習。

方式 8：點選欲垂直的工作平面與平面上投影直線的端點 建構工作軸線

操作步驟

(1) 點選 🔲 開始繪製 2D 草圖 → 點選工作平面 🔲 1 ① → 點選 🔲 投影幾何圖形
→ 點按如圖所示的邊線② → 點按滑鼠右鍵 完成 → ✔ 完成草圖。

(2) 點選 🔲 軸 → 點按工作平面 1 ① → 點按投影邊線端點③ → 完成工作軸線。

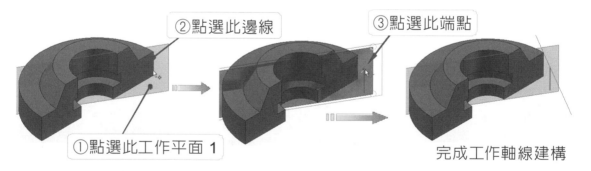

②點選此邊線

③點選此端點

①點選此工作平面 1

完成工作軸線建構

4-3 工作點

　　頂點、平面的交點可以作爲工作點。工作點可以作爲其他工作特徵建構的參考點。建構完成的工作點會隨著特徵的重新定義而移動，如要建構不會隨著特徵改變而移動的工作點則要執行 🖉 不動工作點。不動工作點的定位是利用「3D 移動/旋轉」工具。

指令位置

🔷 模型 → 點

🔷 模型 → 箭頭 → 不動點

建構方式說明

請直接開啓 ch4\工作點 1.ipt 檔案，進行操作練習。

🔷 **方式 1：選取三個平面 建構工作點**

操作步驟

(1) 點選 ◆ 點 → 點按如圖所示的平面①②③ → 完成工作點建構。

①點選此面　2　①點選此面　②點選此面　完成工作點建構

🎁 **方式 2：選取兩條直線 建構工作點**

操作步驟

(1) 點選 ◆ 點 → 點按如圖所示的邊線①② → 完成工作點建構。

完成工作點建構

🎁 **方式 3：選取頂點 建構工作點**

操作步驟

(1) 點選 ◆ 點 → 點按如圖所示的頂點① → 完成工作點建構。

完成工作點建構

🎁 **方式 4：選取邊線的中點 建構工作點**

操作步驟

(1) 點選 ◆ 點 → 點按如圖所示的圓弧中點① → 完成工作點建構。

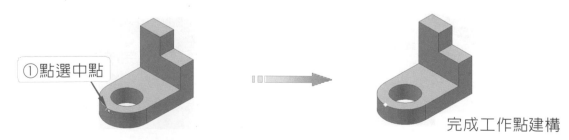

完成工作點建構

🔲 **方式 5：選取 2D 或 3D 草圖點 建構工作點**

⬚ **操作步驟**

(1) 點選 ◆ 點 → 點按如圖所示的草圖點① → 完成工作點建構。

①點選草圖點　　完成工作點建構

🔲 **方式 6：選取直線與表面 建構工作點**

⬚ **操作步驟**

(1) 點選 ◆ 點 → 點按如圖所示的邊線①、表面② → 完成工作點建構。

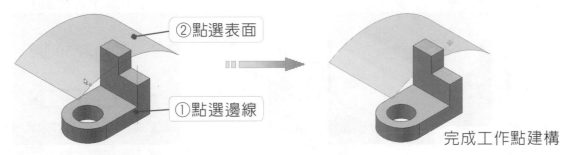

②點選表面
①點選邊線　　完成工作點建構

🔲 **方式 7：選取直線與平面 建構工作點**

⬚ **操作步驟**

(1) 點選 ◆ 點 → 點按如圖所示的邊線①、平面② → 完成工作點建構。

②點選平面
①點選邊線　　完成工作點建構

🔷 **方式 8：選取曲線與平面 建構工作點**

（操作步驟）

(1) 點選 ◆ 點 → 點按如圖所示的曲線①、平面② → 完成工作點建構。

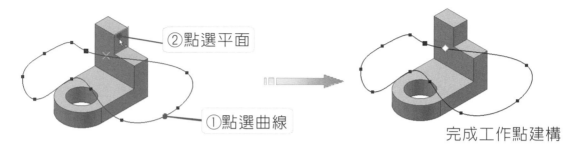

②點選平面

①點選曲線

完成工作點建構

🔷 **方式 9：輸入 3 軸旋轉角度及移動距離 建構不動工作點**

（操作步驟）

(1) 點選 ◆ 不動點 → 點按如圖所示①②③④⑤⑥ → 完成不動工作點建構。

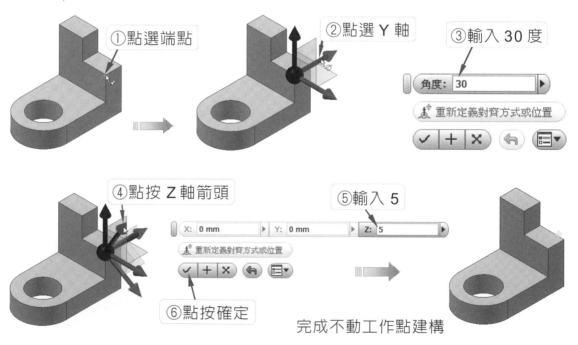

①點選端點

②點選 Y 軸

③輸入 30 度

角度：30

重新定義對齊方式或位置

④點按 Z 軸箭頭

⑤輸入 5

X: 0 mm   Y: 0 mm   Z: 5

重新定義對齊方式或位置

⑥點按確定

完成不動工作點建構

◎ **方式 10：輸入在 XY、YZ、XZ 三個面移動的距離 建構不動工作點**

操作步驟

(1) 點選 ◆ 不動點 → 點按如圖所示①②③④⑤ → 完成不動工作點建構。

①點選端點
②點選 XZ 平面
③輸入 10
④輸入 5
⑤點按確定
完成不動工作點建構

X: 10   Y: 0 mm   Z: 5
重新定義

◎ **方式 11：重新定義「3D 移動／旋轉」工具的位置及對齊方式 建構不動工作點**

操作步驟

(1) 點選 ◆ 不動點 →點按如圖所示①②③④⑤⑥⑦ → 完成不動工作點建構。

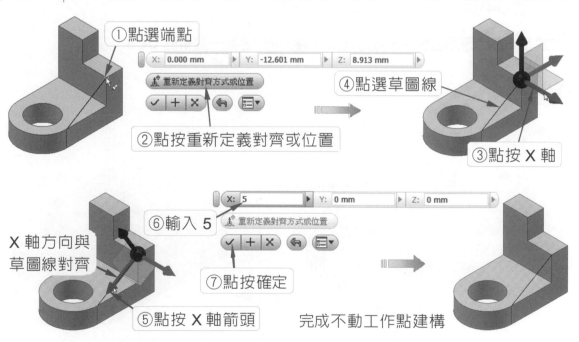

①點選端點
②點按重新定義對齊或位置
③點按 X 軸
④點選草圖線
X: 0.000 mm   Y: -12.601 mm   Z: 8.913 mm
重新定義對齊方式或位置

X 軸方向與草圖線對齊
⑤點按 X 軸箭頭
⑥輸入 5
⑦點按確定
X: 5   Y: 0 mm   Z: 0 mm
重新定義對齊方式或位置
完成不動工作點建構

4-4 使用者座標系統(UCS)

UCS(使用者座標系統)是三個工作平面、三條工作軸和一個中心點的集合。繪圖者可以使用不同的方式在同一個零件檔及組合檔中置入多個 UCS。

指令位置

◈ 模型 → UCS

建構方式說明

請直接開啓 ch4\UCS1.ipt 檔案，進行操作練習。

◈ **方式 1**：指定原點位置、**X 軸方向**及 **Y 軸方向** 定義一個新的 UCS

操作步驟

(1) 點選 ⤿ UCS → 點按如圖所示①②③ → 完成 UCS 的定義。

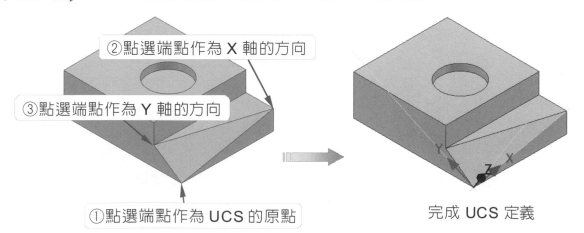

②點選端點作為 X 軸的方向

③點選端點作為 Y 軸的方向

①點選端點作為 UCS 的原點

完成 UCS 定義

請直接開啓 ch4\UCS1.ipt 檔案，進行操作練習。

➲ 方式 2：輸入軸旋轉角度及移動距離 定義 UCS

《 操作步驟 》

(1) 點選 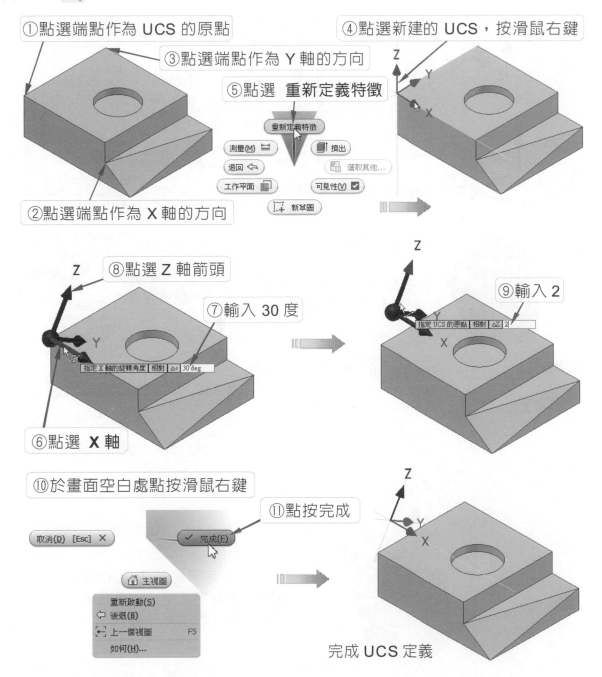 UCS → 點按如圖所示①②③④⑤⑥⑦⑧⑨⑩⑪ → 完成 UCS 的定義。

①點選端點作為 UCS 的原點

④點選新建的 UCS，按滑鼠右鍵

③點選端點作為 Y 軸的方向

⑤點選 重新定義特徵

重新定義特徵

測量(M)　擠出

退回　選取其他...

工作平面　可見性(V) ✓

新草圖

②點選端點作為 X 軸的方向

⑧點選 Z 軸箭頭

⑦輸入 30 度

指定 X 軸的旋轉角度　相對　△< 30 deg

⑥點選 X 軸

⑨輸入 2

指定 UCS 的原點　相對　△Z 2

⑩於畫面空白處點按滑鼠右鍵

⑪點按完成

取消(D) [Esc] ✕

✓ 完成(E)

主視圖

重新啟動(S)
後退(B)
上一個視圖　F5
如何(H)...

完成 UCS 定義

請直接開啟 ch4\UCS2.ipt 檔案，進行操作練習。

方式 3：讓草圖幾何圖形與 UCS 對齊

操作步驟

(1) 點選 🔲 斷面混成 → 點按如圖所示①②③④⑤⑥⑦⑧⑨。

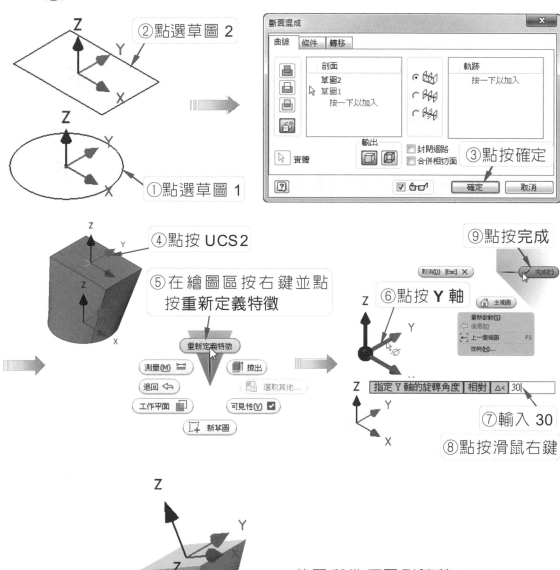

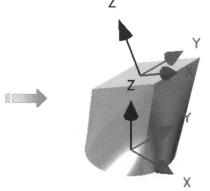

草圖與幾何圖形隨著 UCS2 的重新定義而改變，斷面混成的特徵形狀也隨著改變。

→ 應用實例一

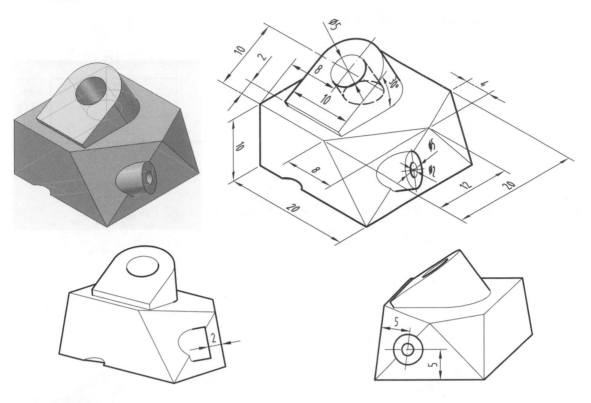

特徵建構流程

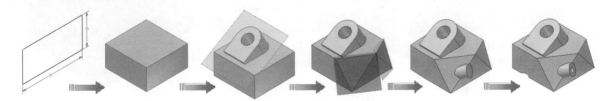

注意！

請先將單位變更爲公釐(參考 1-4-4-2 應用程式選項的設定中的**檔案頁籤**)

STEP 1 建立基礎特徵

(1) 點選 開始繪製 2D 草圖 → 按 F6 鍵 → 點選 YZ 工作平面 ①。

2.由原點繪製矩形。
3.標註尺度。

圖 4-1

(2) 繪製如圖 4-1 所示之圖形②③ → 完成草圖 → 按 F6 鍵。

(3) 點選 → 輸入距離 20 → → 確定。

STEP 2 建立工作平面 1 與擠出 2

(1) 點選 平面 → 點按如圖 4-2 所示①②③ → ④ → 完成工作平面 1。

(2) 點選 開始繪製 2D 草圖 → 點選 工作平面 1 ⑤。

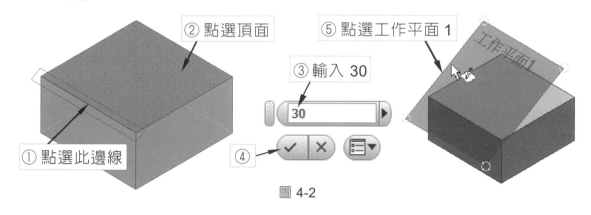

② 點選頂面
⑤ 點選工作平面 1
③ 輸入 30
30
④
① 點選此邊線

圖 4-2

(3) 繪製如圖 4-3(a)之圖形⑤ → 完成草圖。

1.畫圓、直線。
2.修剪。
3.標註尺度。

⑥ 點選此區域

(a)
(b)

圖 4-3

(4) 點選 ⬛↑ → 點選如圖 4-3(b)所示的區域⑥ → 點選 📥 到下一個 →
　　 ▢ 確定 ▢ 。

(5) 取消工作平面 1 的可見性。

STEP ③ 建立工作平面 2、3

(1) 點選 📝 開始繪製 2D 草圖 → 點選如圖 4-4(a)所示頂面①。

(2) 繪製如圖 4-4(b)所示之三點 A、B、C → ✔ 完成草圖。

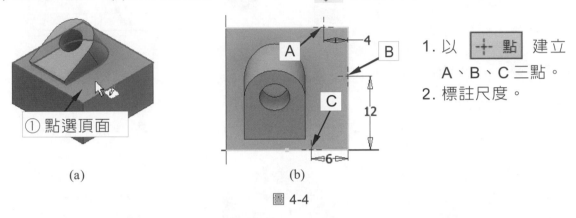

1. 以 ⊹ 點 建立
　 A、B、C 三點。
2. 標註尺度。

(a)　　　　　　　　　　(b)

圖 4-4

(3) 點選 ⬛ 平面 → 點按如圖 4-5 所示①②③點 → 完成工作平面 2。

(4) 點選 ⬛ 平面 → 點按如圖 4-5 所示④⑤⑥點 → 完成工作平面 3。

(5) 取消草圖 3 的可見性。

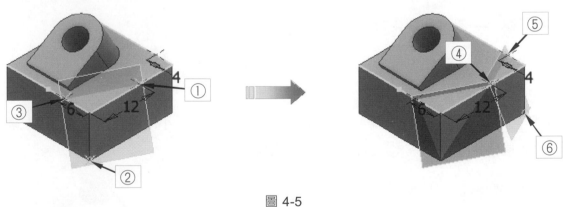

圖 4-5

STEP 4 建立擠出 3、4

(1) 點選 開始繪製 2D 草圖 → 點選如圖 4-6 所示之①②③ → ✔ 完成草圖。

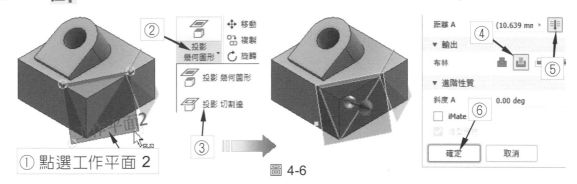

圖 4-6

(2) 點選 → 點選如圖 4-6 所示的④⑤⑥。

(3) 選消工作平面 2 的可見性。

(4) 點選 開始繪製 2D 草圖 → 點選圖 4-7 所示之①② → ✔ 完成草圖。

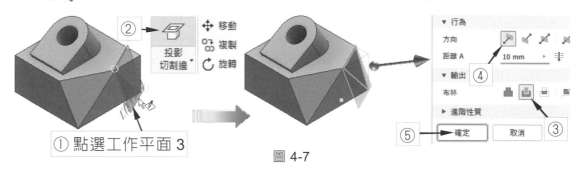

圖 4-7

(5) 點選 → 點選如圖 4-7 所示的③④⑤。

(6) 選消工作平面 3 的可見性。

STEP 5 建立工作平面 4 與擠出 5、6

(1) 點選 平面 → 按住如圖 4-8 所示的面①並往左施曳一小段距離後放開滑鼠左鍵 → ②輸入偏移距離 － 2 → ③ ✔ → 完成工作平面 4。

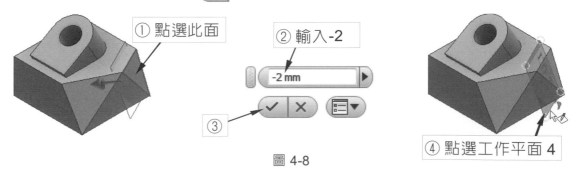

圖 4-8

(2) 點選 開始繪製 2D 草圖 → 點選④如圖 4-8 所示工作平面 4。

(3) 繪製圓形，如圖 4-9 所示的圓①→ ✔ 完成草圖。

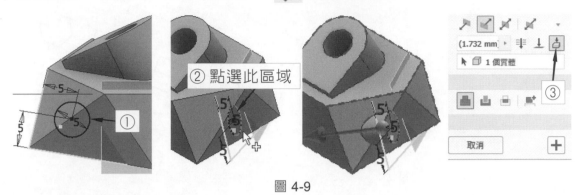

圖 4-9

(4) 點選 → 點選如圖 4-9 所示的區域②③ → 點選 確定 。

(5) 選消工作平面 4 的可見性。

(6) 點選 開始繪製 2D 草圖 → 點選①如圖 4-10 所示圓端面，繪製如圖 4-10 所示的圓② → ✔ 完成草圖。

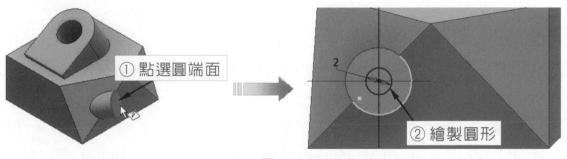

① 點選圓端面

2

② 繪製圓形

圖 4-10

(7) 點選 → 點選如圖 4-11 所示的①②③ → 完成特徵。

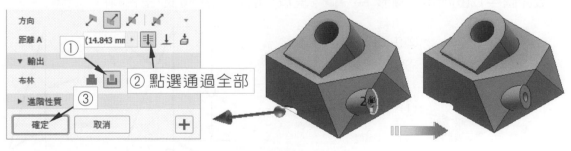

方向
距離 A　①　(14.843 mm
▼ 輸出
布林　② 點選通過全部
▶ 進階性質　③
確定　取消

圖 4-11

→ **應用實例二**

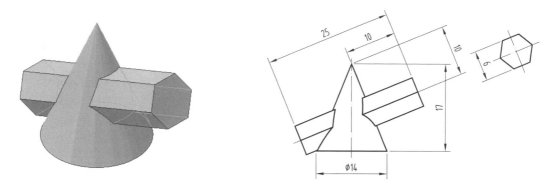

特徵建構流程

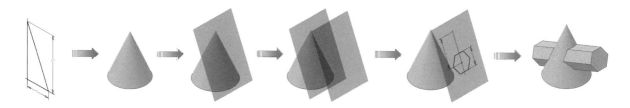

注意!

請先將單位變更為公釐(參考 1-4-4-2 應用程式選項的設定中的**檔案頁籤**)

STEP 1 建立基礎特徵

(1) 點選 開始繪製 2D 草圖 → 按 F6 鍵(主視圖) → 點選 XY 工作平面 ①,如圖 4-12(a)所示。

(2) 繪製如圖 4-12(b)所示之圖形 → 完成草圖 → 按 F6 鍵(主視圖)。

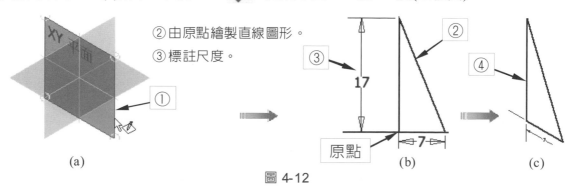

圖 4-12

(3) 點選 → 點選如圖 4-12(c)所示之④ → 確定。

STEP ②　建立工作平面 1、2

(1) 點選 📐 開始繪製 2D 草圖 → 點選圖 4-13 所示① XY 工作平面 🔲。

(2) 點選 📦 投影幾何圖形 → 點選如圖 4-13 所示的邊線② → ✔️ 完成草圖。

圖 4-13

(3) 點選 🔲 平面 → 點按如圖 4-14 所示①② → 完成 工作平面 1。

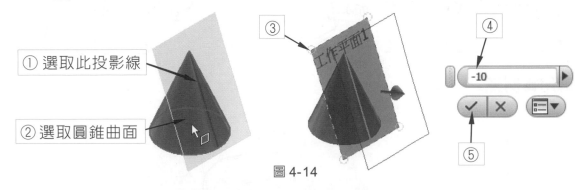

① 選取此投影線

② 選取圓錐曲面

圖 4-14

(4) 點選 🔲 平面 → 按住如圖 4-14 所示的工作平面③並往右拖曳一小段距離後放開滑鼠左鍵 → ④輸入偏移距離 － 10 → ⑤點選 ✔️ → 完成工作平面 2。

(5) 點選 📐 開始繪製 2D 草圖 → 點選①如圖 4-15 所示工作平面 2 → 點選 📦 投影幾何圖形 → 點選②如圖 4-15 所示 → 點選 ⬠ 多邊形，繪製如圖 4-15 所示③之六邊形並標註尺度 → ✔️ 完成草圖。

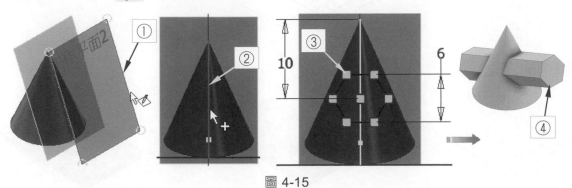

圖 4-15

(7) 點選 → 點選 六邊形 → 輸入距離 25 → 確定。

(8) 取消所有工作平面的可見性 → 完成如圖 4-15 所示之特徵④。

精選練習範例

1

2

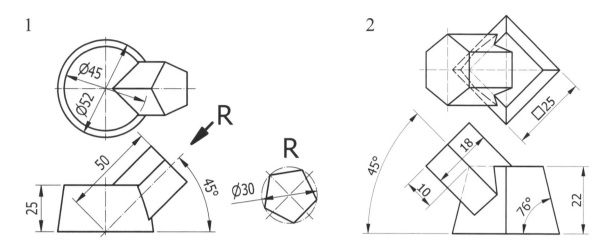

→ **應用實例三**

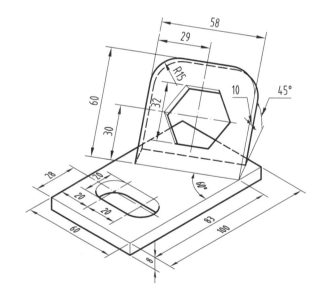

特徵建構流程

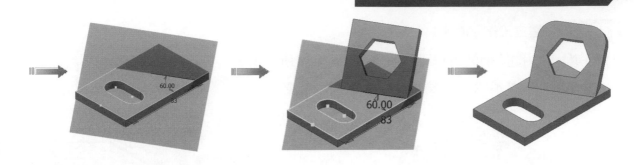

注意!

請先將單位變更為公釐(參考 1-4-4-2 應用程式選項的設定中的**檔案頁籤**)

STEP 1　建立基礎特徵

(1) 點選 開始繪製 2D 草圖 → 按 F6 鍵(主視圖) → 點選 XZ 工作平面 ①,如圖 4-16 所示。

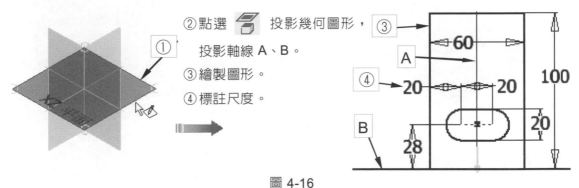

圖 4-16

(2) 繪製如圖 4-16 所示③④之矩形及槽形並標註尺度 → 完成草圖。

(3) 點選 → 點選圖 4-17 所示之封閉區域①→ ②輸入距離 8 → ③確定。

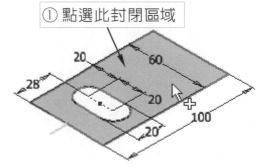

圖 4-17

STEP ②　建立工作平面 1

(1) 點選 📝 開始繪製 2D 草圖 → 點選 圖 4-18 所示平面① → 由右側邊線繪製斜線並標
　　註尺度，如圖 4-18 所示②③ → ✔️ 完成草圖。

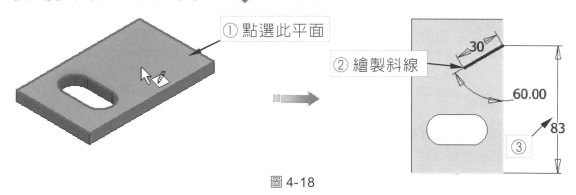

圖 4-18

(2) 點選 ▢ 平面 → 點按如圖 4-19 所示①②③④ → 完成 工作平面 1。

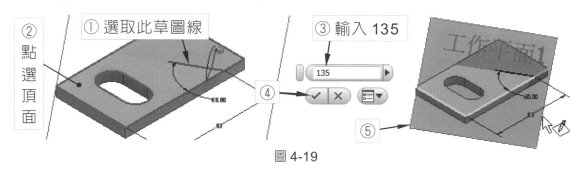

圖 4-19

STEP ③　建立擠出特徵 2

(1) 點選 📝 開始繪製 2D 草圖 → 點選⑤如圖 4-19 所示 工作平面 1。

(2) 繪製如圖 4-20 所示之矩形及正六邊形 → ✔️ 完成草圖。

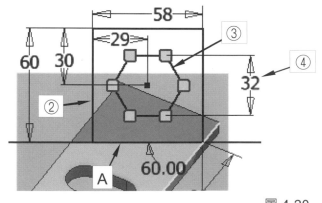

①投影草圖線 A
　(點選 🗇 投影幾何圖形)。
②畫矩形。
③畫正六邊形。
④標註尺度。

圖 4-20

(3) 取消所有工作平面的可見性。

(4) 取消草圖 2 的可見性。

(5) 點選  → 點選如圖 4-21 所示①②③。

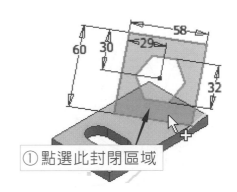

圖 4-21

STEP ④ 建立圓角特徵

(1) 點選 → 點選如圖 4-22 所示①②③④。

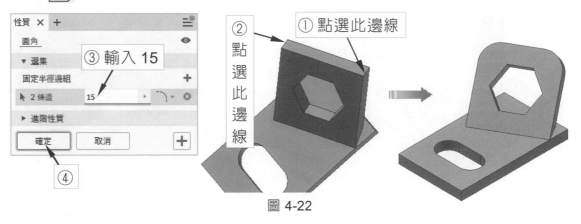

圖 4-22

精選練習範例

1

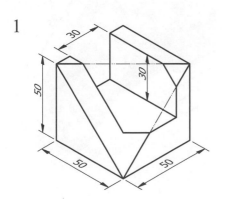

2

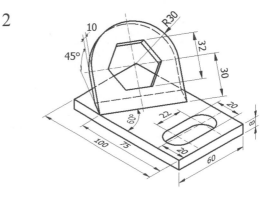

作業

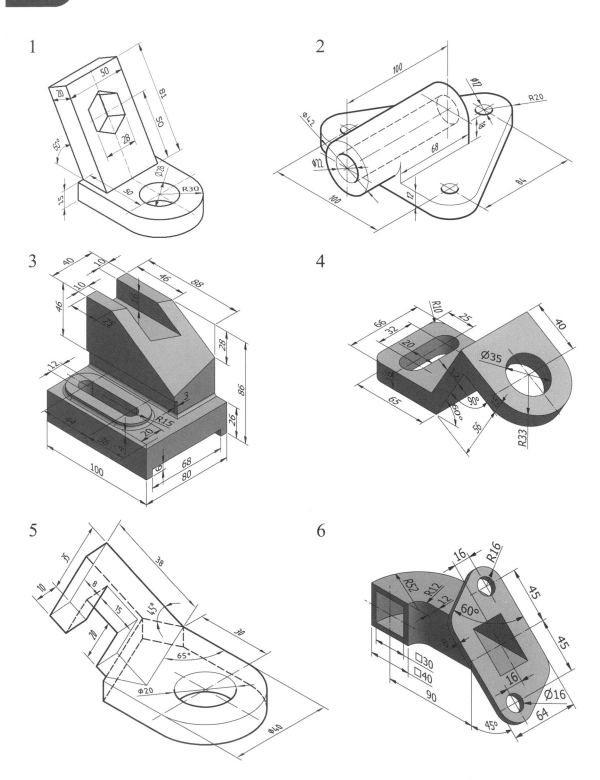

1

2

3

4

5

6

CHAPTER
5

薄殼、補強肋、孔與螺紋

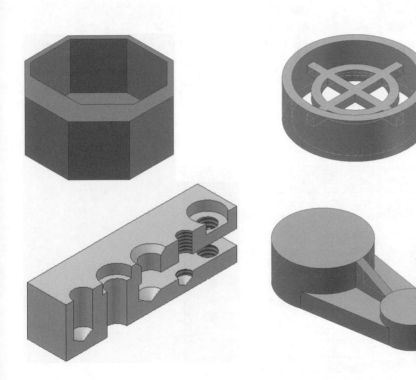

本章大綱

5-1　薄殼

　　薄殼 可以移除零件內部的材料，建立指定壁厚的中空特徵。使用移除選取的面可以形成開放的薄殼。

指令位置

⬛ **3D 模型 → 薄殼**

選項說明

開啟 ch5\薄殼.ipt 檔案，進行操作練習。

◈ **移除面：**

移除欲開放的面，其餘所有的面成為薄殼壁。未選任何移除面時，會形成中空的薄壁。如要取消選取的面，點按 Ctrl 鍵並選取面。

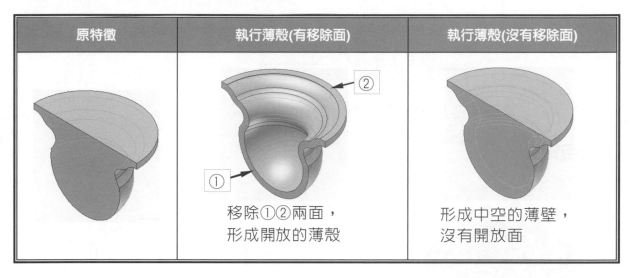

原特徵	執行薄殼(有移除面)	執行薄殼(沒有移除面)
	移除①②兩面，形成開放的薄殼	形成中空的薄壁，沒有開放面

◈ **厚度：**

決定薄殼壁上的厚度。

◈ **方向：**

指定薄殼形成的邊界。

方向	內側 🔲 (內定值)	外側 🔲	兩者 🔲
說明	往內形成薄殼壁，原來特徵外圍大小不變。 黑框實線：原特徵外圍 藍色虛線：往內形成薄壁	往外形成薄殼壁，原來特徵外圍會變大。增加的厚度即輸入值。 黑框實線：原特徵外圍 藍色虛線：往外形成薄壁	往兩方向形成薄殼壁。依輸入值往兩側形成，原來特徵外圍會增厚輸入值之半。 黑框實線：原特徵外圍 藍色虛線：往兩側平均形成薄壁

📦 **唯一的面厚度：**

　　點選 `≫`，可以個別設定數面的壁厚，沒有個別設定壁厚的面，就以預定指定的厚度
為壁厚。

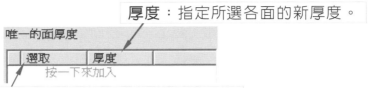

厚度：指定所選各面的新厚度。

唯一的面厚度		
選取	厚度	
按一下來加入		

選取：點選欲個別設定新厚度的數面。

→ **應用實例一**

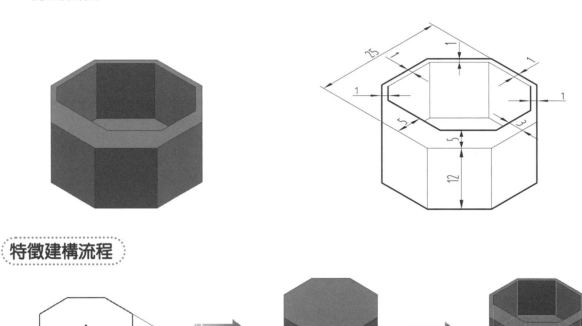

特徵建構流程

注意!

請先將單位變更為公釐(參考 1-4-4-2 應用程式選項的設定中的**檔案頁籤**)

STEP ①　建立擠出特徵 1

(1) 點選 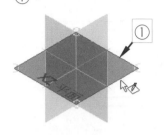 開始繪製 2D 草圖 → 按 F6 鍵(主視圖) → 點選圖 5-1 所示 XZ 工作平面 ⬛

①。

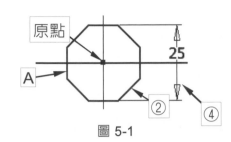

2. 由原點繪製正八邊形。
3. 限制 A 垂直放置。
4. 標註尺度。

圖 5-1

(2) 繪製如圖 5-1 所示之正八邊形②及標註尺度④ → ✔ 完成草圖。

(3) 點選 ⬛ → 點選圖 5-2 所示①②。

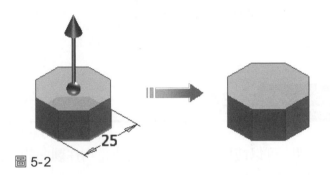

圖 5-2

STEP ②　建立薄殼特徵

(1) 點選 ⬛ → 點選如圖 5-3 所示之①②③④⑤⑥⑦⑧⑨⑩⑪。

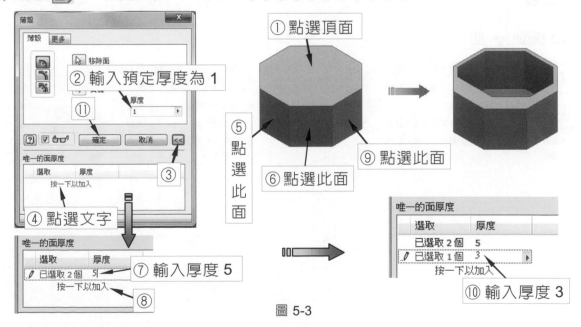

圖 5-3

精選練習範例

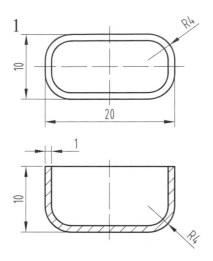

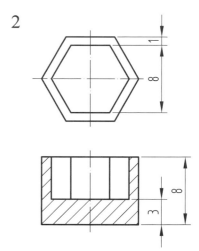

5-2　肋

　　肋 可以使用開放輪廓建立防止物件翹曲的補強肋。若草圖輪廓不與零件相交可以勾選延伸輪廓來建立。

指令位置

🎲 **3D 模型 → 肋**

選項說明

開啟 ch5\補強肋 1.ipt 檔案，進行操作練習。

形狀

選項	說明
輪廓	選取開放輪廓決定補強肋造型，輪廓可以是單一或多個輪廓。
正垂於草圖平面 平行於草圖平面	指定補強肋的成形方向與草圖平面正垂或平行。
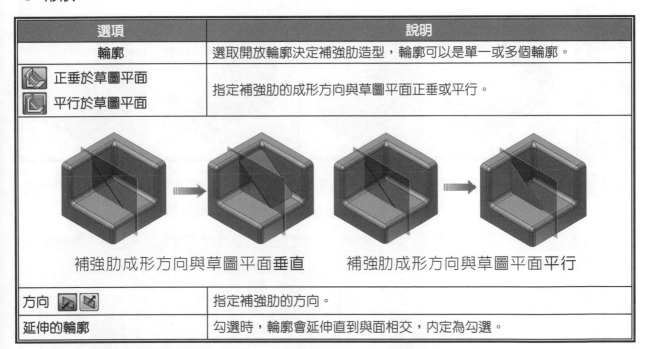 補強肋成形方向與草圖平面**垂直**　　補強肋成形方向與草圖平面**平行**	
方向	指定補強肋的方向。
延伸的輪廓	勾選時，輪廓會延伸直到與面相交，內定為勾選。

厚度：指定補強肋的寬度。開啟 ch5\補強肋 2.ipt 檔案，進行操作練習。

方向：指定補強肋厚度形成的方向。

5-7

方向	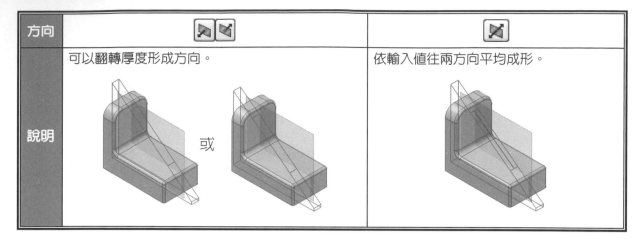		依輸入值往兩方向平均成形。
說明	可以翻轉厚度形成方向。	或	

🔲 **範圍**：指定補強肋終止的方式。

選項	到下一個	有限的
說明	在下一個面終止補強肋。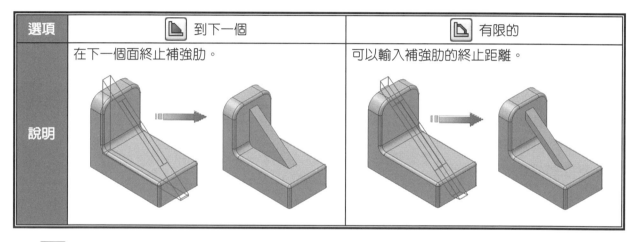	可以輸入補強肋的終止距離。

🔲 **正垂於草圖平面**：當點選補強肋的成形方向為正垂於草圖平面時，可以設定拔模及凸轂。開啟 ch5\補強肋 3.ipt 檔案，進行操作練習。

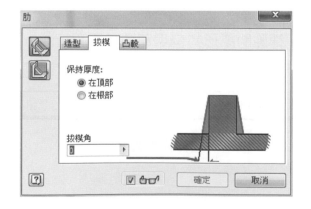

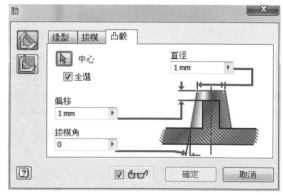

⬛ **拔模**：輸入補強肋的拔模角度。

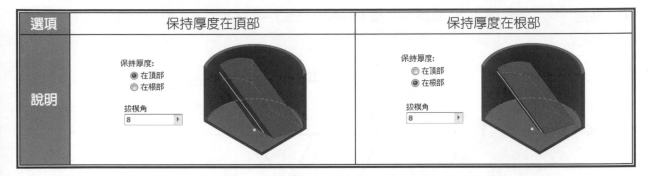

選項	保持厚度在頂部	保持厚度在根部

⬛ **凸轂**：在補強肋上建立凸轂。凸轂的中心必須與肋的草圖必須有重合約束關係。

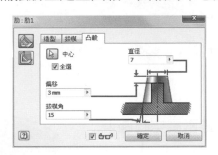 

→ 應用實例一

 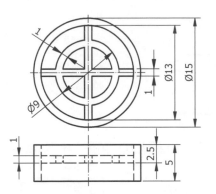

特徵建構流程

注意

請先將單位變更為公釐(參考 1-4-4-2 應用程式選項的設定中的**檔案頁籤**)

STEP ① 建立擠出特徵

(1) 點選 開始繪製 2D 草圖 → 按 F6 鍵(主視圖) → 點選圖 5-4 所示 XZ 工作平面 ▣ ①。

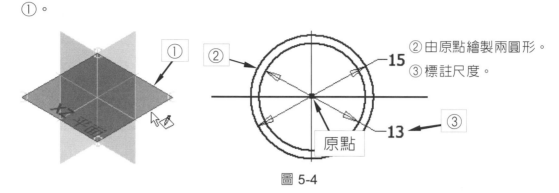

②由原點繪製兩圓形。
③標註尺度。

原點

圖 5-4

(2) 繪製如圖 5-4 所示之兩個圓形②及標註尺度③ → ✔ 完成草圖。

(3) 點選 ▣ → 點選圖 5-5 所示①②③④。

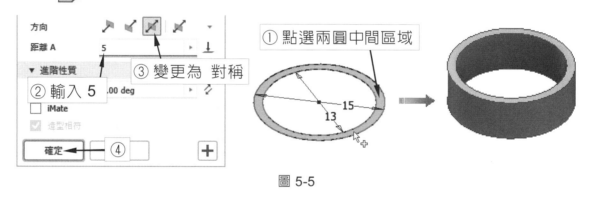

① 點選兩圓中間區域

圖 5-5

STEP ② 建立肋

(1) 點選 開始繪製 2D 草圖 → 點選圖 5-6 所示 XZ 工作平面 ▣ ①。

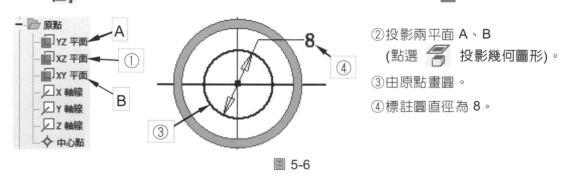

②投影兩平面 A、B
(點選 ▧ 投影幾何圖形)。
③由原點畫圓。
④標註圓直徑為 8。

圖 5-6

(2) 繪製如圖 5-6 所示之圓形③及標註尺度④ → ✔ 完成草圖。

(3) 點選 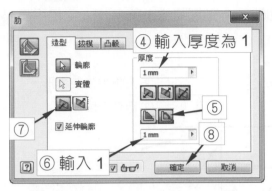 → 點選如圖 5-7 所示之①②③④⑤⑥⑦⑧。

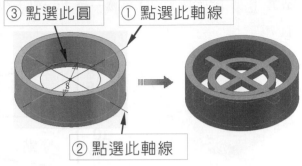

圖 5-7

→ 應用實例二

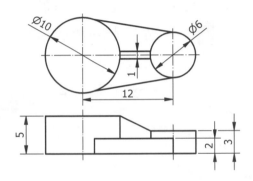

特徵建構流程

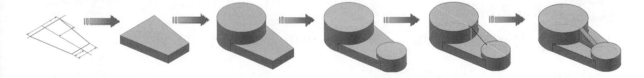

注意！

請先將單位變更為公釐(參考 1-4-4-2 應用程式選項的設定中的**檔案頁籤**)

STEP 1 建立擠出特徵 1

(1) 點選 □ 開始繪製 2D 草圖→按 F6 鍵(主視圖) → 點選圖 5-8 所示 XZ 工作平面 ① 。

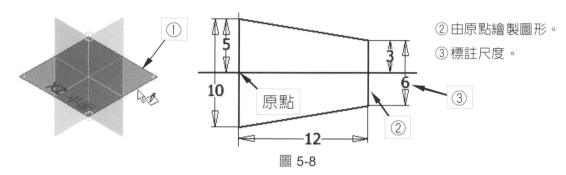

② 由原點繪製圖形。

③ 標註尺度。

原點

圖 5-8

(2) 繪製如圖 5-8 所示之圖形②及標註尺度③ → ✔ 完成草圖。

(3) 點選 🗔 → 點選圖 5-9 所示①②。

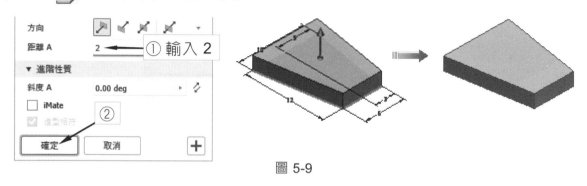

① 輸入 2

圖 5-9

STEP 2 建立擠出特徵 2

(1) 點選 □ 開始繪製 2D 草圖 → 點選圖 5-10 所示 XZ 工作平面 ① 。

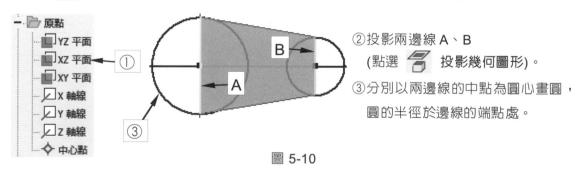

② 投影兩邊線 A、B

(點選 🗔 投影幾何圖形)。

③ 分別以兩邊線的中點為圓心畫圓，

圓的半徑於邊線的端點處。

圖 5-10

(2) 繪製如圖 5-10 所示之左右兩個圓形③ → ✔ 完成草圖。

(3) 點選 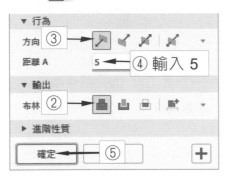 → 點選圖 5-11 所示①②。

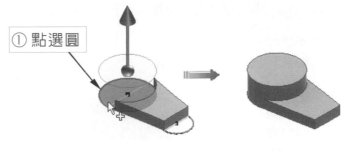

圖 5-11

STEP 3　建立共用草圖

(1) 點選 如圖 5-12 所示①②③。

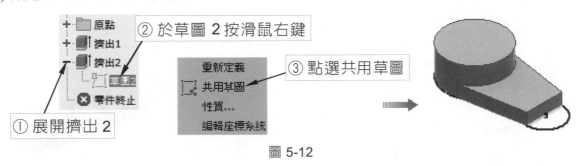

圖 5-12

STEP 4　建立擠出特徵 3

(1) 點選 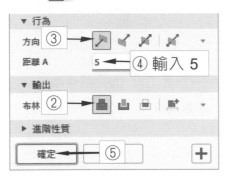 → 點選如圖 5-13 所示①②③④⑤。

(2) 關閉草圖 2 之可見性。

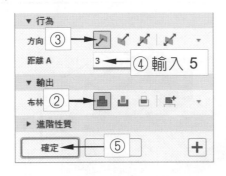
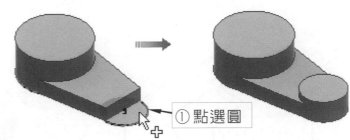

圖 5-13

STEP 5 建立補強肋

(1) 點選 ⌐ 開始繪製 2D 草圖 → 點選圖 5-14 所示 XY 工作平面 ▣ ①。

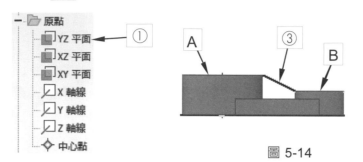

② 投影二邊線 A、B
　(點選 🗁 投影幾何圖形)。

③ 畫斜線。

圖 5-14

(2) 繪製如圖 5-14 所示之斜線③ → ✔ 完成草圖。

(3) 點選 ◣ → 點選如圖 5-15 所示之①②③。

圖 5-15

精選練習範例

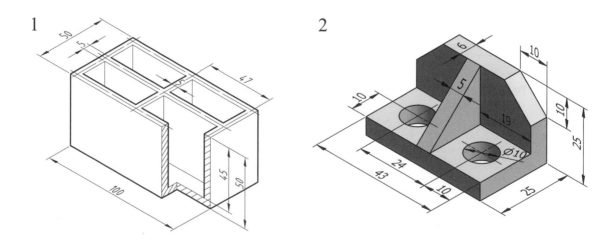

5-3　孔

孔 可建立鑽孔、柱坑、淺柱坑及錐坑四種參數設定的孔特徵。對話框內的設定可以達成大部份的設計需求，幫肋使用者快速的完成各種孔特徵的建構。

指令位置

🔷 **3D 模型 → 孔**

選項說明

本性質面板最初浮動於圖形區域上方，拖曳面板邊線可重新調整大小，亦可移動至與模型瀏覽器結合，面板上的 ▼ 圖示，可展開/收闔區段顯示。

建議由上而下進行設定，因在區段中所做的選取將會決定下一區段中的顯示選項。

子系草圖

進階設定功能表

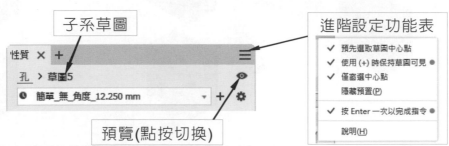

預覽(點按切換)

輸入幾何圖形

位置	⃔ ┼ 選取位置 ⚠	按一下某個平面和邊線、草圖點、工作點以放置孔中心點

方式	說明
點選草圖點或草圖端點	點選草圖上的點、線端點或中心點來決定孔的位置。
點選平面和邊線	①點選要放置孔的平面 → ②點選決定孔位置所參考的第一條線性邊、點選第二條線性邊。
點選平面和圓邊或圓柱曲面	①點選要放置孔的面(或工作平面) → ②點選同心圓參考的圓弧邊或圓柱曲面。
點選工作點	點選工作點決定孔的位置,點選與孔軸線平行的邊線(或軸線)或點選與孔軸線垂直的特徵平面(或工作平面)來決定孔軸線的方向。 ①點選工作點 → ②點選孔軸線的方向。

孔類型與行為

類型	說明	行為(點選尺度數字可編輯)	圖例
簡單的孔　　無	建立不帶螺紋的一般直孔	5.692 mm　118 deg　1.778 mm	
間隙孔　　無	建構與連接件配合的孔。點選 間隙孔 選項時會出現設定的對話框。	10.688 mm　118 deg　6.756 mm	

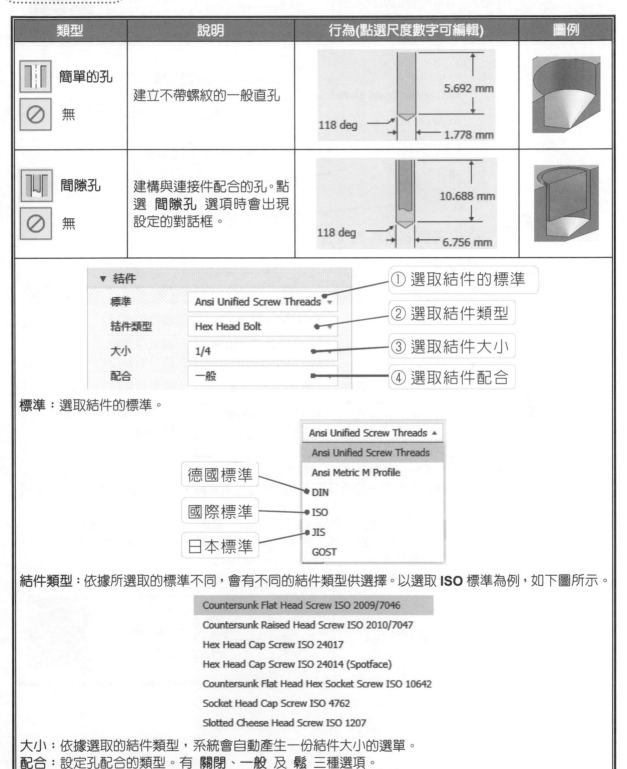

① 選取結件的標準
② 選取結件類型
③ 選取結件大小
④ 選取結件配合

▼ 結件
標準　　　　Ansi Unified Screw Threads
結件類型　　Hex Head Bolt
大小　　　　1/4
配合　　　　一般

標準：選取結件的標準。

Ansi Unified Screw Threads
Ansi Unified Screw Threads
Ansi Metric M Profile
德國標準 → DIN
國際標準 → ISO
日本標準 → JIS
GOST

結件類型：依據所選取的標準不同，會有不同的結件類型供選擇。以選取 **ISO** 標準為例，如下圖所示。

Countersunk Flat Head Screw ISO 2009/7046
Countersunk Raised Head Screw ISO 2010/7047
Hex Head Cap Screw ISO 24017
Hex Head Cap Screw ISO 24014 (Spotface)
Countersunk Flat Head Hex Socket Screw ISO 10642
Socket Head Cap Screw ISO 4762
Slotted Cheese Head Screw ISO 1207

大小：依據選取的結件類型，系統會自動產生一份結件大小的選單。
配合：設定孔配合的類型。有 **關閉**、**一般** 及 **鬆** 三種選項。

攻牙孔 / 無	建構具螺紋的孔。點選 攻牙孔 選項時會出現設定的對話框。		

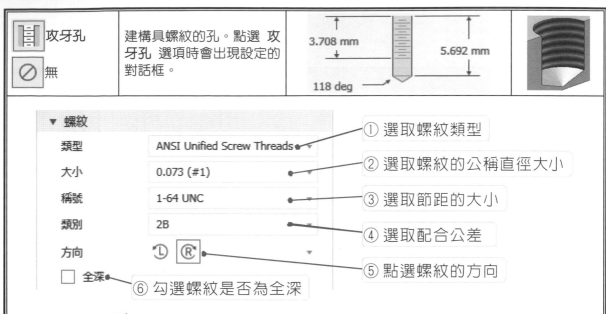

螺紋類型：點按 ▼ 向下箭頭，點選螺紋類型。

類型	說明	類型	說明
ANSI Unified Screw Threads	美國統一螺紋	DIN Pipe Threads	德國管用螺紋
ANSI Metric M Profile	美國公制螺紋	BSP Pipe Threads	英國管用螺紋
ISO Metric Profile	國際公制螺紋	GB Metric Profile	大陸公制螺紋
ISO Metric Trapezoidal Threads	國際公制梯形螺紋	GB Pipe Profile	大陸管用螺紋
ISO Pipe Threads	國際管用螺紋	AFBMA Standard Locknuts	美國軸承製造商協會標準防鬆螺母
JIS Pipe Threads	日本管用螺紋		

大小：依據選取的螺紋類型，系統會自動產生一份螺紋大小的選單。

稱號：每個不同大小的公稱螺紋，都有一個或多個不同的類別可供選擇，就如查設計便覽一般。不同的稱號代表其節距不同。

類別：點選 美國統一螺紋 時，可選取螺紋的類別。B 為內螺紋，數值 2、3，則表示配合的精確度，3 精度最高、2 次之。例如：3B、2A...等。若選取為公製螺紋時，則出現公差值，例如：6H。

全深：勾選時，即指定孔的螺紋為全深。

方向：決定螺紋的方向。點選為 右向 或 左向。

推拔攻牙孔 / 無	建構具推拔螺紋的孔。		

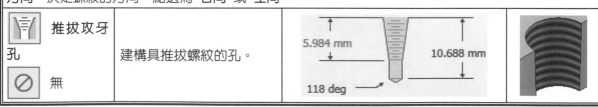

座類型與行為

類型	說明	行為(點選尺度數字可編輯)	圖例
柱坑	可設定柱坑直徑及深度，不可與推拔攻牙孔一起使用	3.023 mm 2 mm 5.692 mm 118 deg 1.778 mm	
淺柱坑	可設定淺柱坑直徑及深度，其孔和螺紋深度的測量是從淺柱坑底面開始	9 mm 2 mm 5.692 mm 118 deg 1.778 mm	
錐坑	可設定錐坑孔的錐坑直徑、錐坑深度及錐坑角度	3.023 mm 82.00 deg 5.692 mm 118 deg 1.778 mm	

指定孔終止選項

決定終止的方式，選單的選項可以為圖示排列及下拉式清單排列，系統預設為圖示排列，如下圖所示。

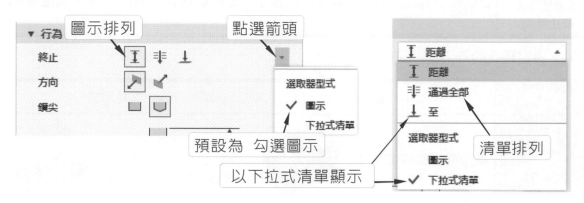

請直接開啟 ch5\孔 5.ipt 檔案，進行操作練習。

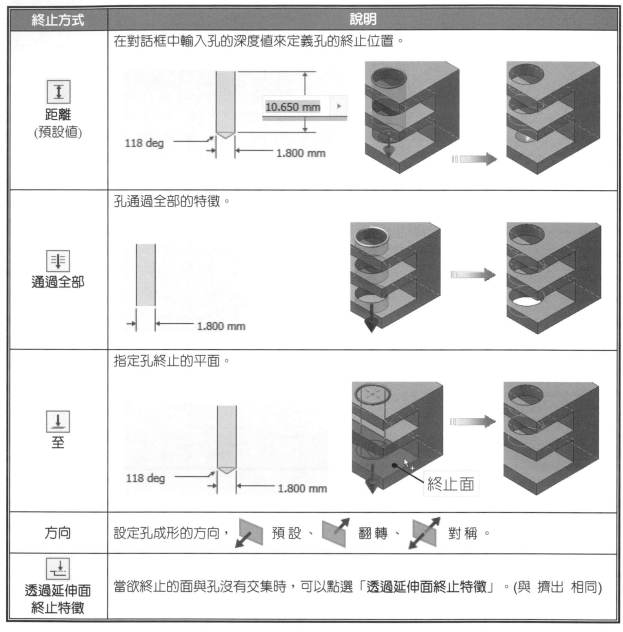

終止方式	說明
⬍ 距離 (預設值)	在對話框中輸入孔的深度值來定義孔的終止位置。 10.650 mm 118 deg ── 1.800 mm
⬇ 通過全部	孔通過全部的特徵。 1.800 mm
⬇ 至	指定孔終止的平面。 118 deg ── 1.800 mm 終止面
方向	設定孔成形的方向，　預設、　翻轉、　對稱。
⬇ 透過延伸面 終止特徵	當欲終止的面與孔沒有交集時，可以點選「**透過延伸面終止特徵**」。(與 擠出 相同)

鑽尖：決定鑽孔的錐尖為 平直 或 角度。

錐尖的類型	平直 ▢		角度 ▽	
說明	鑽孔的底部為平直。		鑽孔的底部為錐形，且可指定鑽孔錐尖的角度	

5-4　螺紋

螺紋 可以在既有的孔內建構 **內** 螺紋或圓柱上建構 **外** 螺紋，特徵所建構的螺紋效果在線架構顯示時無法呈現。

指令位置

☞ **3D 模型 → 螺紋**

選項說明

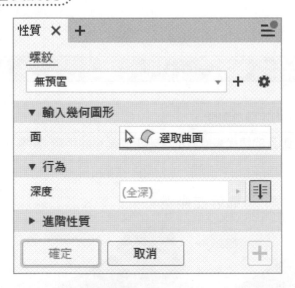

☞ **面**：選取要建構螺紋特徵的孔或圓柱表面。

📦 螺紋：

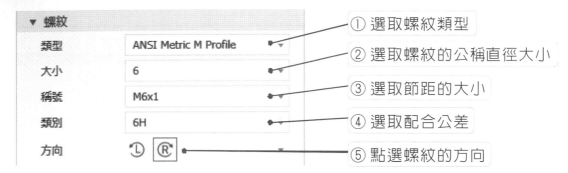

① 選取螺紋類型
② 選取螺紋的公稱直徑大小
③ 選取節距的大小
④ 選取配合公差
⑤ 點選螺紋的方向

📦 **螺紋類型**：設定螺紋的標準。

📦 **大小**：設定螺紋的公稱直徑。

📦 **稱號**：依據 **大小** 的設定，系統會列出可選擇的節距，從清單中選取。

📦 **類別**：設定螺紋的公差。

📦 **旋向**：選取螺紋爲 **右旋** 或 **左旋** 螺紋。

📦 **螺紋長度**

選項	說明
深度	設定螺紋的長度值。
全深 ⬇	點選時，螺紋會佈滿選取的面，內定值為關閉。
偏移	未點選 全深 時，才可啓用。所輸入的值代表螺紋的啓始平面偏移的距離。點選 面 時較靠近的端面就是起始面。

點選 面 時靠近左側邊

在模型上顯示	勾選時，螺紋才會在特徵中顯示出來，內定為勾選狀態。

→ 應用實例一

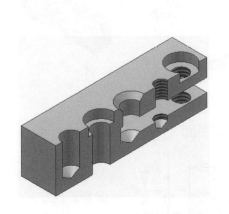

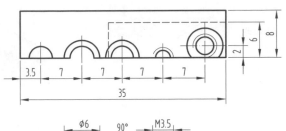

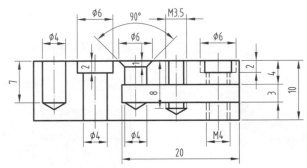

特徵建構流程

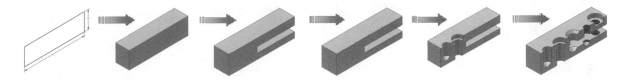

注意!

請先將單位變更為公釐(參考 1-4-4-2 應用程式選項的設定中的**檔案頁籤**)

STEP ❶　建構擠出特徵

(1) 點選 開始繪製 2D 草圖 → 按 F6 鍵(主視圖) → 點選圖 5-16 所示 YZ 工作平面
①。

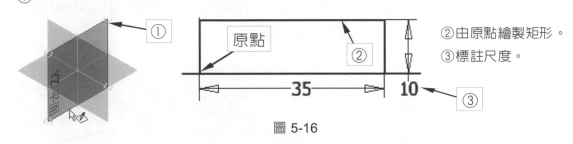

②由原點繪製矩形。
③標註尺度。

圖 5-16

(2) 繪製如圖 5-16 所示之矩形②及標註尺度③ → 　　完成草圖。

(3) 點選 ■↑ → 點選圖 5-17 所示①②。

圖 5-17

(4) 點選 ▢ 開始繪製 2D 草圖 → 點選圖 5-18 所示右側平面 ①。

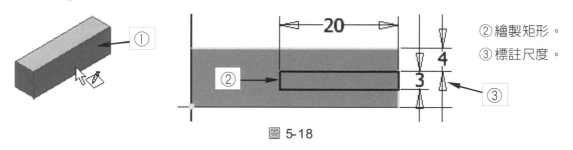

② 繪製矩形。

③ 標註尺度。

圖 5-18

(5) 繪製如圖 5-18 所示之矩形②及標註尺度③ → ✓ 完成草圖。

(6) 點選 ■↑ → 點選圖 5-19 所示①②③。

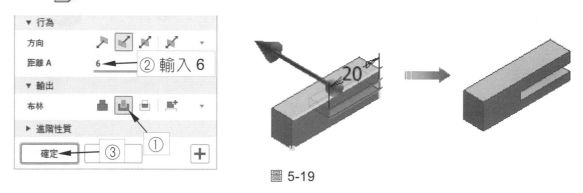

圖 5-19

STEP 2 建構工作點

(1) 點選 ▢ 開始繪製 2D 草圖 → 點選圖 5-20 所示頂面① → 點選向右旋轉 90 度② → 畫 4 個點③ → 標註尺度④ → ✓ 完成草圖。

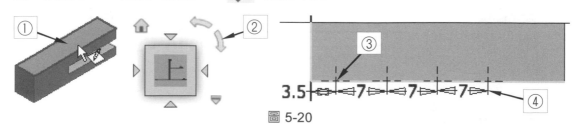

圖 5-20

(2) 點選 ◆ 點 → 點選如圖 5-21 所示的點① → 點選 ◆ 點 → 點選如圖 5-21 所示的點② → 點選 ◆ 點 → 點選如圖 5-21 所示的點③ → 點選 ◆ 點 → 點選如圖 5-21 所示的點④。

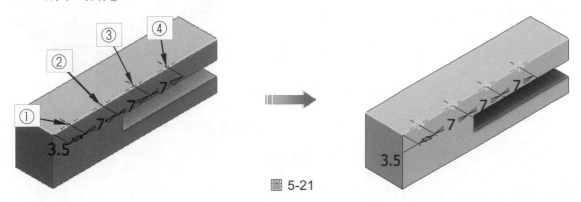

圖 5-21

(3) 取消草圖 3 之可見性。

STEP ③　建構孔特徵

(1) 點選 ◎ 孔 → 點選如圖 5-22 所示的①②③④⑤⑥⑦⑧。

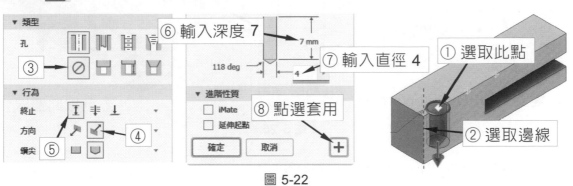

圖 5-22

(2) 點選如圖 5-23 所示的①②③④⑤⑥⑦⑧⑨。

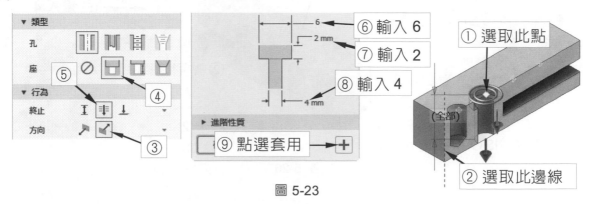

圖 5-23

(3) 點選如圖 5-24 所示的①②③④⑤⑥⑦⑧⑨。

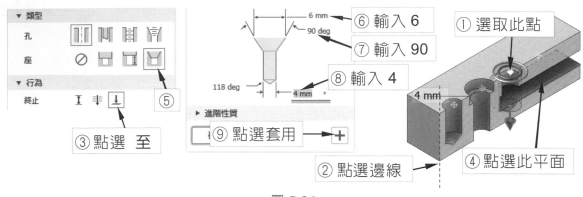

圖 5-24

(4) 點選如圖 5-25 所示的①②③④⑤⑥⑦⑧⑨⑩⑪。

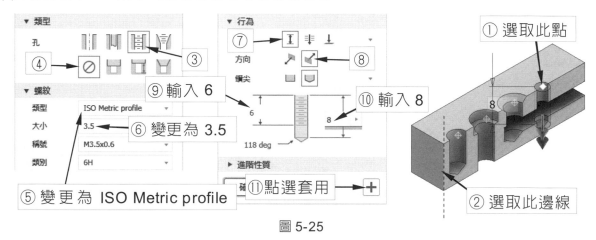

圖 5-25

(5) 點選如圖 5-26 所示的①②③④⑤⑥⑦⑧⑨。

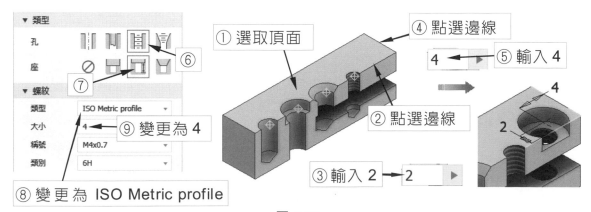

圖 5-26

(6) 點選如圖 5-27 所示的①②③④⑤。

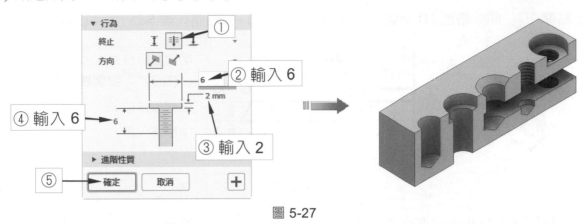

圖 5-27

→ 應用實例二

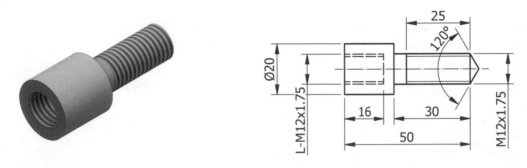

特徵建構流程

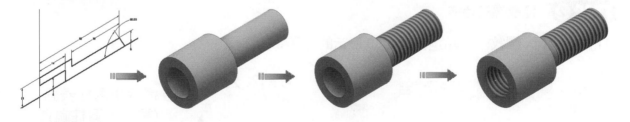

注意

請先將單位變更為公釐(參考 1-4-4-2 應用程式選項的設定中的**檔案頁籤**)

STEP ① 建構旋轉特徵

(1) 點選 開始繪製 2D 草圖 → 按 F6 鍵(主視圖) → 點選如圖 5-28 所示之 YZ 平面①。

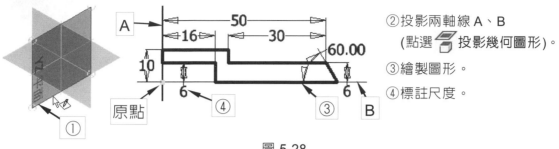

②投影兩軸線 A、B
(點選 投影幾何圖形)。

③繪製圖形。

④標註尺度。

圖 5-28

(2) 繪製如圖 5-28 所示之圖形③及標註尺度④ → ✔ 完成草圖。

(3) 點選 → 點選如圖 5-29 所示①②③。

輪廓	▶ ▷ 1 個輪廓	✕
軸線	▶ ↗ 1 條軸線	

▼ 行為

方向

角度 A (360.00 deg)

▶ 進階性質 ②

確定　　取消　　➕

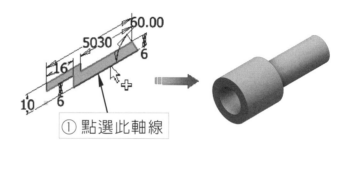

① 點選此軸線

圖 5-29

STEP ② 建構螺紋特徵

(1) 點選 螺紋 → 點選如圖 5-30 所示的①②③④⑤⑥。

性質 ✕ ➕　　≡

螺紋

🕐 上次使用　　▼ ➕ ⚙

▼ 輸入幾何圖形

② 變更為 ISO Metric profile

▼ 螺紋

類型　ISO Metric profile　▼

大小　12　▼

▼ 行為

深度　25　▶

偏移　5　▶

▶ 進階性質

☑ 在模型上顯示螺紋

確定　　取消

④ 輸入 25

⑤ 輸入 5

① 選取小圓柱表面
(靠近大圓柱端)

③ 取消全深

⑥

圖 5-30

(2) 點選 ▤ 螺紋 → 點選如圖 5-31 所示的①②③④⑤⑥。

圖 5-31

精選練習範例

1

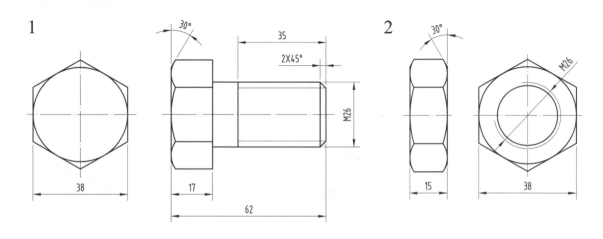

2

3

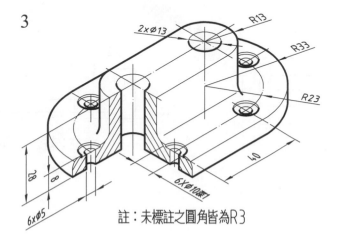

註：未標註之圓角皆為R3

作業

1

2

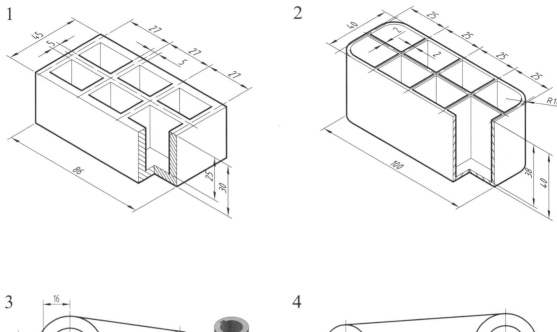

3

4

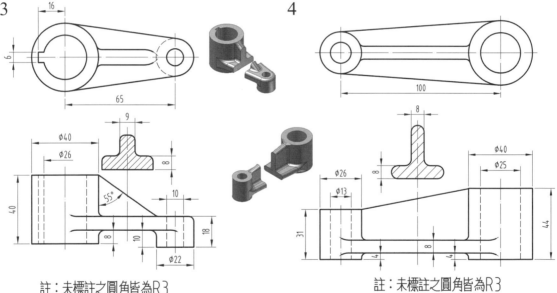

註：未標註之圓角皆為R3

註：未標註之圓角皆為R3

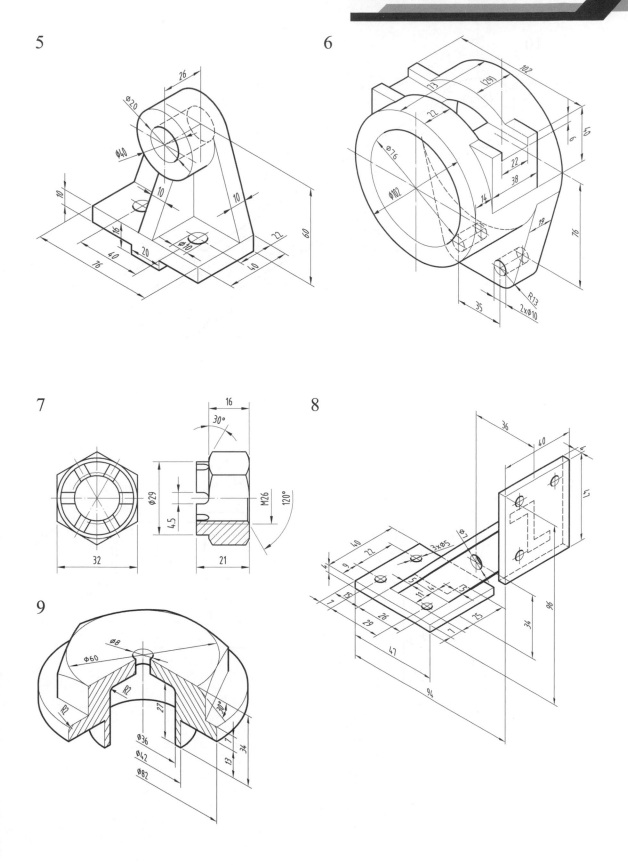

5

6

7

8

9

10

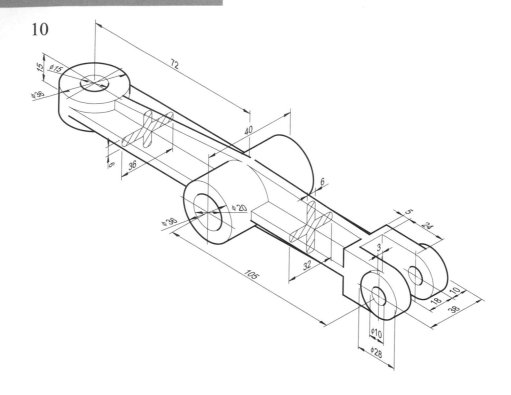

11

12

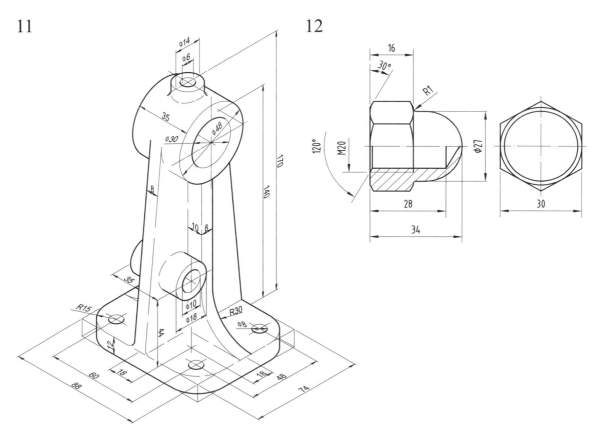

13
14

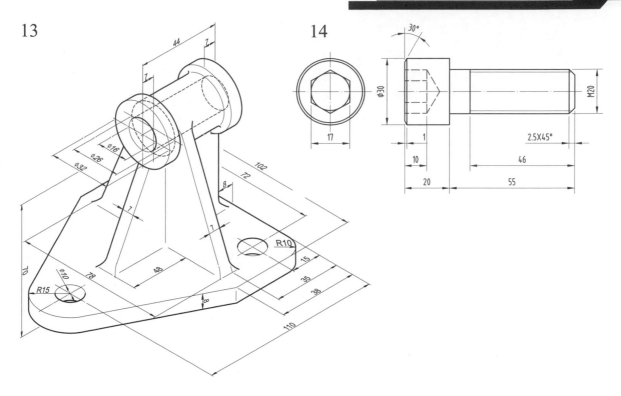

15. 請以 1：1 之比例直接量取下圖，完成特徵建構。

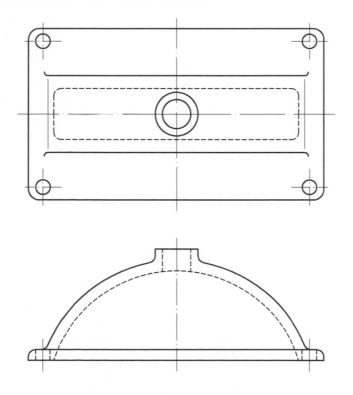

複製特徵

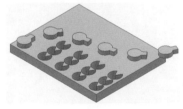

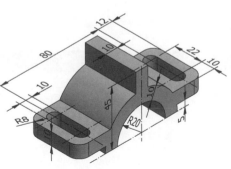

6-1 環形陣列

環形陣列 可以建構圓弧形或環形分佈的特徵複製。

指令位置

🗔 3D 模型 → 環形陣列

選項說明

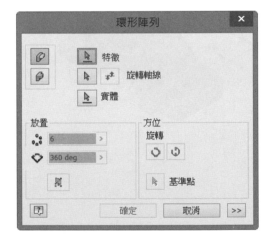

🗔 📎 **陣列個別特徵：**

　　當需要陣列單一或多個實體特徵及工作特徵時使用。

🗔 🔖 **特徵：**

　　點選欲陣列的實體特徵或工作特徵。如要點取圓角、倒角等特徵，必須先選取父系的
特徵。

- 🔷 🔲 **旋轉軸線：**

指定複本所繞的軸線。可以選取圓柱的表面，系統會自動抓取圓柱的中心軸為旋轉軸線。

- 🔷 🔳 **陣列實體：**

當需陣列整個實體時使用。此時系統會自動選取整個實體本體。如要陣列工作特徵則需要選取。

- 🔷 🔲 **包含工作特徵/曲面特徵：**

選取一個或多個欲陣列的工作特徵及曲面特徵。

- 🔷 **放置：**

指定陣列中的複製的數量、複本間的角度間距，以及陣列旋轉的方向。

選項	說明
複本計數 ⚬ 6 ▸	輸入陣列複本數量。
複本角度 ◇ 360 deg ▸	點按 [>>]，可以指定複本的定位。當定位方式為 **增量** 時，複本角度 是指複本之間的角度間距；當定位方式為 **均分** 時，複本角度 是指全部複本所分佈的總角度。
翻轉	翻轉陣列的方向。
中間平面	往兩方向平均陣列複本數量。

- 🔷 **方位：**

指定環形陣列的特徵圍繞軸線旋轉時是否變更方位(旋轉)或固定方位。

選項	說明
旋轉	指定特徵在圍繞軸線移動時變更方位。
固定	指定特徵在圍繞軸線移動時不變更方位，則其方位將與父系特徵之方位相同。
基準點	當您選取不變更方位(固定)時，其陣列的半徑值亦可使用此基準點功能來指定，如點選基準點後再點取頂點或點即可改變其陣列半徑。

點按 [>>] 可以設定特徵陣列時的建立與定位方式。

◈ 建立方式：

有三種特徵建立的方式。

選項	說明
最佳化	建立複本時，只重新製作面而不是整個特徵，如此可以更快地進行計算。
相同	所有的複本都採用相同的終止方式。
調整	每一個複本分別計算終止方式，計算時間較長，當複製的特徵要終止在模型面時，可以使用。

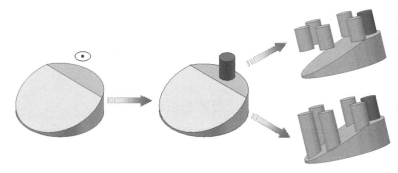

點選 **相同** 終止方式，每個複製特徵的終止方式、長度都相同。

點選 **調整** 終止方式，每個複製特徵的長度都不同。

◈ 定位方式：

有兩種複本定位的方式。

選項	說明
增量	定義複本之間的間距。輸入複本的數量與複本間的夾角。
均分	定義所有複本所分佈的總角度。輸入複本的數量與分佈的總角度。複本之間的間距＝總角度/間隔數。

→ **應用實例一**

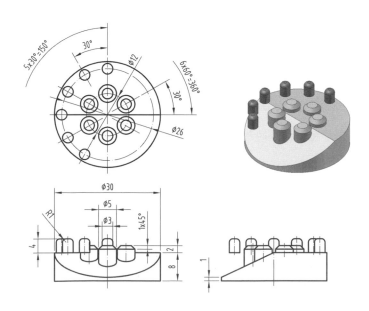

特徵建構流程

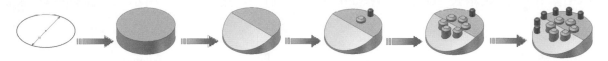

> **注意!**
>
> 請先將單位變更爲公釐(參考 1-4-4-2 應用程式選項的設定中的**檔案頁籤**)

STEP 1　建構擠出特徵 1

(1) 點選 📝 開始繪製 2D 草圖 → 按 F6 鍵(主視圖) → 點選圖 6-1 所示 XZ 工作平面 🗗

①。

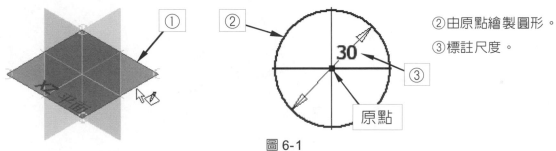

②由原點繪製圓形。

③標註尺度。

圖 6-1

(2) 繪製如圖 6-1 所示之圓形②及標註尺度③ → ✔ 完成草圖。

(3) 點選 🔲 → 點選圖 6-2 所示①②。

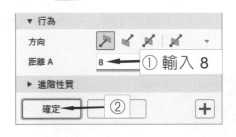

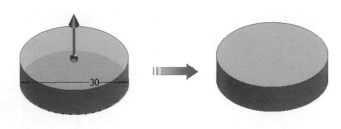

圖 6-2

STEP ② 建構擠出特徵 2(切割)

(1) 點選 開始繪製 2D 草圖→按 F6 鍵(主視圖) → 點選圖 6-3 所示 YZ 工作平面 ①。

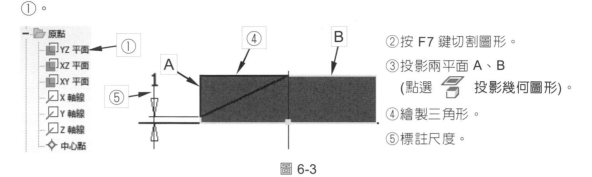

②按 F7 鍵切割圖形。

③投影兩平面 A、B (點選 投影幾何圖形)。

④繪製三角形。

⑤標註尺度。

圖 6-3

(2) 繪製如圖 6-3 所示之三角形④及標註尺度⑤ → ✔ 完成草圖。

(3) 點選 → 點選圖 6-4 所示①②③④⑤。

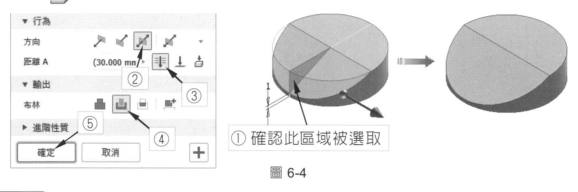

① 確認此區域被選取

圖 6-4

STEP ③ 建構工作平面 1、2

(1) 開啟工作平面之可見性。

(2) 點選 平面 → 按住 XZ 工作平面並往上施曳① →②輸入偏移距離 10 → ③ ✔
→ 完成工作平面 1,如圖 6-5 所示。

② 輸入 10

③

⑤輸入 12

⑥

① 按住往上拖曳

④ 按住往上拖曳

圖 6-5

(3) 點選 平面 → 按住 XZ 工作平面並往上施曳④ → ⑤輸入偏移距離 12 → ⑥ ✔
→ 完成工作平面 2,如圖 6-5 所示。

STEP ④ 建構擠出特徵 3

(1) 點選 ⬚ 開始繪製 2D 草圖→按 F6 鍵(主視圖) → 點選圖 6-6 所示工作平面 🗗 ①。

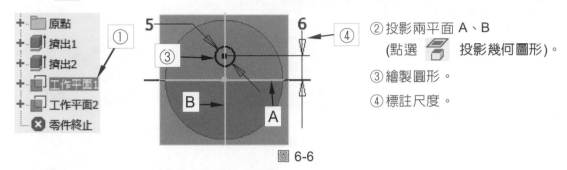

② 投影兩平面 A、B
(點選 🗇 投影幾何圖形)。

③ 繪製圓形。

④ 標註尺度。

圖 6-6

(2) 繪製如圖 6-6 所示之圓形③及標註尺度④ → ✔ 完成草圖。

(3) 點選 🗐 → 點選圖 6-7 所示①②③。

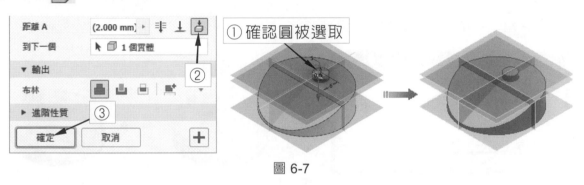

圖 6-7

(4) 取消 工作平面 1 的可見性。

STEP ⑤ 建構擠出特徵 4

(1) 點選 ⬚ 開始繪製 2D 草圖 → 按 F6 鍵(主視圖) → 點選圖 6-8 所示 工作平面 2 🗗
①。

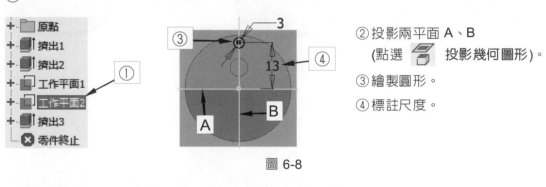

② 投影兩平面 A、B
(點選 🗇 投影幾何圖形)。

③ 繪製圓形。

④ 標註尺度。

圖 6-8

(2) 繪製如圖 6-8 所示之圓形③及標註尺度④ → ✔ 完成草圖。

(3) 點選 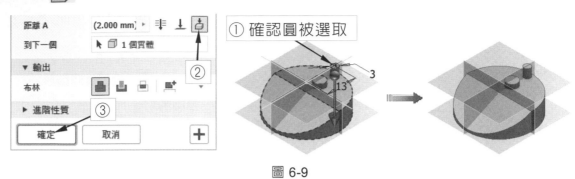 → 點選圖 6-9 所示①②③。

圖 6-9

(4) 取消所有工作平面的可見性。

STEP 6 建構倒角及圓角特徵

(1) 點選 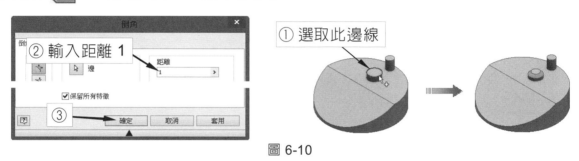 → 點選如圖 6-10 所示①②③。

圖 6-10

(2) 點選 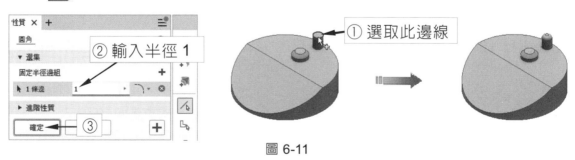 → 點選如圖 6-11 所示①②③。

圖 6-11

STEP 7　建構環形陣列

(1) 點選 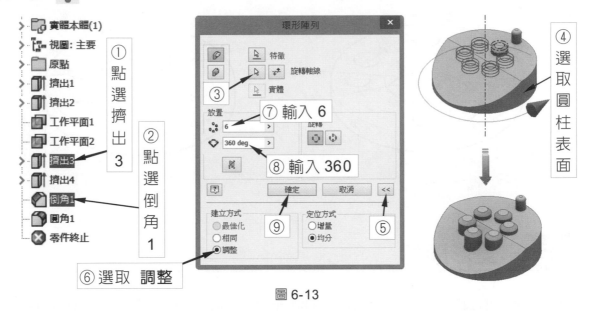 → 點選如圖 6-12 所示①②③④⑤⑥⑦⑧⑨。

圖 6-13

(2) 點選 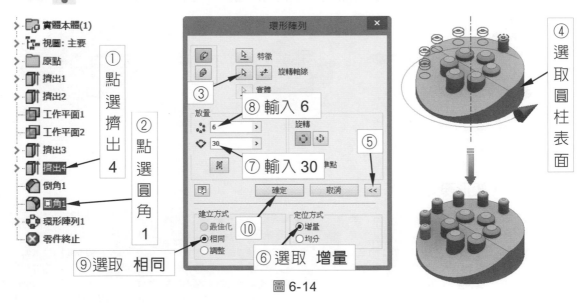 → 點選如圖 6-14 所示①②③④⑤⑥⑦⑧⑨⑩。

圖 6-14

精選練習範例

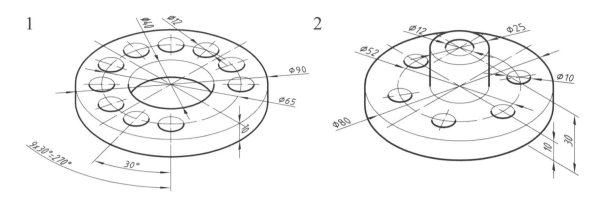

1

2

6-2 矩形陣列

　　矩形陣列 可以經由指定複本的數目與間距來建構矩形分佈的複本，或者沿一個或兩個方向的線性路徑，來產生複本。列和欄可以是直線、弧、自由曲線或者經修剪的橢圓。

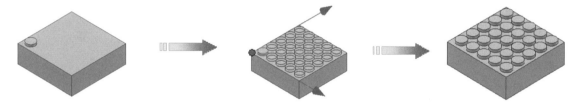

指令位置

🔷 **3D 模型 → 矩形陣列**

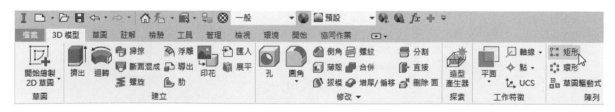

選項說明

📦 陣列個別特徵：

當需要陣列單一或多個實體特徵及工作特徵時使用。｜▷｜點選欲陣列的實體特徵或工作特徵。如要點取圓角、倒角等特徵，必須先選取父系的特徵。

📦 陣列實體：

當需陣列整個實體時使用。此時系統會自動選取整個實體本體。如要陣列工作特徵則需要選取。｜▷｜點選欲陣列的一個或多個欲陣列的工作特徵、曲面特徵。

📦 方向 1：

依照選取的邊線來定義路徑 1 的方向。

選項	說明
路徑	▷：選取線當作複本建構的方向。所選的線可以是 2D 或 3D 直線、自由曲線、弧、經修剪的橢圓或特徵的邊線。路徑可以是開放迴路，或是封閉迴路。 翻轉：翻轉路徑的方向。 中間平面：往兩側平均陣列複本的數量。
欄數	輸入複本的數量，需大於零。
長度	視所選擇定位方式，指定複本的距離或間距，需大於零。
定位方式	有三種複本定位的方式： 距離：指複本所分佈的總距離。 間距：指複本間的間距。 曲線長度：指平均地分佈到所選取的曲線長度。

🔹 **方向 2：**

依照選取的邊線來定義路徑 2 的方向。其餘的選項內容與方向 1 相同。點選 >> ，可以設定更多。

🔹 **起始：**

若有需要指定第一個複本的起點時使用。以所選取的點為 方向 1 或 方向 2 的起點。

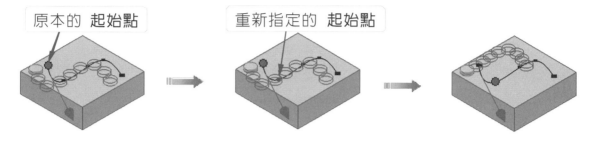

🔹 **計算：**

有三種特徵計算的方式。

選項	說明
最佳化	建立複本時，只重新製作面而不是整個特徵，如此可以更快地進行計算。
相同	所有的複本，都採用相同的終止方式。
調整	每一個複本分別計算終止方式，計算時間較長，當複製的特徵要終止在模型面時，可以使用。

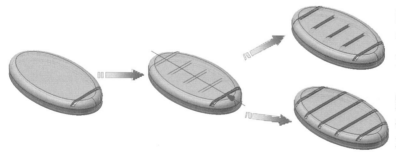

點選 相同 終止方式，每個複製特徵的終止方式、長度都相同。

點選 調整 終止方式，每個複製特徵的長度都不同。

🔹 **方位：**

指定陣列特徵的旋轉方位。

選項	說明
相同	每個複本的方位都和選取的第一個特徵相同。
方向 1	旋轉每個複本，與 方向 1 路徑的相切。將第一個複本置於路徑的起點。
方向 2	旋轉每個複本，與 方向 2 路徑的相切。將第一個複本置於路徑的起點。

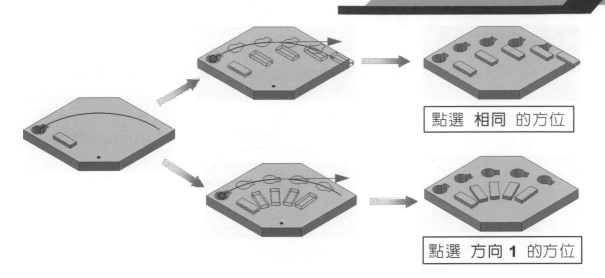

點選 相同 的方位

點選 方向 1 的方位

→ **應用實例一**

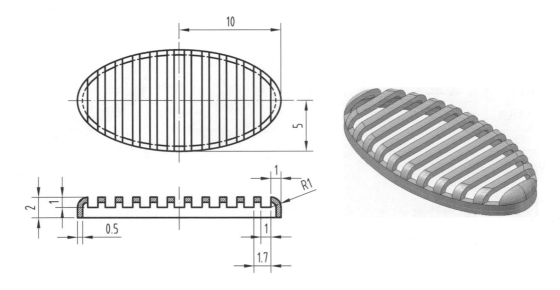

特徵建構流程

STEP 1 建構基礎特徵

(1) 點選 開始繪製 2D 草圖 → 按 F6 鍵(主視圖) → 點選圖 6-15 所示 XZ 工作平面 ①。

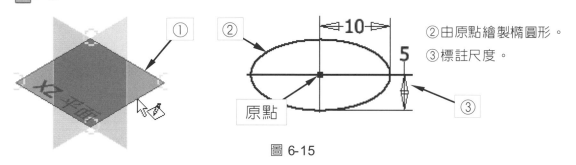

②由原點繪製橢圓形。

③標註尺度。

原點

圖 6-15

(2) 繪製如圖 6-15 所示之橢圓形②及標註尺度③ → ✔ 完成草圖。

(3) 點選 → 點選圖 6-16 所示①②。

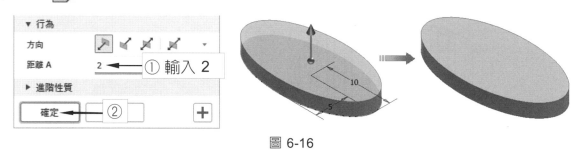

▼ 行為

方向

距離 A   2 ← ① 輸入 2

▶ 進階性質

確定 ②

圖 6-16

STEP 2 建構圓角特徵

(1) 點選 → 點選如圖 6-17 所示之①② → ③確定。

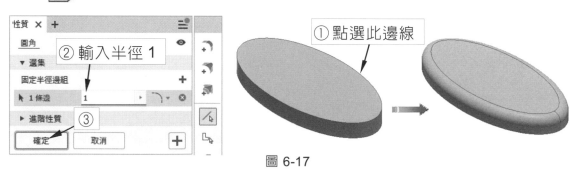

① 點選此邊線

性質 ✕ +

圓角

② 輸入半徑 1

▼ 選集

固定半徑邊組

1 條邊   1

▶ 進階性質 ③

確定   取消

圖 6-17

STEP ③ 建構薄殼特徵

(1) 點選  → 點選如圖 6-18 所示之①②③④ → ⑤確定。

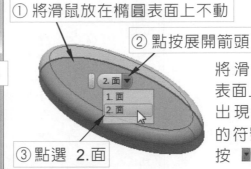

① 將滑鼠放在橢圓表面上不動

② 點按展開箭頭

④ 輸入厚度 0.5

③ 點選 2.面

將滑鼠停在橢圓表面上不動，即會出現選取其他面的符號 ▊2.面▼，點按 ▼ 切換面會以紅色的線條顯示。

圖 6-18

STEP ④ 建構擠出特徵 2(切割)

(1) 點選 開始繪製 2D 草圖 → 按 F6 鍵(主視圖) → 點選圖 6-19 所示 XY 工作平面 ① → 按 F7 鍵 → 點選 **投影切割邊** ②。

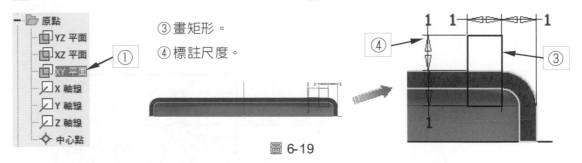

③ 畫矩形。

④ 標註尺度。

圖 6-19

(2) 繪製如圖 6-19 所示之矩形③及標註尺度④ → ✔ 完成草圖。

(3) 點選 → 點選圖 6-20 所示①②③④⑤。

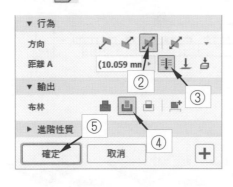

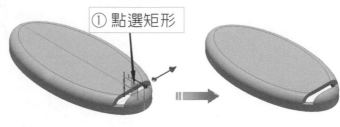

① 點選矩形

圖 6-20

STEP ⑤ 建構矩形陣列特徵

(1) 點選 ⊡ → 點選如圖 6-21 所示之①②③④⑤⑥⑦⑧⑨。

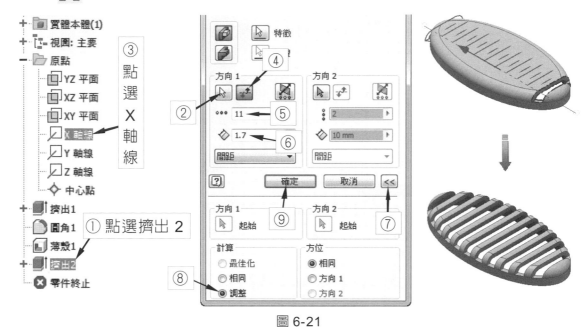

圖 6-21

→ **應用實例二**

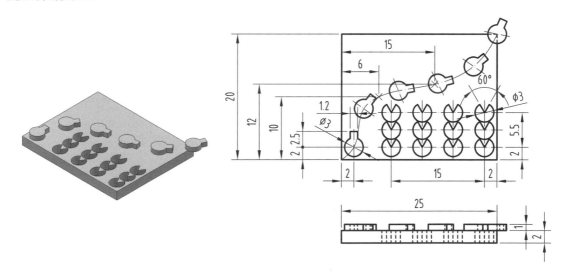

特徵建構流程

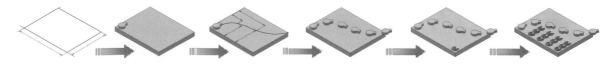

STEP ❶　建構基本特徵

(1) 點選 🗓️ 開始繪製 2D 草圖 → 按 F6 鍵(主視圖) → 點選圖 6-22 所示 XZ 工作平面 🔲 ①。

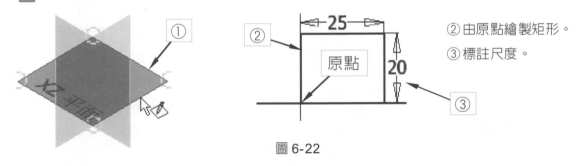

② 由原點繪製矩形。

③ 標註尺度。

圖 6-22

(2) 繪製如圖 6-22 所示之矩形②及標註尺度③ → ✔️ 完成草圖。

(3) 點選 📦 → 輸入距離 2 → 確定。

STEP ❷　建構擠出特徵 2

(1) 點選 🗓️ 開始繪製 2D 草圖 → 按 F6 鍵(主視圖) → 點選圖 6-23 所示特徵頂面①。

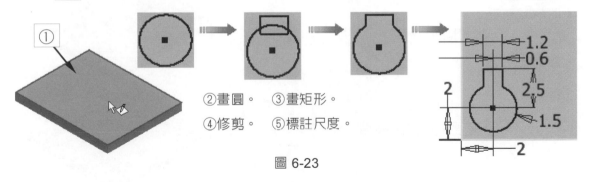

②畫圓。　③畫矩形。

④修剪。　⑤標註尺度。

圖 6-23

(2) 繪製如圖 6-23 所示之圖形②③④⑤ → ✔️ 完成草圖。

(3) 點選 📦 → 點選圖 6-24 所示①②③。

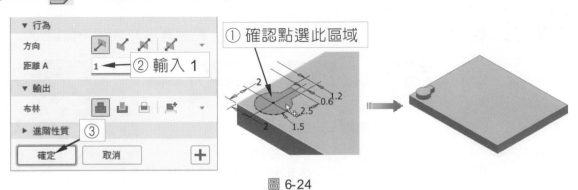

圖 6-24

STEP 3 建構路徑(草圖 3)

(1) 點選 開始繪製 2D 草圖 → 按 F6 鍵(主視圖) → 點選圖 6-25 所示特徵頂面①。

(2) 繪製如圖 6-25 所示之曲線圖形②③④⑤ → ✔ 完成草圖。

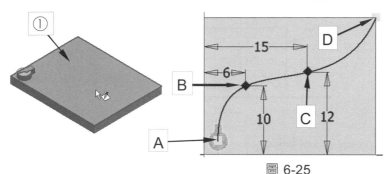

② 點選 投影切割邊。
③ 按 F7 鍵。
④ 畫 4 點曲線 A、B、C、D
(點選 雲形線)。
⑤ 標註尺度。

圖 6-25

STEP 4 建構矩形陣列 1

(1) 點選 → 點選如圖 6-26 所示之①②③④⑤⑥⑦ → ⑧確定。

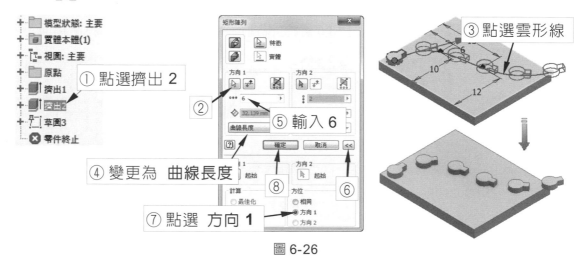

圖 6-26

STEP 5 建構擠出特徵 3(切割)

(1) 點選 開始繪製 2D 草圖 → 按 F6 鍵(主視圖) → 點選圖 6-27 所示特徵頂面①。

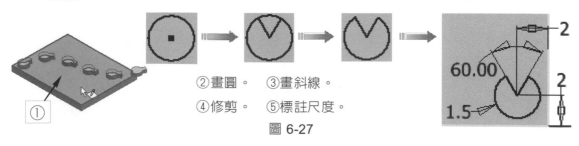

②畫圓。　③畫斜線。
④修剪。　⑤標註尺度。
圖 6-27

(2) 繪製如圖 6-27 所示之圖形②③④⑤ → ✔ 完成草圖。

(3) 點選 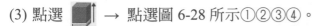 → 點選圖 6-28 所示①②③④。

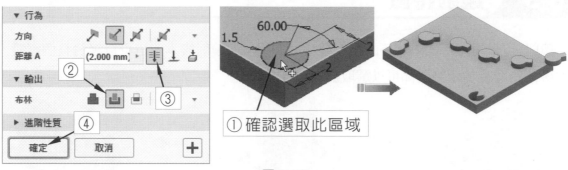

圖 6-28

STEP 6　建構矩形陣列 2

(1) 點選 → 點選如圖 6-29 所示之①②③④⑤⑥⑦⑧⑨⑩⑪⑫⑬。

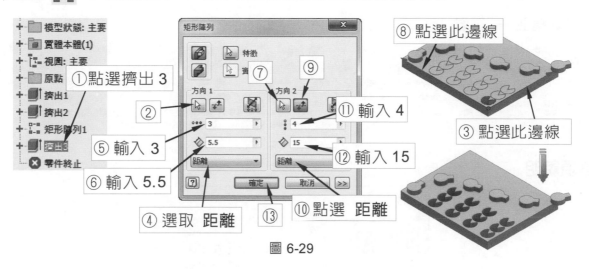

圖 6-29

精選練習範例

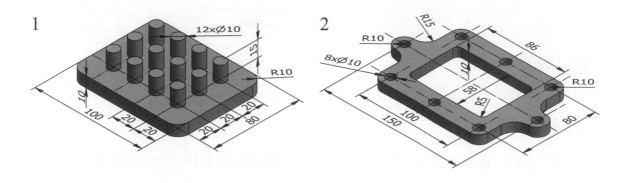

6-3　鏡射特徵

　　鏡射 可以沿著平面以相等的距離建構一個或多個鏡射複本，也可以鏡射整個實體。平坦的零件表面及工作平面都可以選取為鏡射基準面。

指令位置

🔷 **3D 模型 → 鏡射**

選項說明

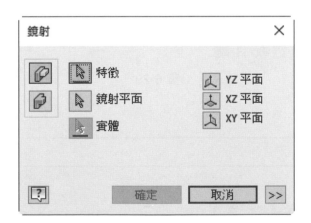

🔷 **鏡射個別特徵：**

　　當需要鏡射單一或多個實體特徵及工作特徵時使用。

🔷 **特徵：**

　　點選欲鏡射的實體特徵或工作特徵。當選取的特徵有從屬特徵時，系統會自動選取從屬特徵。

🔷 ▣ **鏡射平面**：

選取工作平面或特徵的平物作為鏡射時所需的鏡射面。

🔷 ▣ **鏡射實體**：

當需鏡射整個實體時使用。此時系統會自動選取整個實體本體。如要鏡射工作特徵則需要選取。

🔷 ▣ **包含工作特徵/曲面特徵**：

選取一個或多個欲鏡射的工作與曲面特徵。

🔷 **移除原有樣式**：

勾選時則會移除原有的本體，只保留鏡射的複本。

🔷 **建立的方式**：

選擇建構鏡射特徵的方法。

選項	說明
最佳化	建構原有特徵之直接鏡射複本。
相同	建構相同的鏡射複本。當鏡射的複本都終止於一個工作平面上時，可選用此方式，如此可提高大量鏡射的效率。
調整	每一個複本分別計算終止方式，計算時間較長，當複製的特徵要終止在模型面時，可以使用。

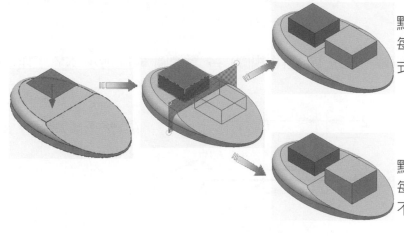

點選 **相同** 終止方式，每個複製特徵的終止方式、長度都相同。

點選 **調整** 終止方式，每個複製特徵的長度都不同。

→ **應用實例一**

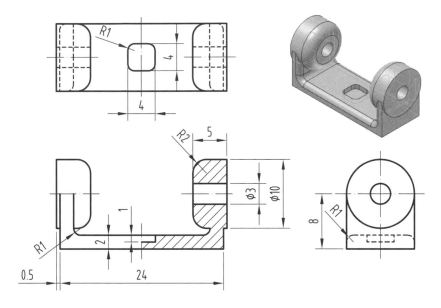

特徵建構流程

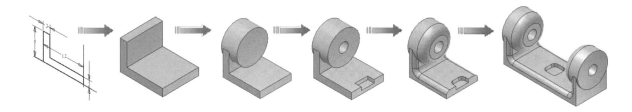

STEP ① 建立基礎特徵

(1) 點選 ☑ 開始繪製 2D 草圖 → 按 F6 鍵(主視圖) → 點選圖 6-30 所示 XY 工作平面 ⬚ ①。

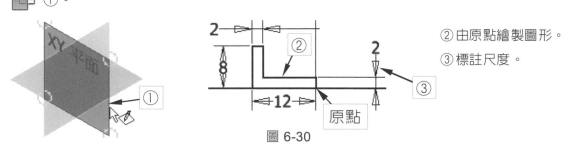

② 由原點繪製圖形。

③ 標註尺度。

圖 6-30

(2) 繪製如圖 6-30 所示之圖形②及標註尺度③ → ✔ 完成草圖。

(3) 點選 ▢↑ → 點選圖 6-31 所示①②③。

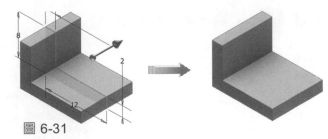

圖 6-31

STEP ②　建立擠出特徵 2

(1) 點選 ▨ 開始繪製 2D 草圖 → 點選圖 6-32 所示 特徵平面 ①。

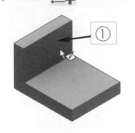

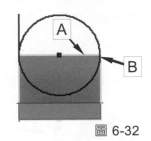

②點選 ▱ 投影切割邊。

③以邊線 A 的中點為圓心，端點 B 為半徑畫圓。

圖 6-32

(2) 繪製如圖 6-32 所示之圓形②③ → ✔ 完成草圖。

(3) 點選 ▢↑ → 點選圖 6-33 所示①②③④。

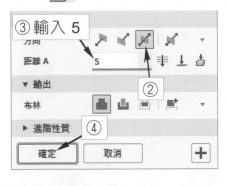

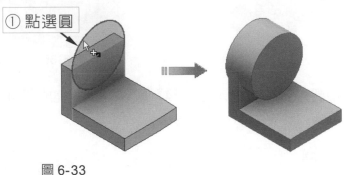

圖 6-33

STEP ③　建立擠出特徵 3(切割)

(1) 點選 ▨ 開始繪製 2D 草圖 → 點選圖 6-34 所示特徵頂面①。

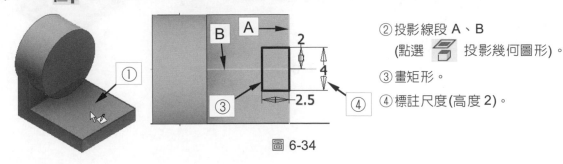

②投影線段 A、B
(點選 ▱ 投影幾何圖形)。

③畫矩形。

④標註尺度(高度 2)。

圖 6-34

(2) 繪製如圖 6-34 所示之矩形③④ → ✔ 完成草圖。

(3) 點選 ▱ → 點選圖 6-35 所示①②③④。

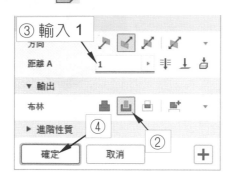

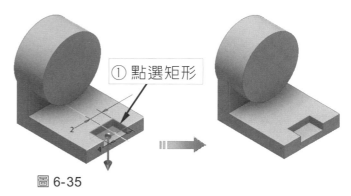

圖 6-35

STEP ④ 建立擠出特徵 4(切割)

(1) 點選 ▱ 開始繪製 2D 草圖 → 點選圖 6-36 所示特徵右側面①。

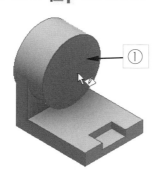

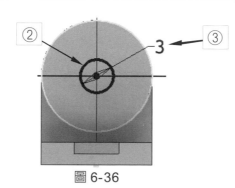

②由圓心畫圓。

③標註尺度。

圖 6-36

(2) 繪製如圖 6-36 所示之圓形②③ → ✔ 完成草圖。

(3) 點選 ▱ → 點選圖 6-37 所示①②③④。

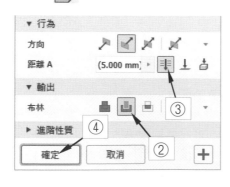

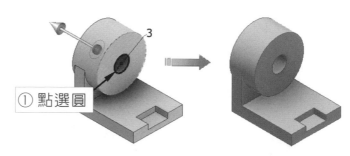

圖 6-37

STEP 5 建立圓角特徵 1

(1) 點選 → 點選如圖 6-38 所示之①② → ③確定。

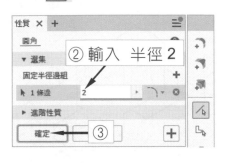
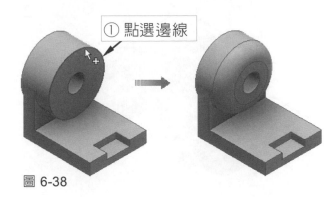

圖 6-38

(2) 切換至 線架構 僅模型邊 。

STEP 6 建立圓角特徵 2

(1) 點選 → 點選如圖 6-39 所示之邊線①②③④⑤⑥⑦⑧⑨。

(2) 切換至 帶邊的描影 。

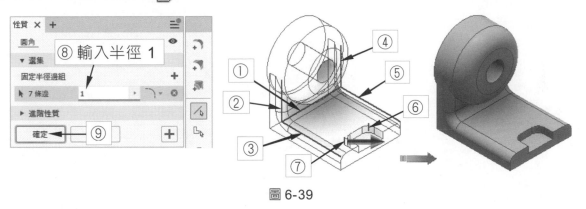

圖 6-39

STEP 7 建立鏡射特徵

(1) 點選 → 點選如圖 6-40 所示之①②③④。

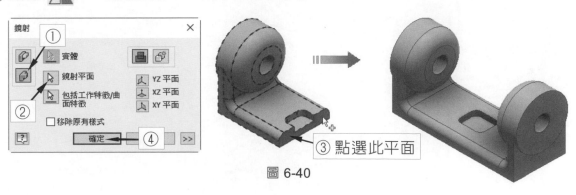

圖 6-40

精選練習範例

1
2

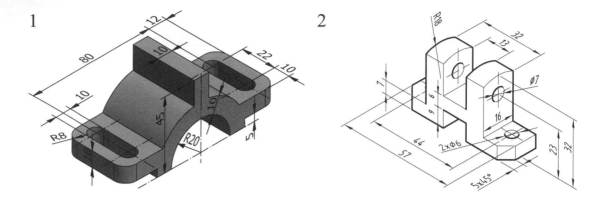

作業

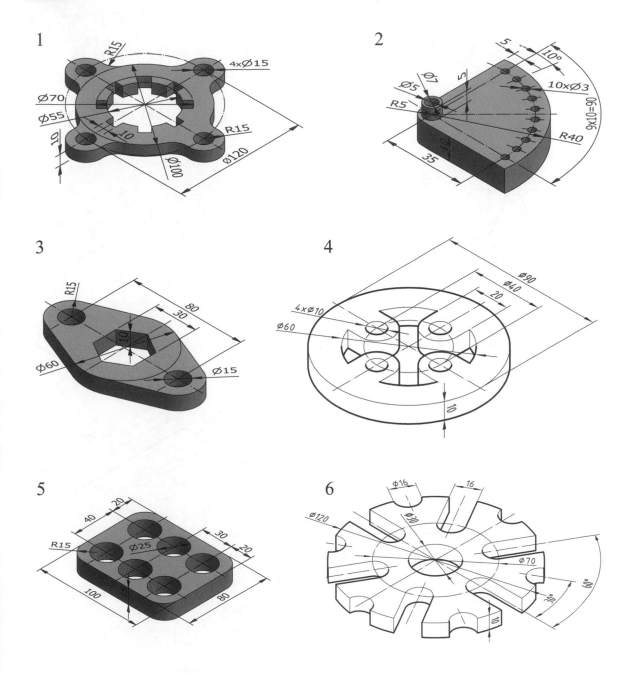

1

2

3

4

5

6

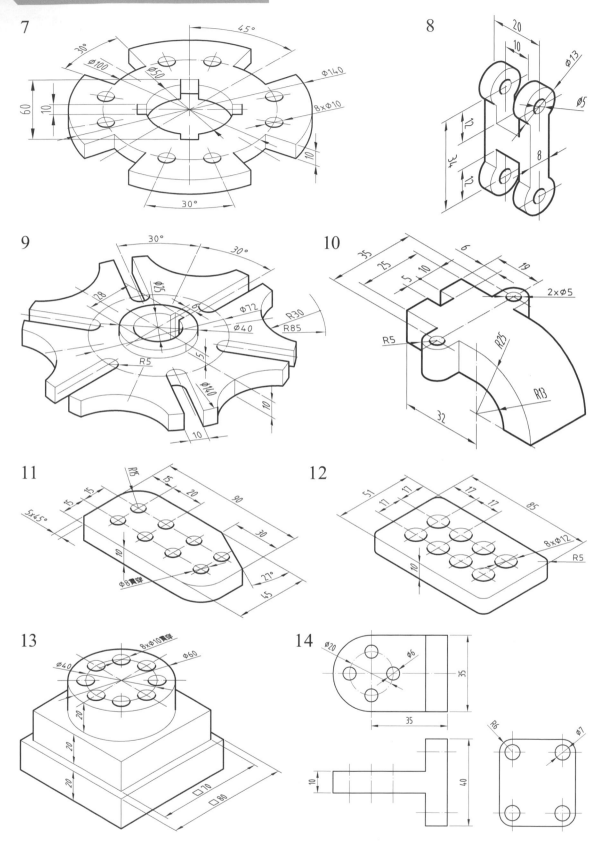

斷面混成

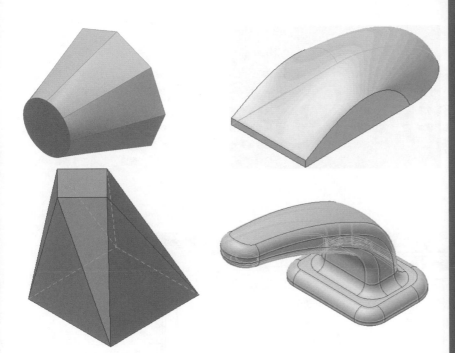

　　斷面混成 可將兩個或多個剖面的形狀混成為實體或曲面。2D 草圖、3D 草圖、特徵的邊或特徵的迴路都可以是斷面混成的剖面。以特徵的面當作剖面時，直接點選不需建立草圖。透過軌道和點對應可以控制斷面混成的形狀並防止扭轉。

指令位置

🗀 **3D 模型 → 斷面混成**

選項說明

　　在 **曲線** 的頁面裏有下列的選項：

🗀 **剖面：**

　　選取斷面混成所要包含的剖面。選取的順序會影響最後的結果。2D 草圖、3D 草圖、特徵的邊或特徵的迴路都可以是斷面混成的剖面。

軌跡 :

　用來控制混成形狀的 2D 或 3D 曲線。此曲線必需通過每個剖面邊上的點並與剖面相交。開放或封閉的曲線及連續的特徵邊都可以作爲軌跡。軌跡的曲線要平滑。

中心線 :

　利用中心線模式來建構斷面混成特徵時，剖面將正垂於它的軌跡。中心線與軌跡的遵循條件相同，但不需與剖面相交，一次只能選取一條。

區域斷面混成 :

　利用 **區域斷面混成** 的來建構實體與 **中心線** 建構斷面混成的方式相同。不同的是利用**區域斷面混成** 建構實體時，會多一個 **置入剖面** 對話框，可以在中心線上任意加入新的剖面，新剖面的位置與大小可以透過 **剖面標註** 對話框輸入，作精確的定位與大小的控制。

輸出 :

　與擠出、迴轉等特徵工具相同，**斷面混成** 也可輸出爲 **實體** 或 **曲面** 。輸出爲 曲面 可以作爲分割零件的分割面，或者其他特徵的終止面。

運算 :

　與擠出、迴轉等特徵工具相同，斷面混成的運算方式也有接合、切割、相交或新實體。第一次斷面混成爲 **新實體**，其它三種運算方式無法選取。

運算方式	運算結果
接合 斷面混成特徵與既有的特徵接合。	
切割 以斷面混成特徵切割原有的特徵。	

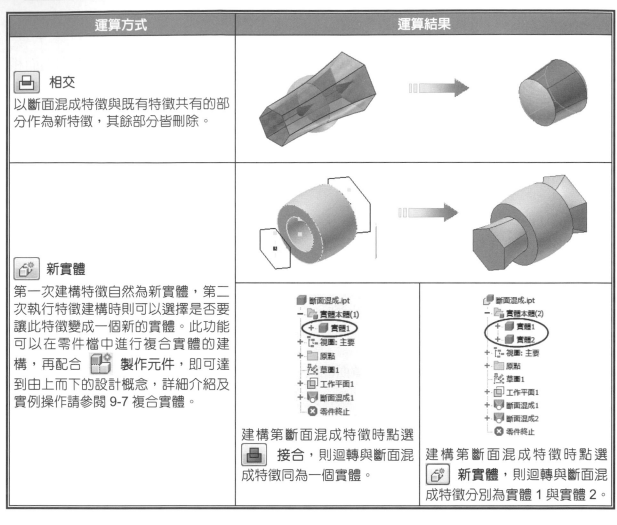

運算方式	運算結果
相交 以斷面混成特徵與既有特徵共有的部分作為新特徵,其餘部分皆刪除。	
新實體 第一次建構特徵自然為新實體,第二次執行特徵建構時則可以選擇是否要讓此特徵變成一個新的實體。此功能可以在零件檔中進行複合實體的建構,再配合 製作元件,即可達到由上而下的設計概念,詳細介紹及實例操作請參閱 9-7 複合實體。	建構第斷面混成特徵時點選 接合,則迴轉與斷面混成特徵同為一個實體。 / 建構第斷面混成特徵時點選 新實體,則迴轉與斷面混成特徵分別為實體 1 與實體 2。

封閉迴路:

　　使斷面混成形成一個封閉迴路,即將第一個和最後一個剖面接合起來。在不指定軌跡曲線時才可勾選。

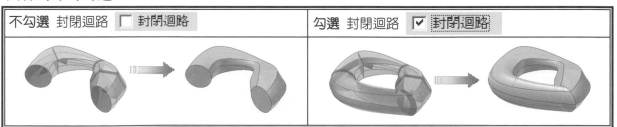

不勾選 封閉迴路 ▢ 封閉迴路	勾選 封閉迴路 ☑ 封閉迴路

合併相切面:

　　將斷面混成的面合併,使特徵相切面之間不產生邊線。

　　點選 條件 頁面,可以設定更多。

🐚 **條件：**

可以設定結束的剖面與外側路徑的邊界條件。

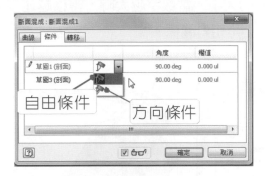 

自由條件　　　方向條件

🐚 **自由條件：**

不設定邊界條件。

🐚 **方向條件：**

設定相對於剖面平面的角度。

🐚 **角度：**

輸入剖面或軌道平面與由斷面混成建構面之間的角度。內定值為 90 度。

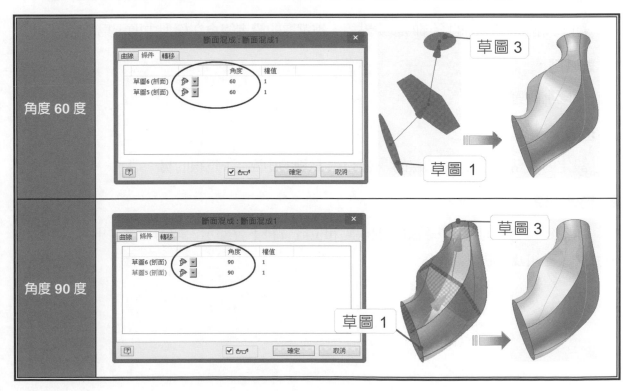

◉ **權值：**

　　設定角度影響斷面混成的外觀的值的大小。當數字越大時，轉移越連貫；數字越小，轉移越不連貫。權值的大小與模型的大小是相對關係。

　　點選 **轉移**頁面，可以設定更多。

 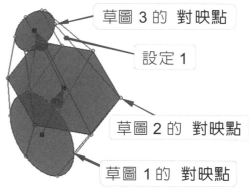

◉ **轉移：**

　　若要自行設定剖面與剖面之間各個點的對映關係，則可取消自動對映。

◉ **點組：**

　　顯示斷面混成剖面的全部的設定點組。被選取的設定組會在模型中顯示為紅色線。

◉ **對映點：**

　　草圖上的對映點。

◉ **位置：**

　　設定對映點的位置。0 為線的一端；0.5 為線的中點；1 為線的另一端。

◉ **自動對映：**

　　內定為勾選。勾選後，點組、對映點和位置資料不會顯示。取消勾選，則可以手動的方式修改點組及對映點的位置。

7-1 兩剖面建立斷面混成

→ **應用實例一**

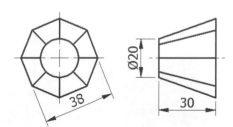

特徵建構流程

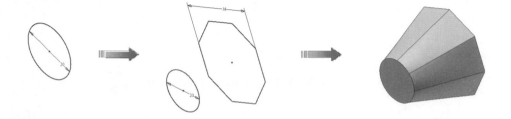

注意!

請先將單位變更為公釐(參考 1-4-4-2 應用程式選項的設定中的**檔案頁籤**)

STEP 1 繪製剖面 1

(1) 點選 開始繪製 2D 草圖 → 按F6鍵(主視圖) → 點選圖 7-1 所示 XY 工作平面
①。

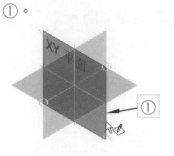

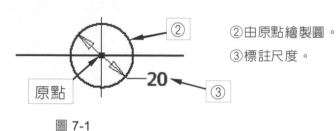

②由原點繪製圓。
③標註尺度。

原點 **20**

圖 7-1

(2) 繪製如圖 7-1 所示之圓形②及標註尺度③ → 完成草圖。

STEP ② 建立工作平面 1

(1) 開啓工作平面之可見性。

(2) 點選 ⬜ 平面 → 按住如圖 7-2 所示的 XY 工作平面①並往右拖曳 → ②輸入偏移距離 −30 → ③ ✔ → 完成工作平面 1。

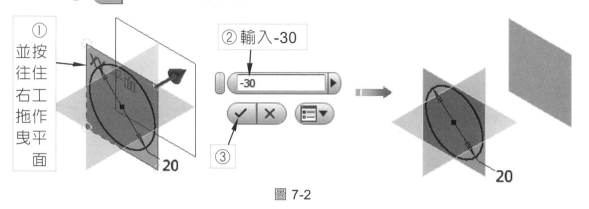

①並按住往右工作平面拖曳

②輸入-30

-30

③

圖 7-2

STEP ③ 繪製剖面 2

(1) 點選 📐 開始繪製 2D 草圖 → 點選圖 7-3 所示工作平面 1 ⬜ ①。

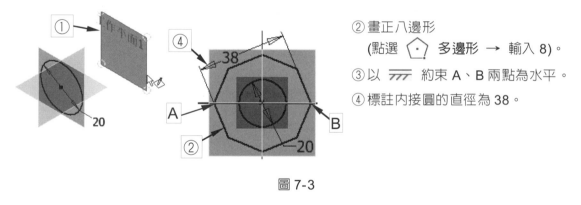

②畫正八邊形
(點選 ⬠ 多邊形 → 輸入 8)。

③以 〰 約束 A、B 兩點為水平。

④標註內接圓的直徑為 38。

圖 7-3

(2) 繪製如圖 7-3 所示之八邊形②及約束與標註尺度③④ → ✔ 完成草圖。

(3) 取消所有工作平面的可見性。

STEP ④ 建構斷面混成

(1) 點選  → 點選如圖 7-4 所示①②③。

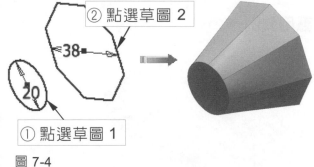

圖 7-4

精選練習範例

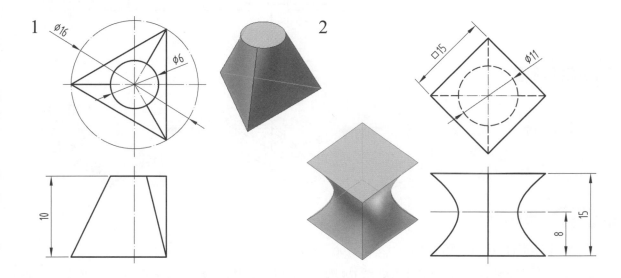

7-2 加入軌跡建立斷面混成

→ **應用實例一**

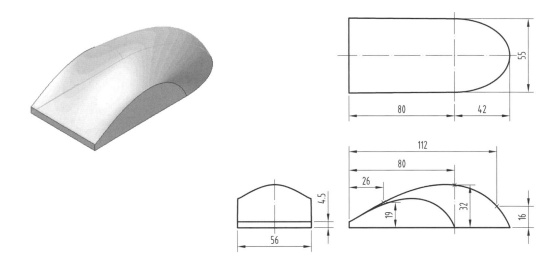

特徵建構流程

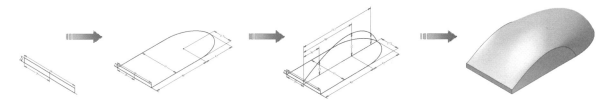

STEP 1 繪製剖面 1

(1) 開啟所有工作平面之可見性。

(2) 點選 開始繪製 2D 草圖 → 按 F6 鍵(主視圖) → 點選圖 7-5 所示 XY 工作平面 ①。

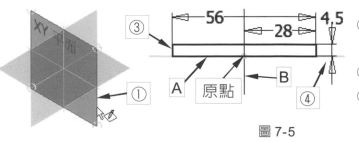

② 投影兩軸線 A、B (點選 投影幾何圖形)。

③ 畫矩形。

④ 標註尺度。

圖 7-5

(3) 繪製如圖 7-5 所示之矩形③及標註尺度④ → ✔ 完成草圖。

STEP 2　繪製剖面 2

(1) 點選 開始繪製 2D 草圖 → 按 F6 鍵(主視圖) → 點選圖 7-6 所示 XZ 工作平面 ①。

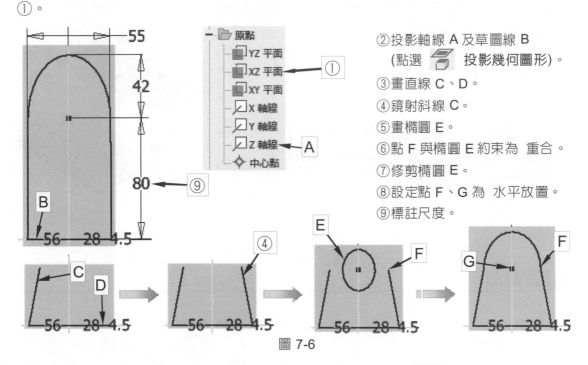

②投影軸線 A 及草圖線 B
　(點選 投影幾何圖形)。
③畫直線 C、D。
④鏡射斜線 C。
⑤畫橢圓 E。
⑥點 F 與橢圓 E 約束為 重合。
⑦修剪橢圓 E。
⑧設定點 F、G 為 水平放置。
⑨標註尺度。

圖 7-6

(3) 繪製如圖 7-6 所示之圖形及標註尺度②③④⑤⑥⑦⑧⑨ → 完成草圖。

STEP 3　繪製軌跡

(1) 點選 開始繪製 2D 草圖 → 點選圖 7-7 所示 YZ 工作平面 ①。

(2) 按 F6 鍵 → 繪製如圖 7-7 所示之雲形線②③及標註尺度④ → 完成草圖。

(3) 取消所有工作平面的可見性。

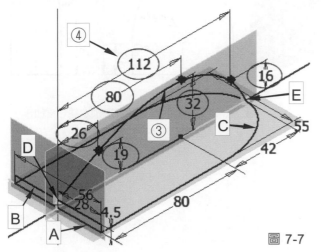

②投影三邊線 A、B、C
　(點選 投影幾何圖形)。
③以 畫含頭尾共 5 點的雲形線
　(起點為點 D；終點為點 E)。
④標註尺度。(垂直為 19、32、16；
　水平為 26、80、112)。

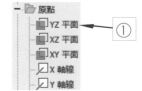

圖 7-7

STEP ④ 建構斷面混成

(1) 點選 ▦ → 點選如圖 7-8 所示之①②③④⑤。

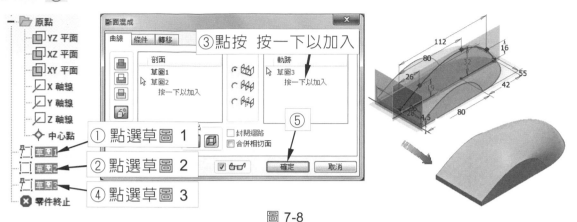

圖 7-8

精選練習範例

1

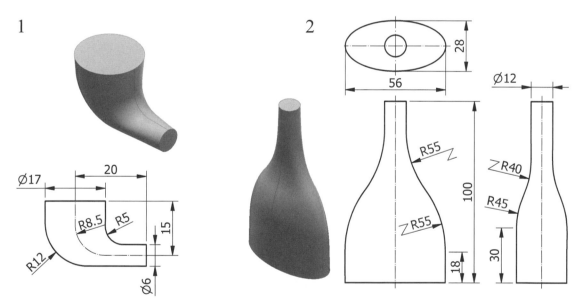

注意：建構此 **斷面混成** 特徵時，
建立二條軌跡。

2

注意：建構此 **斷面混成** 特徵時，
建立四條軌跡。

7-3　對應點建立斷面混成

→ **應用實例一**

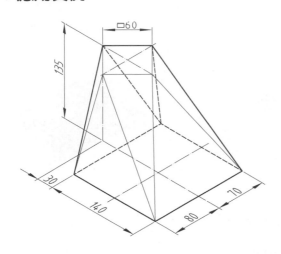
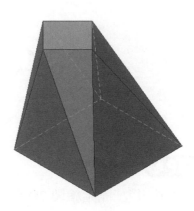

特徵建構流程

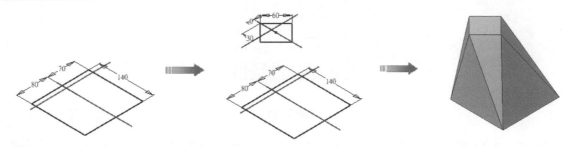

STEP ①　繪製剖面 1

(1) 開啟所有工作平面之可見性。

(2) 點選 ▣ 開始繪製 2D 草圖 → 按 F6 鍵(主視圖) → 點選圖 7-9 所示 XZ 工作平面 ▣
① 。

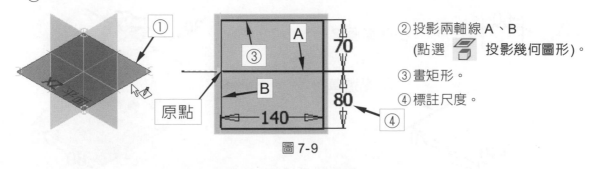

② 投影兩軸線 A、B
　(點選 ▣ 投影幾何圖形)。
③ 畫矩形。
④ 標註尺度。

圖 7-9

(3) 繪製如圖 7-9 所示之矩形③及標註尺度④ → ✔ 完成草圖 → 按 F6 鍵。

STEP ② 建立工作平面 1

(1) 點選工作平面 ▣ → 按住如圖 7-10 所示的 XZ 工作平面①並往上施曳 → ②輸入偏移
距離 135 → ③ ✔ → 完成工作平面 1。

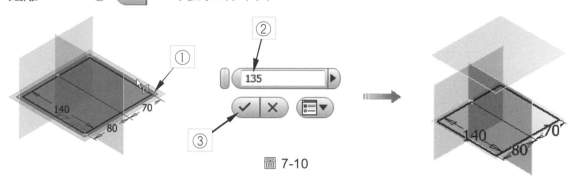

圖 7-10

STEP ③ 繪製剖面 2

(1) 點選 ▣ 開始繪製 2D 草圖 → 點選圖 7-11 所示工作平面 1 ▣ ①。

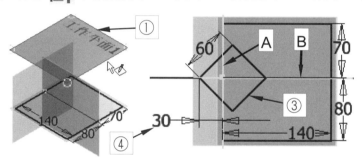

② 投影兩軸線 A、B
   (點選 ⬚ 投影幾何圖形)。

③ 畫矩形。

④ 標註尺度。

圖 7-11

(3) 繪製如圖 7-11 所示之矩形③及標註尺度④ → ✔ 完成草圖。

(4) 關閉工作平面之可見性。

STEP ④ 建構斷面混成

(1) 點選 ⬤ → 點選如圖 7-12 所示之①②。

① 點選草圖 2

② 點選草圖 1

圖 7-12

(2) 點選如圖 7-13 所示之①②，以取消自動對映。刪除如圖 7-13 所示的 5 組內定 **點組** → 點選如圖 7-13 所示之 **設定 1** → 按鍵盤上的 **Delete** 鍵 → 重覆 5 次，將所有的 **點組** 刪除。

圖 7-13

(3) 加入新的點組 → 點選如圖 7-14 所示之①②③④⑤⑥，將線落在端點上 →

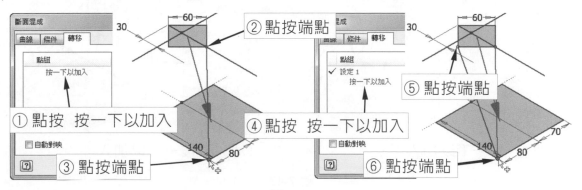

圖 7-14

(4) 加入新的點組 → 點選如圖 7-15 所示之①②③④⑤⑥，將線落在端點上 →

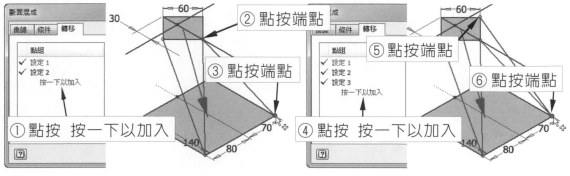

圖 7-15

(5) 加入新的點組 → 點選如圖 7-16 所示之①②③④⑤⑥，將線落在端點上 →

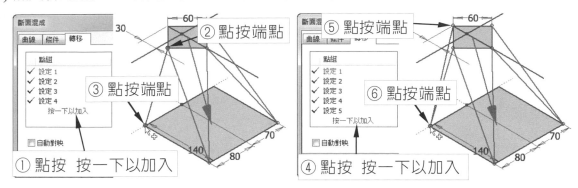

圖 7-16

(6) 加入新的點組 → 點選如圖 7-17 所示之①②③④⑤⑥⑦⑧，將線落在端點上 → 點選確定。

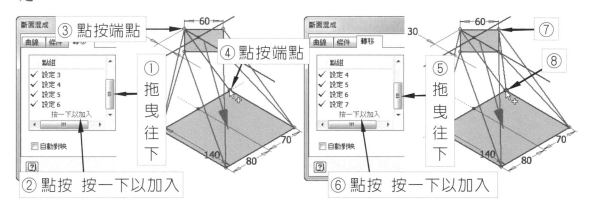

圖 7-17

完成右圖所示之特徵

精選練習範例

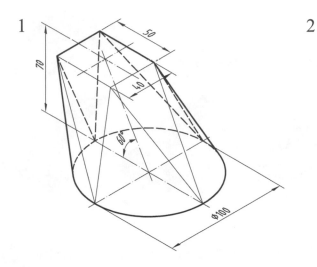

1

2

7-4 中心線建立斷面混成

→ 應用實例一

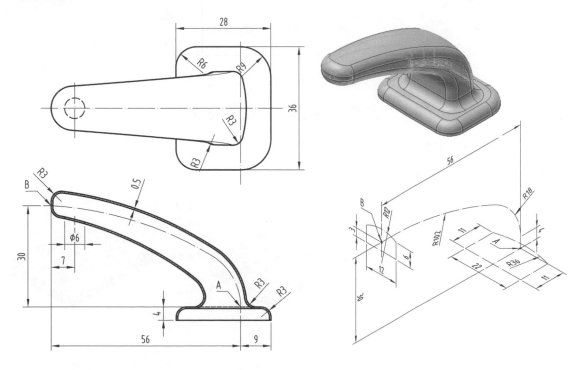

特徵建構流程

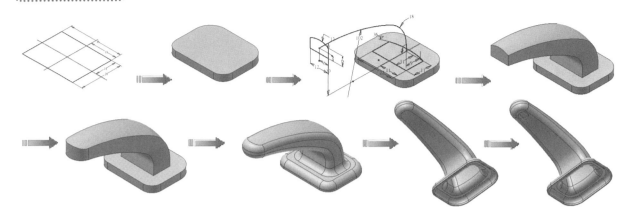

STEP 1 繪製基本圖形

(1) 點選 ⚏ 開始繪製 2D 草圖 → 按 F6 鍵(主視圖) → 點選圖 7-18 所示 XZ 工作平面 ⚏
①。

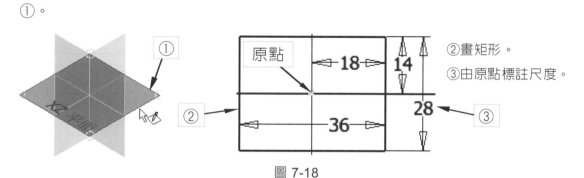

②畫矩形。

③由原點標註尺度。

圖 7-18

(2) 繪製如圖 7-18 所示之矩形②及標註尺度③ → ✔ 完成草圖。

STEP 2 建構擠出特徵 1

(1) 點選 ⬛ → 點選如圖 7-19 所示①②。

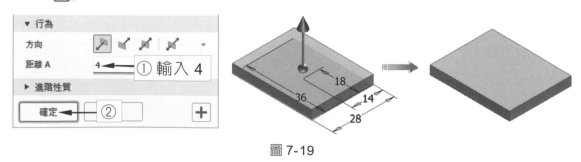

圖 7-19

STEP 3 建構圓角特徵 1

(1) 點選 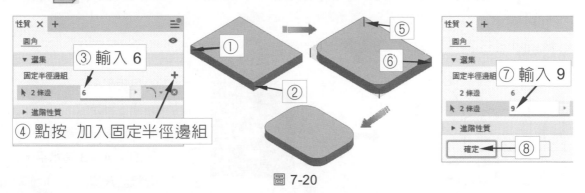 → 點選如圖 7-20 所示①②③④⑤⑥⑦⑧。

圖 7-20

STEP 4 繪製斷面混成中心線

(1) 點選 開始繪製 2D 草圖 → 按 F6 鍵(主視圖) → 點選圖 7-21 所示 YZ 工作平面 ①。

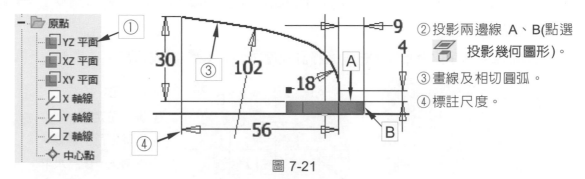

② 投影兩邊線 A、B(點選 投影幾何圖形)。
③ 畫線及相切圓弧。
④ 標註尺度。

圖 7-21

(2) 繪製如圖 7-21 所示之圖形③及標註尺度④ → ✓ 完成草圖。

STEP 5 繪製剖面 1

(1) 開啓工作平面之可見性。

(2) 點選 工作平面 → 點按如圖 7-22 ①② → 建立 工作平面 1。

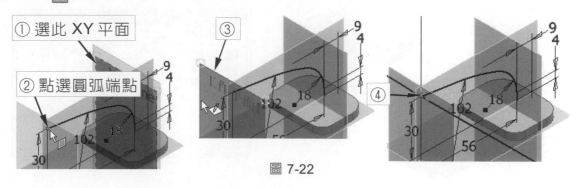

① 選此 XY 平面
② 點選圓弧端點

圖 7-22

(3) 點選 开始繪製 2D 草圖 → 點選圖 7-22 所示工作平面 1 ③。

(4) 點選 投影幾何圖形 → 按 F6 鍵(主視圖) → 點選圖 7-22 所示端點④ → 按 F5 鍵 (返回繪圖畫面)。

(5) 繪製如圖 7-23 所示之圖形 → ✔ 完成草圖。

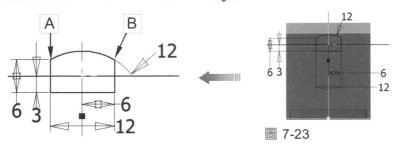

① 畫矩形。
② 畫三點定弧。
③ 刪除多餘的線條。
④ 約束 A、B 為水平。
⑤ 標註尺度。

圖 7-23

STEP ⑥ 繪製剖面 2

(1) 點選 开始繪製 2D 草圖 → 點選圖 7-24 所示特徵頂面 ①。

(2) 點選 投影幾何圖形 → 按 F6 鍵(主視圖) → 點選圖 7-24 所示線段端點② → 按 F5 鍵(返回繪圖畫面)。

(3) 繪製如圖 7-24 所示之圖形③④⑤⑥及標註尺度⑦ → ✔ 完成草圖。

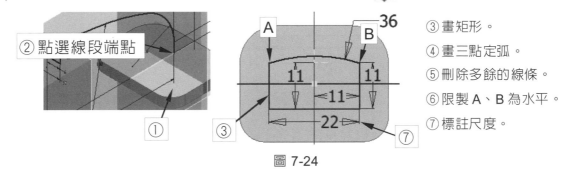

③ 畫矩形。
④ 畫三點定弧。
⑤ 刪除多餘的線條。
⑥ 限製 A、B 為水平。
⑦ 標註尺度。

圖 7-24

STEP ⑦ 建構斷面混成

(1) 點選 ● → 點選如圖 7-25 所示之①②③④⑤。

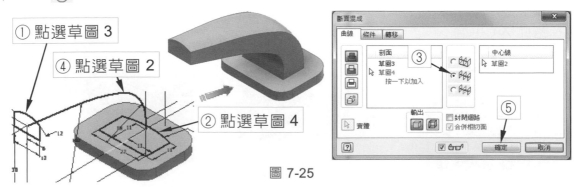

圖 7-25

STEP 8 建構圓角特徵 2

(1) 點選 ▢ → 點選如圖 7-26 所示①②③④⑤⑥⑦。

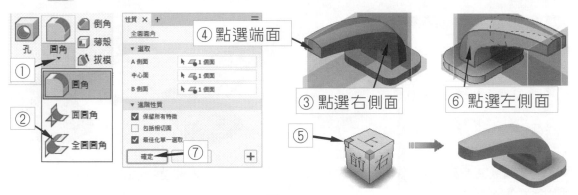

圖 7-26

(2) 關閉工作平面之可見性。

STEP 9 建構圓角特徵 3

(1) 點選 ▢ → 點選如圖 7-27 所示①②③④。

(2) 點選 ▢ → 點選如圖 7-27 所示⑤⑥⑦⑧。

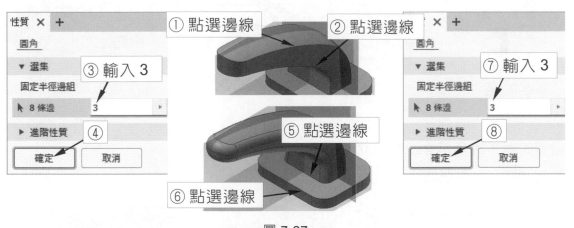

圖 7-27

STEP 10 建構薄殼特徵

(1) 點選 ⬜ → 點選如圖 7-28 所示①②③④ → 按 F6 鍵。

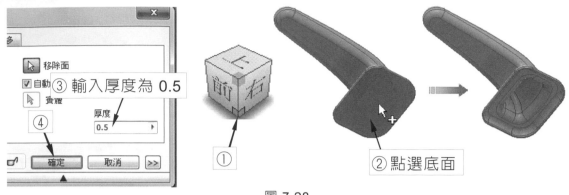

圖 7-28

STEP 11 建構擠出特徵 2

(1) 點選 📐 開始繪製 2D 草圖 → 點選圖 7-29 所示 XZ 工作平面 ▢ ①。

③按 F7 鍵。
④畫圓。
⑤由原點標註尺度。

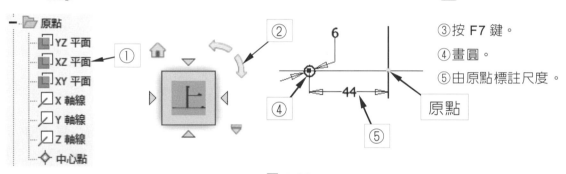

圖 7-29

(2) 繪製如圖 7-29 所示之圓形②③④⑤ → ✔ 完成草圖。

(3) 點選 ⬆ → 點選如圖 7-30 所示之①②③。

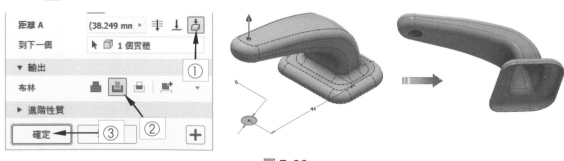

圖 7-30

精選練習範例

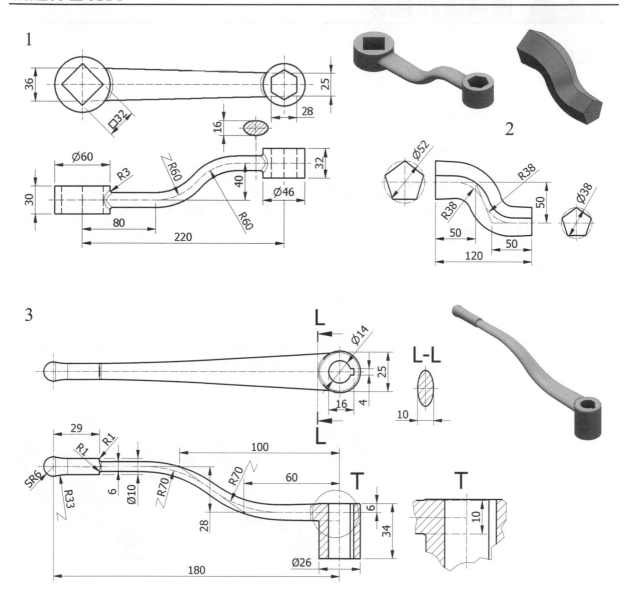

1

2

3

7-5 區域斷面混成

→ **應用實例一**

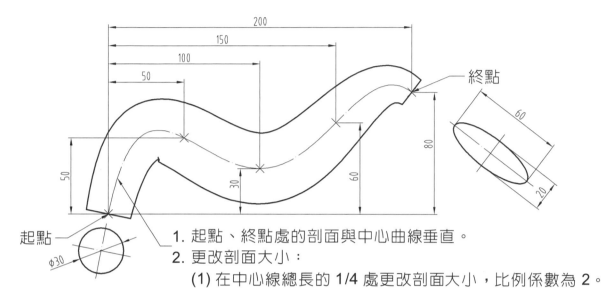

1. 起點、終點處的剖面與中心曲線垂直。
2. 更改剖面大小：
   (1) 在中心線總長的 1/4 處更改剖面大小，比例係數為 2。
   (2) 在中心線總長的 3/4 處更改剖面大小，比例係數為 3。

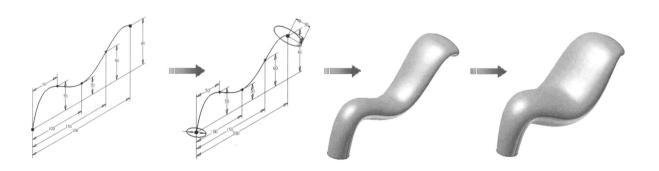

STEP ① 繪製斷面混成中心線

(1) 點選 🔲 開始繪製 2D 草圖 → 按 F6 鍵(主視圖) → 點選圖 7-31 所示 YZ 工作平面 🔲 ①。

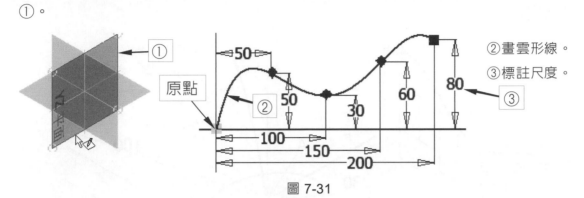

圖 7-31

(2) 繪製如圖 7-31 所示之雲形線②及標註尺度③ → ✔ 完成草圖。

STEP ② 建立工作平面 1、2

(1) 點選 🔲 平面 → 點按如圖 7-32 所示①② → 完成工作平面 1。

(2) 點選 🔲 平面 → 點按如圖 7-32 所示③④ → 完成工作平面 2。

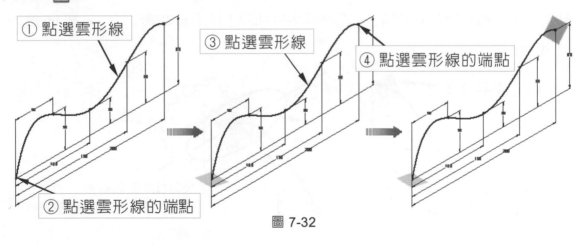

圖 7-32

STEP ③ 繪製剖面 1

(1) 點選 ⬚ 開始繪製 2D 草圖 → 點選圖 7-33 所示工作平面 1 ⬛ ① → 按 F6 鍵 (主視圖)。

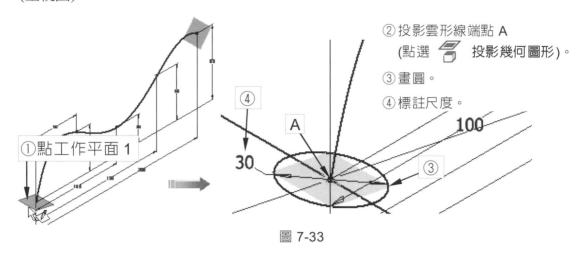

② 投影雲形線端點 A
(點選 ⬛ 投影幾何圖形)。
③ 畫圓。
④ 標註尺度。

圖 7-33

(2) 繪製如圖 7-33 所示之圓②③及標註尺度④ → ✔ 完成草圖。

STEP ④ 繪製剖面 2

(1) 點選 ⬚ 開始繪製 2D 草圖 → 點選圖 7-34 所示工作平面 2 ⬛ ① → 按 F6 鍵 (主視圖)。

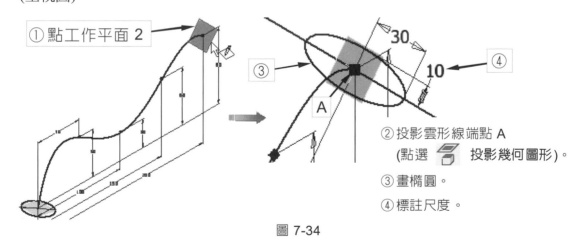

② 投影雲形線端點 A
(點選 ⬛ 投影幾何圖形)。
③ 畫橢圓。
④ 標註尺度。

圖 7-34

(2) 繪製如圖 7-34 所示之橢圓②③及標註尺度④ → ✔ 完成草圖。

STEP ⑤ 建構區域斷面混成

(1) 點選 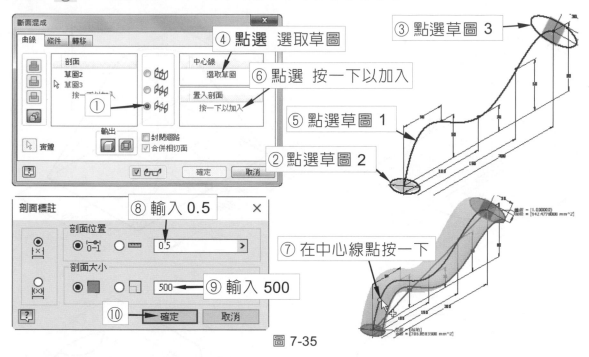 → 點選如圖 7-35 所示之①②③④⑤⑥⑦⑧⑨⑩。

圖 7-35

(2) 點選如圖 7-36 所示之⑪⑫⑬⑭⑮⑯。

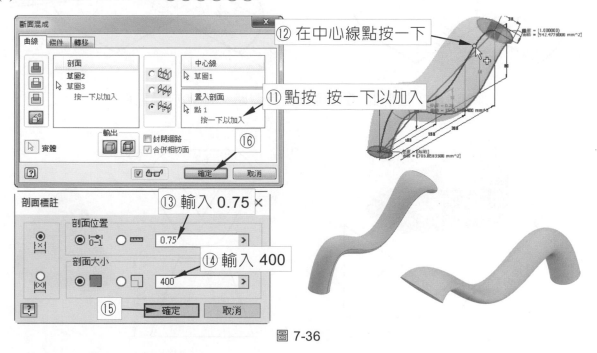

圖 7-36

(3) 取消所有工作平面的可見性。

作 業

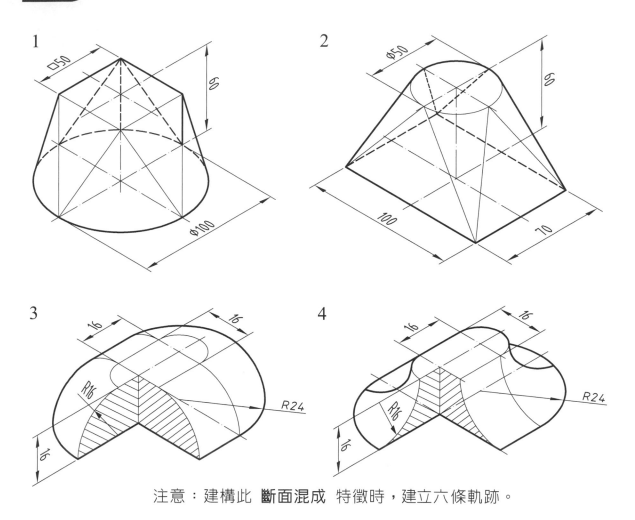

1

□50

60

ɸ100

2

ɸ50

60

100

70

3

16

16

R16

R24

16

4

16

16

R16

R24

16

注意：建構此 **斷面混成** 特徵時，建立六條軌跡。

5

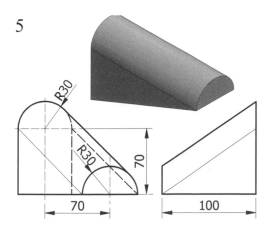

R30

R30

70

70

100

6

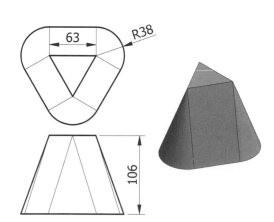

63

R38

106

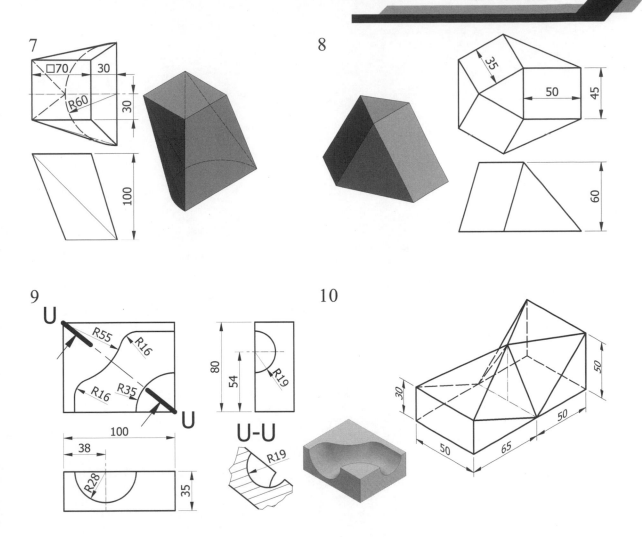

7

□70

30

R60

30

100

8

35

50

45

60

9

U

R55

R16

R16

R35

U

100

38

R28

35

80

54

R19

U-U

R19

10

30

50

50

65

50

掃掠與螺旋

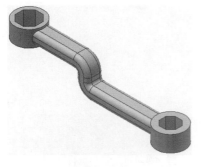

本章大綱

8-1 掃掠

掃掠 可以使草圖輪廓沿不規則的路徑移動而建構特徵。路徑可以是開放曲線或封閉的迴路，路徑所在的平面必須和輪廓相交。掃掠也可以建構曲面，曲面可作為其他特徵的終止面和分割零件的分割工具。

指令位置

🔲 **3D 模型 → 掃掠**

選項說明

　　本性質面板最初浮動於圖形區域上方，拖曳面板邊線可重新調整大小，亦可移動至與模型瀏覽器結合，面板上的 ▼ 圖示，可展開/收闔區段顯示。

　　建議由上而下進行設定，因在區段中所做的選取將會決定下一區段中的顯示選項。

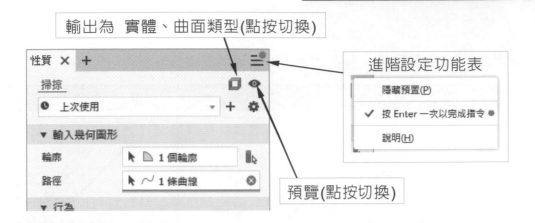

輸入幾何圖形

🔷 輪廓：

選取沿著指定路徑掃掠的輪廓，若要選取多個輪廓，可按住 Ctrl 鍵繼續選取。掃掠的輪廓不能相交且必須是封閉的迴路，若欲輸出為曲面則輪廓可以不封閉。

🔷 路徑：

指定掃掠造形所沿的路徑。

🔷 行為

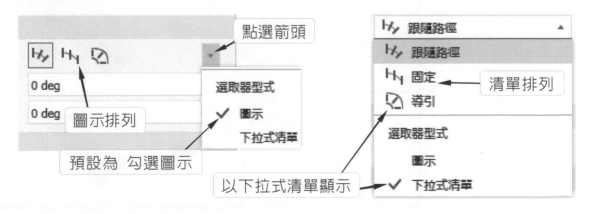

方位：

系統提供 [H⁄] 跟隨路徑、[H⅂] 固定、[▨] 導引三種方位。

方位	運算結果
[H⁄] 跟隨路徑 掃掠的輪廓沿著路徑變化，輪廓保持與路徑垂直。 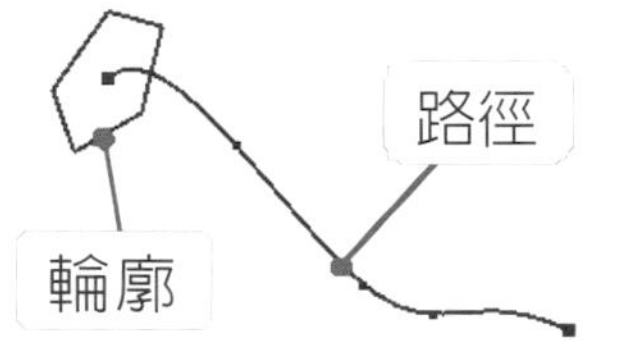 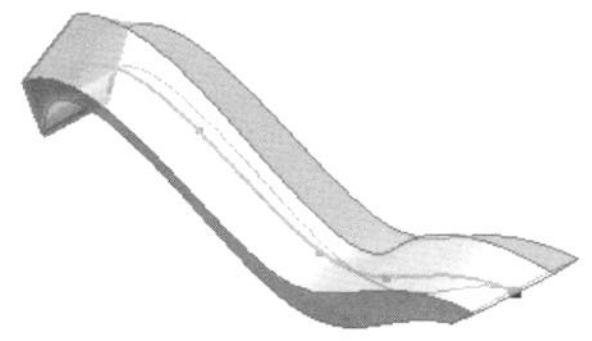	 輪廓　路徑
[H⅂] 固定 掃掠的輪廓與原始輪廓平行。	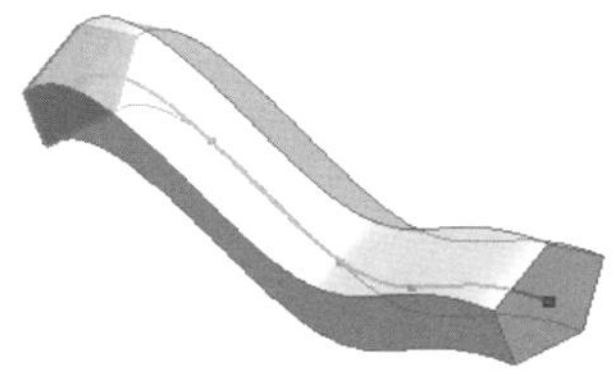

推拔：

輸入掃掠推拔角度。當方位為**路徑**時才能使用。

正的推拔角 推拔 5	
負的推拔角 推拔 -5	

⬡ **路徑與導引軌跡：**

　　除了路徑外，再建立一條軌跡來導引掃掠的輪廓。導引軌跡可以控制掃掠輪廓的比例調整與扭轉。路徑和軌跡必須穿透輪廓平面，兩者可同在一張草圖中。

　　請直接開啟 ch8\導引軌跡掃掠.ipt 檔案，進行操作練習。

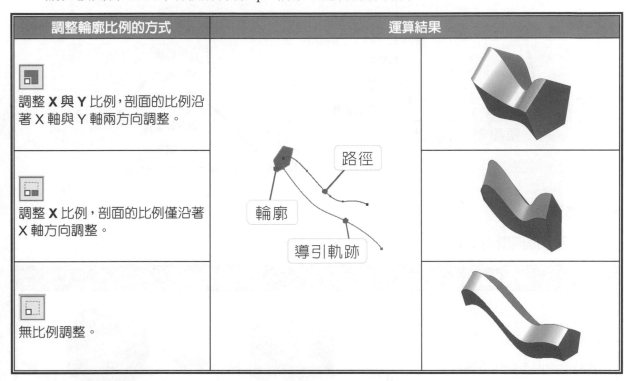

調整輪廓比例的方式	運算結果
🔲 調整 **X** 與 **Y** 比例，剖面的比例沿著 X 軸與 Y 軸兩方向調整。	
🔲 調整 **X** 比例，剖面的比例僅沿著 X 軸方向調整。	
🔲 無比例調整。	

⬡ **路徑與導引曲面：**

　　選取控制路徑之扭轉的表面來修改掃掠特徵。

　　請直接開啟 ch8\導引曲面掃掠.ipt 檔案，進行操作練習。

	運算結果	
	僅 路徑	路徑與導引曲面 (掃掠特徵隨著導引曲面變化)

🔊 輸出

　　以布林運算執行特徵接合、切割、相交或新實體。第一次掃掠為 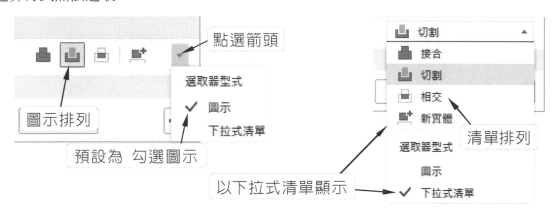 新實體，其它三種運算方式無法選取。

點選箭頭

選取器型式
✓ 圖示
　　下拉式清單

圖示排列

預設為 勾選圖示

以下拉式清單顯示

切割
接合
切割
相交
新實體
清單排列

選取器型式
圖示
✓ 下拉式清單

🔊 布林運算：

　　指定掃掠與既有的特徵接合、切割、相交或新實體。

運算方式	運算結果
接合 掃掠特徵與既有的特徵接合。	
切割 以掃掠特徵切割原有的特徵。	
相交 以掃掠特徵與既有特徵共有的部分作為新特徵，其餘部分皆刪除。	

運算方式	運算結果
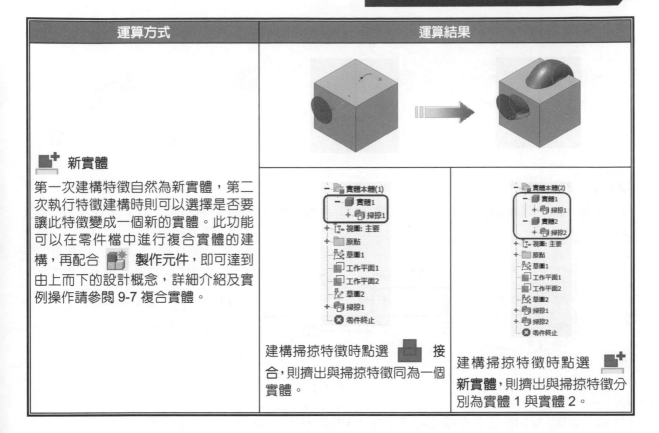	
![新實體圖示] 新實體 第一次建構特徵自然為新實體,第二次執行特徵建構時則可以選擇是否要讓此特徵變成一個新的實體。此功能可以在零件檔中進行複合實體的建構,再配合 ![製作元件圖示] 製作元件,即可達到由上而下的設計概念,詳細介紹及實例操作請參閱 9-7 複合實體。	建構掃掠特徵時點選 ![接合圖示] 接合,則擠出與掃掠特徵同為一個實體。 建構掃掠特徵時點選 ![新實體圖示] 新實體,則擠出與掃掠特徵分別為實體 1 與實體 2。

→ **應用實例一**

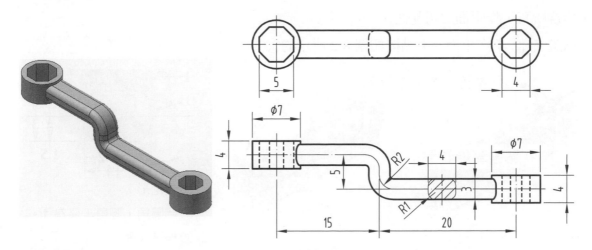

注意

請先將單位變更為公釐(參考 1-4-4-2 應用程式選項的設定中的**檔案頁籤**)

特徵建構流程

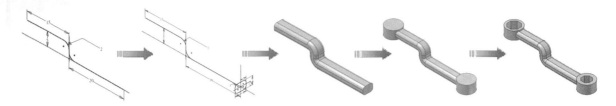

STEP 1 繪製路徑

(1) 點選 ⊡ 開始繪製 2D 草圖 → 按 F6 鍵(主視圖) → 點選圖 8-1 所示 XY 工作平面 ▢ ①。

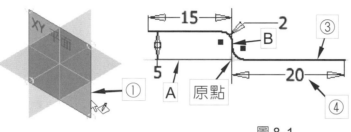

② 投影兩軸線 A、B
　(點選 ▱ 投影幾何圖形)。
③ 畫直線及圓角。
④ 標註尺度。

圖 8-1

(2) 繪製如圖 8-1 所示之直線及圓角②③並標註尺度④ → ✔ 完成草圖。

STEP 2 繪製輪廓草圖

(1) 開啓所有工作平面之可見性。

(2) 點選 ▢ 工作平面 → 點按如圖 8-2 所示的①②。

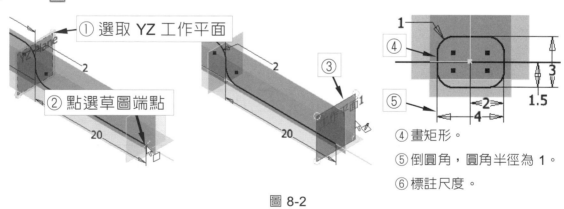

① 選取 YZ 工作平面

② 點選草圖端點

④ 畫矩形。
⑤ 倒圓角,圓角半徑為 1。
⑥ 標註尺度。

圖 8-2

(3) 點選 ⊡ 開始繪製 2D 草圖 → 點選圖 8-2 所示 工作平面 1 ▢ ③。

(4) 繪製如圖 8-2 所示之圖形④⑤並標註尺度⑥ → ✔ 完成草圖。

STEP 3　建構掃掠特徵

(1) 點選 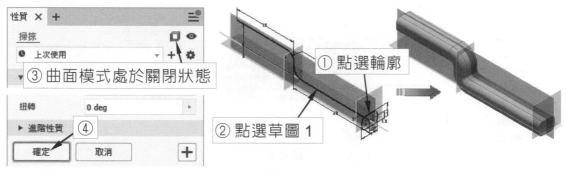 → 點選如圖 8-3 所示之①②③④。

① 點選輪廓
② 點選草圖 1

③ 曲面模式處於關閉狀態

圖 8-3

STEP 4　建構擠出特徵 1

(1) 點選 開始繪製 2D 草圖 → 點選圖 8-4 所示 XZ 工作平面 ①。

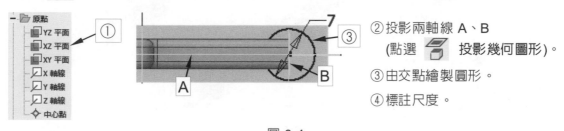

②投影兩軸線 A、B
(點選 投影幾何圖形)。
③由交點繪製圓形。
④標註尺度。

圖 8-4

(2) 繪製如圖 8-4 所示之圓形②③並標註尺度④ → 完成草圖。

(3) 點選 → 點選如圖 8-5 所示之①②③ → ④確定。

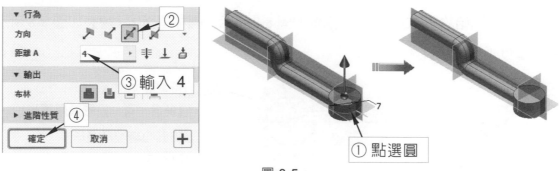

③ 輸入 4
① 點選圓

圖 8-5

STEP 5 建立旋轉特徵 1

(1) 點選 🗒️ 開始繪製 2D 草圖 → 點選圖 8-6 所示 XY 工作平面 🔲 ①。

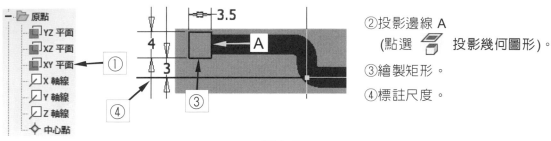

②投影邊線 A
(點選 📦 投影幾何圖形)。
③繪製矩形。
④標註尺度。

圖 8-6

(2) 按 F7 鍵 → 繪製如圖 8-6 所示之矩形②③並標註尺度④ → ✔️ 完成草圖。

(3) 點選 🍩 → 點選如圖 8-7 所示之①②。

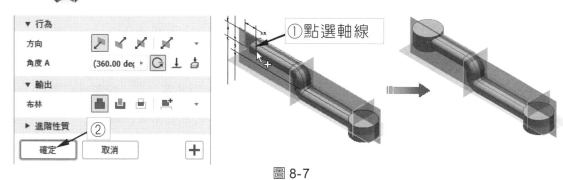

圖 8-7

(4) 取消所有工作平面的可見性。

STEP 6 建構擠出特徵 3(切割)

(1) 點選 🗒️ 開始繪製 2D 草圖 → 點選如圖 8-8 所示之圓柱頂面①，繪製如圖 8-8 所示之圓形②③並尺度標註④。

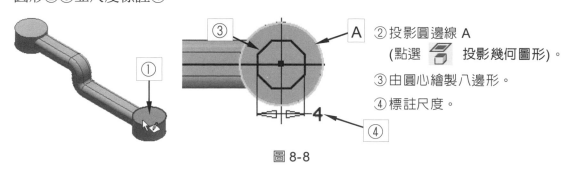

②投影圓邊線 A
(點選 📦 投影幾何圖形)。
③由圓心繪製八邊形。
④標註尺度。

圖 8-8

(2) 點選 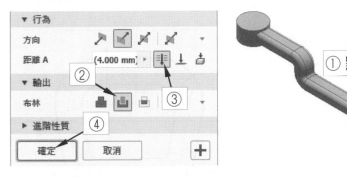 → 點選如圖 8-9 所示之①②③④。

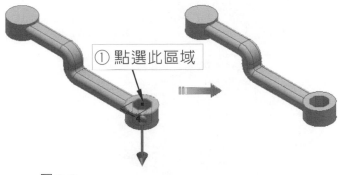

圖 8-9

STEP ⑦ 建構擠出特徵 4(切割)

(1) 點選 開始繪製 2D 草圖 → 點選如圖 8-10 所示之圓柱頂面①，繪製如圖 8-10 所示之圓形②③並尺度標註④。

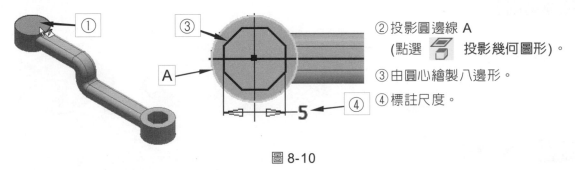

②投影圓邊線 A
　(點選 投影幾何圖形)。

③由圓心繪製八邊形。

④標註尺度。

圖 8-10

(2) 點選 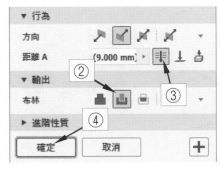 → 點選如圖 8-11 所示之①②③④。

圖 8-11

→ **應用實例二**

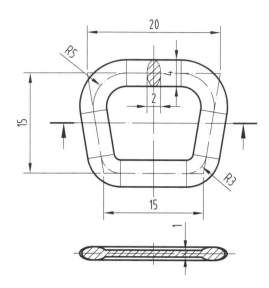

特徵建構流程

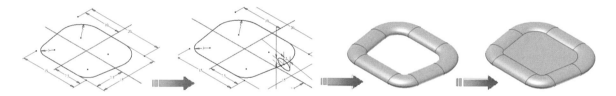

STEP ① 繪製路徑

(1) 點選 ▣ 開始繪製 2D 草圖 → 按 F6 鍵(主視圖) → 點選圖 8-12 所示 XZ 工作平面 ▣ ①。

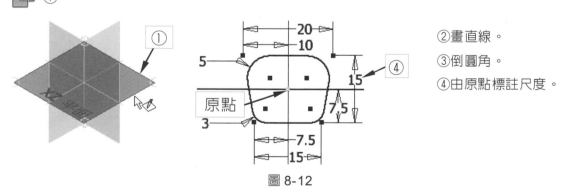

②畫直線。
③倒圓角。
④由原點標註尺度。

圖 8-12

(2) 繪製如圖 8-12 所示之直線及圓角②③並標註尺度④ → ✔ 完成草圖。

STEP 2　建立工作平面 1

(1) 點選 🔲 工作平面 → 點按如圖 8-13 所示的①②。

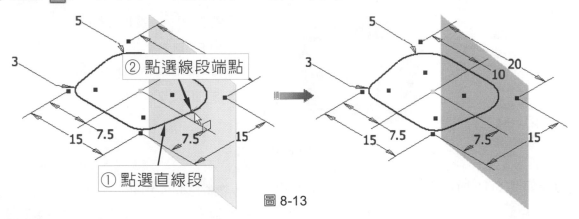

圖 8-13

STEP 3　繪製輪廓

(1) 點選 ✏️ 開始繪製 2D 草圖 → 點選圖 8-14 所示工作平面 1① → 按 F6 鍵(主視圖) →
點選 📦 投影幾何圖形 → 點選線段②。

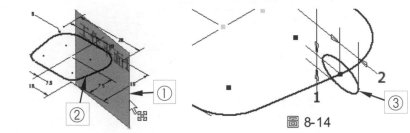

③以投影點為圓心畫橢圓。

④使橢圓水平放置。

⑤標註尺度。

圖 8-14

(2) 繪製如圖 8-14 所示之橢圓形③並標註尺度④⑤ → ✔️ 完成草圖。

(3) 取消工作平面 1 的可見性。

STEP 4　建構掃掠特徵

(1) 點選 📦 → 點選如圖 8-15 所示之①②③ → ④確定。

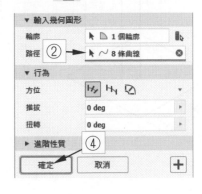

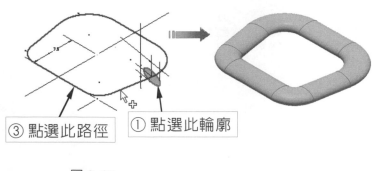

③ 點選此路徑　　① 點選此輪廓

圖 8-15

STEP 5 　建構擠出特徵

(1) 點選 🔲➕ 開始繪製 2D 草圖 → 點選圖 8-16 所示 XZ 工作平面 🔳 ①。

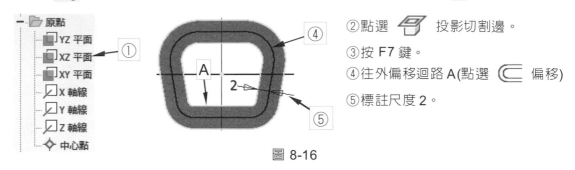

②點選 🔲 投影切割邊。

③按 F7 鍵。

④往外偏移迴路 A(點選 ⊂ 偏移)

⑤標註尺度 2。

圖 8-16

(2) 繪製如圖 8-16 所示之圖形②③④並標註尺度⑤ → ✔ 完成草圖。

(3) 點選 📦 → 點選如圖 8-17 所示之①②③④ → ⑤確定。

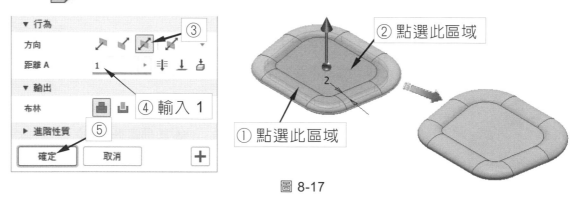

圖 8-17

→ **應用實例三**

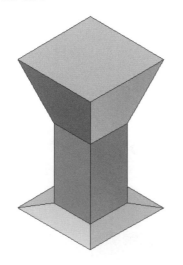

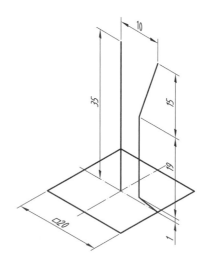

特徵建構流程

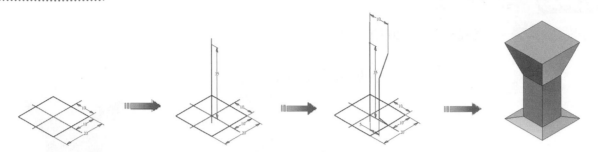

STEP 1　繪製剖面 1

(1) 點選 📝 開始繪製 2D 草圖 → 按 F6 鍵(主視圖) → 點選圖 8-18 所示 XZ 工作平面 🔲 ①。

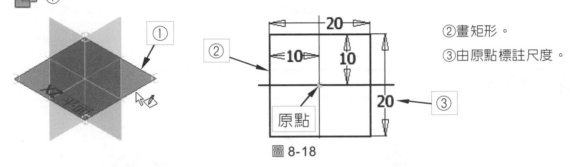

②畫矩形。

③由原點標註尺度。

圖 8-18

(2) 繪製如圖 8-18 所示之矩形②並標註尺度③ → ✔ 完成草圖。

STEP 2　繪製路徑與引導軌跡

(1) 點選 📝 開始繪製 2D 草圖 → 按 F6 鍵(主視圖) → 點選圖 8-19 所示 XY 工作平面 🔲 ① → 點選 📦 投影幾何圖形 → 按 F6 鍵 → 選圖 8-19 所示邊線② → 按 F5 鍵 返回上一視角(繪圖畫面)。

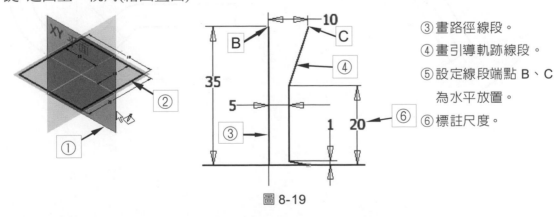

③畫路徑線段。

④畫引導軌跡線段。

⑤設定線段端點 B、C 為水平放置。

⑥標註尺度。

圖 8-19

(2) 繪製如圖 8-19 所示之圖形③④⑤並標註尺度⑥ → ✔ 完成草圖。

STEP 3 建構掃掠特徵

(1) 點選 ⬛ → 點選如圖 8-20 所示之①②③④。

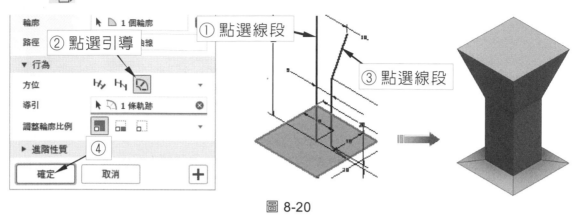

圖 8-20

精選練習範例

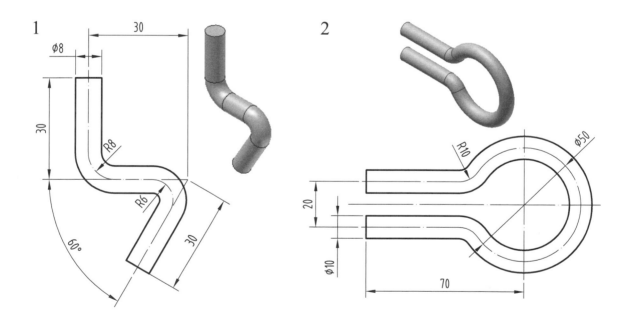

3

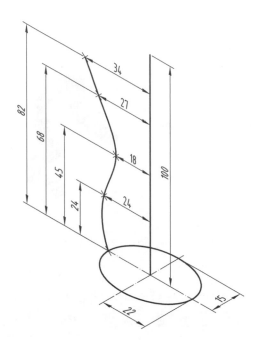

8-2　掃掠-3D 草圖

→ **應用實例一**

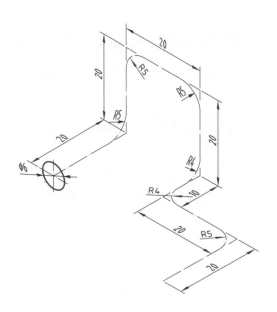

特徵建構流程

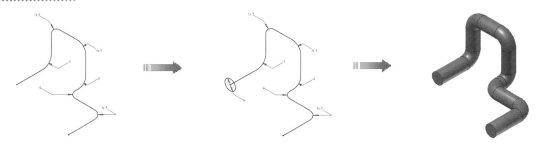

STEP ① 繪製 3D 路徑

(1) 點選圖 8-21 所示 ①②③④⑤ → 按 F6 鍵。

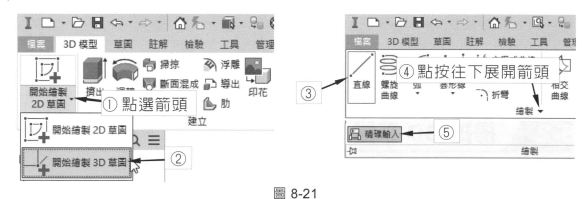

圖 8-21

(2) 於 XYZ 對話框中輸入如 圖 8-22 所示的 8 組數據(每輸入完一組數據按 Enter 鍵) → 按
滑鼠右鍵 → 確定。(按 Tab 鍵可以切換 X、Y、Z 的輸入框)

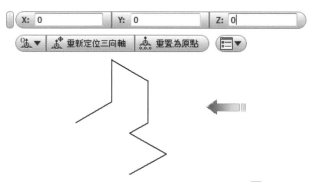

	X	Y	Z		
1	0	0	0	→	Enter
2	0	0	-20	→	Enter
3	0	20	0	→	Enter
4	20	0	0	→	Enter
5	0	-20	0	→	Enter
6	0	0	10	→	Enter
7	20	0	0	→	Enter
8	0	0	20	→	Enter

圖 8-22

(3) 點選 折彎 ⌐| → 點選圖 8-23 所示①②③④⑤⑥⑦⑧建立圖角 → ✔ 完成草圖。

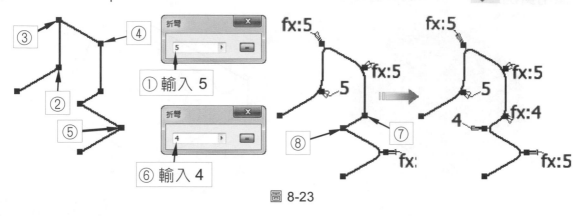

圖 8-23

STEP ② 繪製輪廓

(1) 點選 ⚡ 開始繪製 2D 草圖 → 按 F6 鍵(主視圖) → 點選圖 8-24 所示 XZ 工作平面 ▢ ① → 按 F6 鍵。

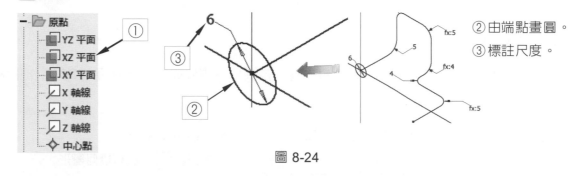

圖 8-24

(2) 繪製如圖 8-24 所示之圓②並標註尺度③ → ✔ 完成草圖。

STEP ③ 建構掃掠特徵

(1) 點選 ▢ 掃掠 → 點選如圖 8-25 所示之①②③。

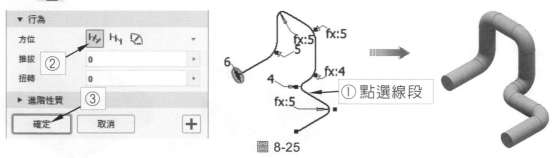

圖 8-25

→ **應用實例二**

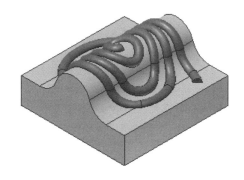
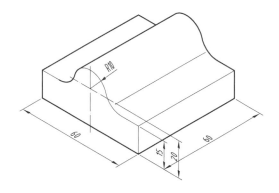

特徵建構流程

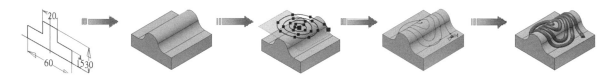

STEP ① 建立擠出特徵

(1) 點選 📐 開始繪製 2D 草圖 → 按 F6 鍵(主視圖) → 點選圖 8-26 所示 XY 工作平面 ▢ ①。

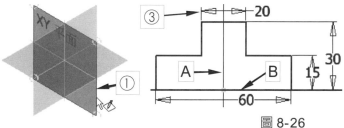

② 投影軸線 A、B
(點選 🔷 投影幾何圖形)。
③ 畫線,並以軸線 A 為對稱中心。
④ 標註尺度。

圖 8-26

(2) 繪製如圖 8-26 所示之圖形②③並標註尺度④ → ✔ 完成草圖。

(3) 點選 🔲 → 點選如圖 8-27 所示之①②③。

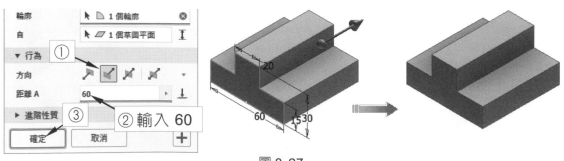

圖 8-27

STEP ② 建立圓角特徵

(1) 點選 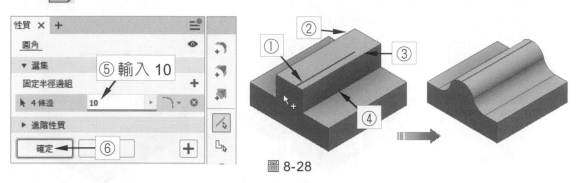 → 點選如圖 8-28 所示①②③④⑤⑥。

圖 8-28

(2) 開啟所有工作平面之可見性。

STEP ③ 建立工作平面 1

(1) 點選 工作平面 → 點按如圖 8-29 所示的 XZ 平面①往上施曳一小段距離後放開滑鼠左鍵 → ②輸入偏移距離 32 → ③ ✓ → 完成工作平面 1。

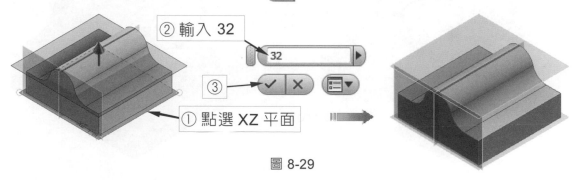

圖 8-29

STEP ④ 建立 3D 相交曲線

(1) 點選 開始繪製 2D 草圖 → 點選圖 8-30 所示工作平面 1 ①。

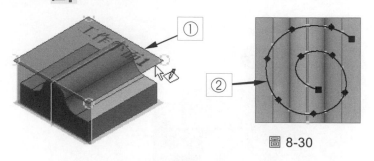

②利用 雲形線 大約繪製出如圖所示的自由曲線。

③不標註尺度。

圖 8-30

(2) 繪製如圖 8-30 所示之雲形線② → ✓ 完成草圖。

(3) 將所有工作平面的可見性取消。

(4) 點選 ⌐┼ 開始繪製 3D 草圖 → 點選 ⌒ 投影至曲面 → 依序點選如圖 8-31 所示的

曲面及曲線①②③④⑤⑥⑦⑧⑨⑩ → ✔ 完成草圖。

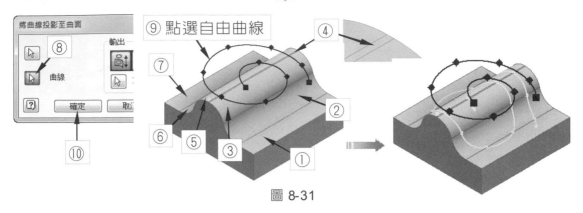

圖 8-31

STEP ⑤ 建立工作平面 2 及掃掠特徵

(1) 點選 ⬜ 工作平面 → 點按如圖 8-32 所示①② → 完成工作平面 2。

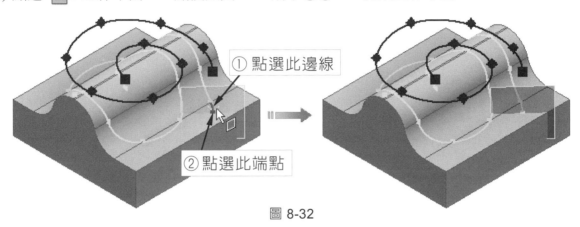

圖 8-32

(2) 點選 ⬚ 開始繪製 2D 草圖 → 點按如圖 8-33 所 工作平面 2 ⬜ ①。

(3) 按 F6 鍵(主視圖) → 點選 ⬚ 投影幾何圖形 → 點按如圖 8-33 所示端點 A。

(4) 繪製如圖 8-33 之圓形②及標註尺度③ → ✔ 完成草圖。

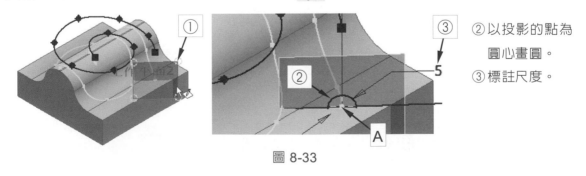

圖 8-33

(5) 取消草圖 2 及工作平面 2 的可見性。

(6) 點選 掃掠 → 點選如圖 8-34 所示之①②。

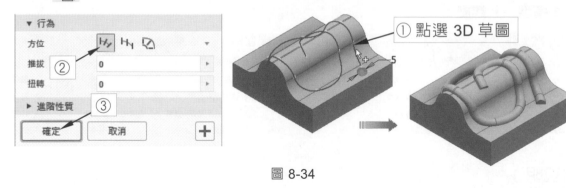

① 點選 3D 草圖

圖 8-34

精選練習範例

1

2

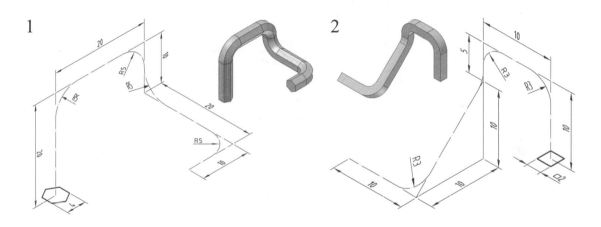

8-3　螺旋

螺旋 可以建構彈簧、螺紋等特徵。

3D 模型 → 螺旋

選項說明

新安裝時會顯示橙色圓點，圓點為【亮顯更新】徽章，徽章是協助使用者快速識別新的或更新的功能和指令，不容易看到的功能選項也會顯示徽章。

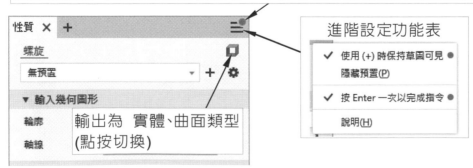

◎ 指定為實體模式或曲面模式：

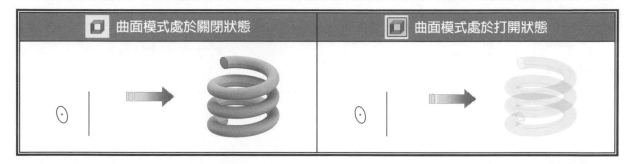

◎ 輸入幾何圖形：

選項	說明
輪廓	選取要建立螺旋彈簧或螺旋特徵的區域或輪廓。執行螺旋特徵時，草圖可為封閉或非封閉輪廓，若未封閉則會形成螺旋曲面，輪廓為單一封閉區域時，系統會自動選取。輪廓為多重封閉區域時，須使用者自行選取封閉區域。
軸線	迴轉軸線可以是草圖直線、特徵的邊線或工作軸線，但不能與輪廓相交。
⤨ 翻轉	沿著軸線反轉節距方向。

◎ 行為：

選項	說明
方法	指定欲輸入的參數。共有四種參數配對的類型：節距與迴轉、迴轉與高度、節距與高度及螺旋線。
節距	輸入螺旋線每一迴轉所增加的螺距(節距)。
迴轉	輸入螺旋的迴轉圈數。
推拔	輸入推拔角度。當方法選項中選取為「螺旋線」選項時，推拔不能使用。
旋轉	指定螺旋為 🕐 左旋或 ⓡ 右旋。

◎ 起始與封閉端轉移方式和角度：

　　指定螺旋起始端與封閉端的結束類型，若要使螺旋具有自然端點(無轉移)，則無需勾選「封閉起始端」和「封閉結束端」。

選項	自然的
自然端點 (未設定)	

選項	自然的
☑ 封閉起始端 平頭角度　90　▸ 轉移角度　90　▸	
☑ 封閉結束端 平頭角度　90　▸ 轉移角度　90　▸	

🔷 **轉移角度：**

輸入螺旋轉移所經過的角度。

選項	終止的**轉移角度**為 **0** 度	終止的**轉移角度**為 **90** 度	終止的**轉移角度**為 **180** 度
說明			

🔷 **平頭角度：**

輸入螺旋轉移之後沒有節距的延伸角度。

選項	終止的**平頭角度**為 **0** 度	終止的**平頭角度**為 **180** 度	終止的**平頭角度**為 **360** 度
說明			

☐ **輸出：**

對於單一基準特徵不會顯示輸出參數，若模型中有多個本體時，則可視需求選擇接合、切割、相交或新實體。(第一次螺旋為 ▣ **新實體**，其它三種運算方式無法選取)。

運算方式	運算結果
▣ **接合** 螺旋特徵與既有的特徵接合。	
▣ **切割** 以螺旋特徵切割原有的特徵。	
▣ **相交** 以螺旋特徵與既有特徵共有的部分作為新特徵，其餘部分皆刪除。	

→ **應用實例一**

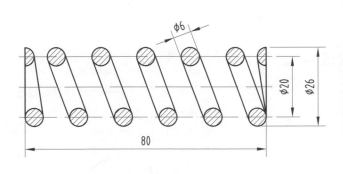

壓縮螺旋彈簧數據表	
線徑	φ6
平均直徑	φ20
外徑	φ26
內徑	φ14
總圈數	7
有效圈數	5
旋向	左旋
自由長度	80
兩端形狀	閉口端

特徵建構流程

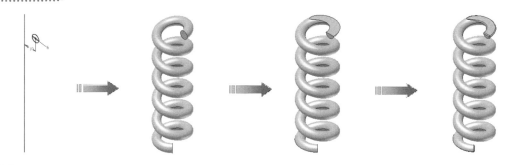

STEP ① 繪製基礎圖形

(1) 開啟所有工作平面之可見性。

(2) 點選 開始繪製 2D 草圖 → 按 F6 鍵(主視圖) → 點選圖 8-36 所示 XY 工作平面 ①。

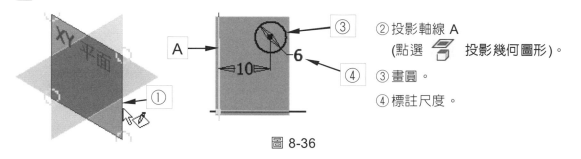

② 投影軸線 A
(點選 投影幾何圖形)。
③ 畫圓。
④ 標註尺度。

圖 8-36

(3) 繪製如圖 8-36 所示之圖形②③並標註尺度④ → 完成草圖。

STEP ② 建構螺旋特徵

(1) 點選 →點選如圖 8-37 所示之①②③④⑤⑥。

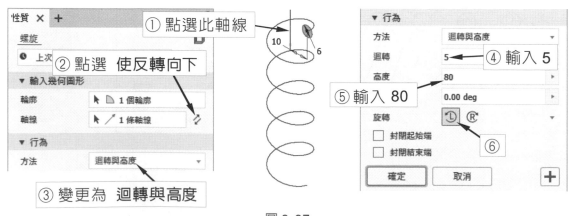

① 點選此軸線
② 點選 使反轉向下
③ 變更為 迴轉與高度
④ 輸入 5
⑤ 輸入 80
⑥

圖 8-37

(2) 繼續點選如圖 8-38 所示之⑦⑧⑨⑩⑪⑫⑬。

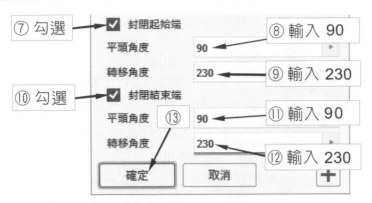

圖 8-38

STEP ③　建構擠出特徵 1(切割)

(1) 點選 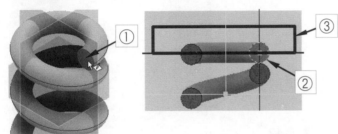 開始繪製 2D 草圖 → 點選圖 8-39 所示 圓形截面 ①。

② 投影圓邊線
(點選 🔲 投影幾何圖形)

③ 繪製矩形，矩形底部須通過圓心。

④ 不須標註尺寸，矩形圖形大於彈簧
即可。

圖 8-39

(2) 按 F7 鍵 → 繪製如圖 8-39 所示之矩形②③④ → ✔ 完成草圖。

(3) 點選 📦 → 點選如圖 8-40 所示之①②③④⑤。

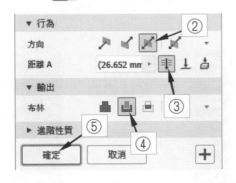
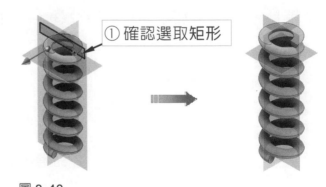

① 確認選取矩形

圖 8-40

STEP ④ 建構擠出特徵 2(切割)

(1) 點選 🗔 開始繪製 2D 草圖 → 點選圖 8-41 所示①②。

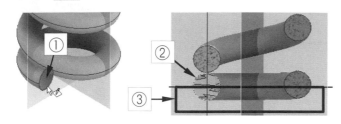

②投影圓邊線

(點選 🗇 投影幾何圖形)

③繪製矩形,矩形頂部須通過圓心。

④不須標註尺寸,矩形圖形大於彈簧即可。

圖 8-41

(2) 按 F7 鍵 → 繪製如圖 8-41 所示之矩形③④ → ✔ 完成草圖。

(3) 點選 ▮ → 點選如圖 8-42 所示之①②③④ → ⑤確定。

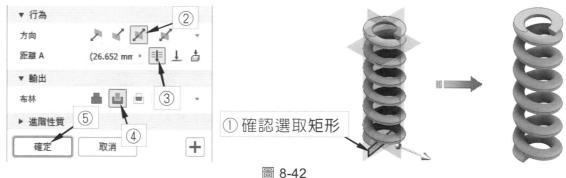

① 確認選取矩形

圖 8-42

(4) 取消所有工作平面的可見性。

STEP ⑤ 建構圓角特徵

(1) 點選 ◗ → 點選如圖 8-43 所示①②③ → ④確定。

③ 輸入圓角半徑 0.5

① 點選邊線

② 點選邊線

圖 8-43

→ 應用實例二

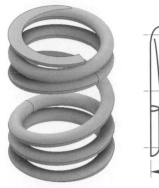

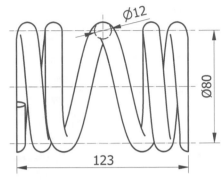

一、迴轉與高度

① 迴轉 1，高度 70。

② 起始與結束端：平頭角度 0，
　 轉移角度 90。

二、節距與迴轉

① 節距 20，迴轉 1.2。

② 起始與結束端：平頭角度 90，
　 轉移角度 45。

特徵建構流程

STEP ① 繪製基礎圖形

(1) 點選 🔲 開始繪製 2D 草圖 → 按 F6 鍵(主視圖) → 點選圖 8-44 所示 XY 工作平面
　　 🔳 ①。

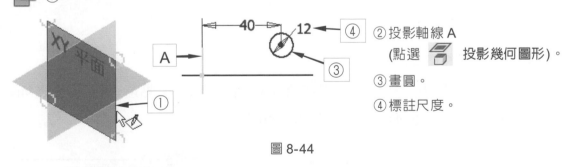

② 投影軸線 A
　 (點選 📦 投影幾何圖形)。

③ 畫圓。

④ 標註尺度。

圖 8-44

(2) 繪製如圖 8-44 所示之圖形②③並標註尺度④ → ✔️ 完成草圖。

STEP ② 建構螺旋特徵 1

(1) 點選 ![] → 點選如圖 8-45 所示之①②③④⑤⑥。

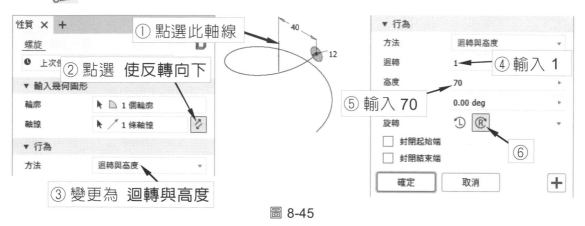

圖 8-45

(2) 繼續點選如圖 8-46 所示之⑦⑧⑨⑩⑪⑫⑬。

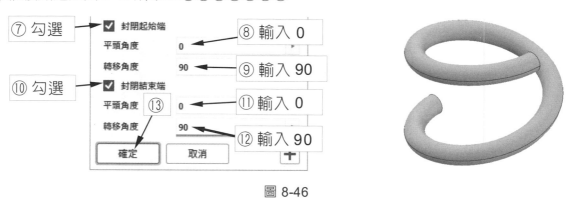

圖 8-46

(3) 將 Y 軸的可見性打開。

STEP ③ 建構螺旋特徵 2

(1) 點選 ![] 開始繪製 2D 草圖 → 點選如圖 8-47 所示①② → 點選 ![] 投影幾何圖形
→ 點選如圖 8-47 所示圓形③ → ✔ 完成草圖。

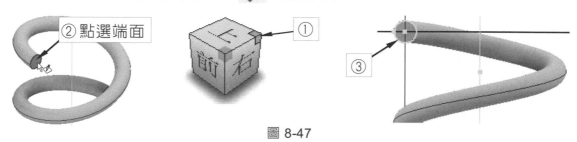

圖 8-47

(2) 點選 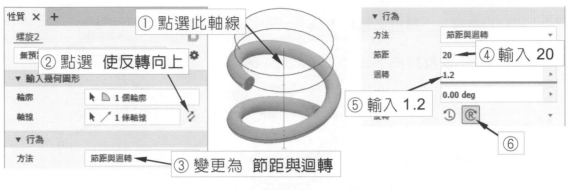 → 點選如圖 8-48 所示之①②③④⑤⑥。

圖 8-48

(3) 繼續點選如圖 8-49 所示之⑦⑧⑨⑩⑪⑫⑬ → 按 F6 鍵。

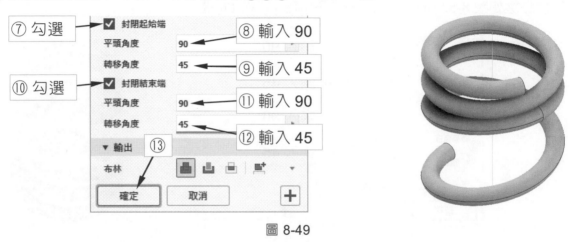

圖 8-49

STEP ④　建構螺旋特徵 3

(1) 點選 📝 開始繪製 2D 草圖 → 點選如圖 8-50所示之視角①及端面② → 點選 🗄 投影幾何圖形 → 點選如圖 8-50 所示圓形③ → ✔️ 完成草圖。

圖 8-50

(2) 點選 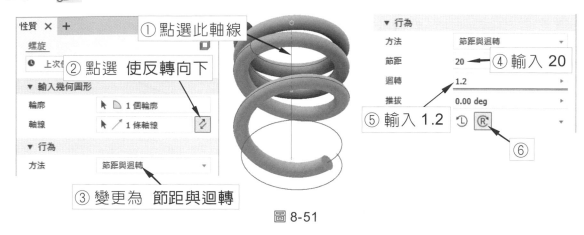 → 點選如圖 8-51 所示之①②③④⑤⑥。

① 點選此軸線

② 點選 使反轉向下

③ 變更為 節距與迴轉

性質
螺旋
● 上次位
▼ 輸入幾何圖形
輪廓　　　1 個輪廓
軸線　　　1 條軸線

▼ 行為
方法　　　節距與迴轉

▼ 行為
方法　　　節距與迴轉
節距　　　20　　　④ 輸入 20
迴轉　　　1.2
推拔　　　0.00 deg
⑤ 輸入 1.2
⑥

圖 8-51

(3) 繼續點選如圖 8-52 所示之⑦⑧⑨⑩⑪⑫⑬ → 按 F6 鍵。

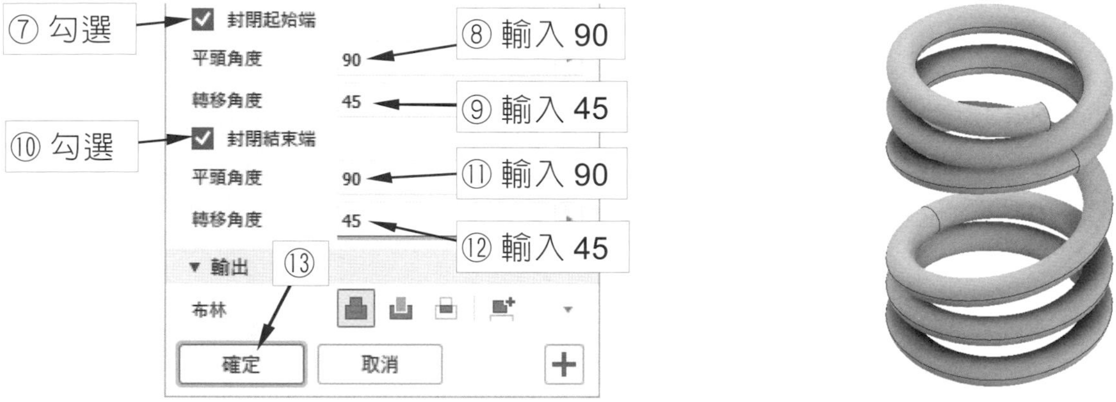

⑦ 勾選　　☑ 封閉起始端
平頭角度　　90　　⑧ 輸入 90
轉移角度　　45　　⑨ 輸入 45
⑩ 勾選　　☑ 封閉結束端
平頭角度　　90　　⑪ 輸入 90
轉移角度　　45　　⑫ 輸入 45
▼ 輸出　　⑬
布林
確定　　取消　　＋

圖 8-52

(4) 將 Y 軸的可見性關閉。

STEP ⑤ 建構擠出特徵 1 - 切割

(1) 點選 開始繪製 2D 草圖 → 點選圖 8-53 所示①及圓形端面②。

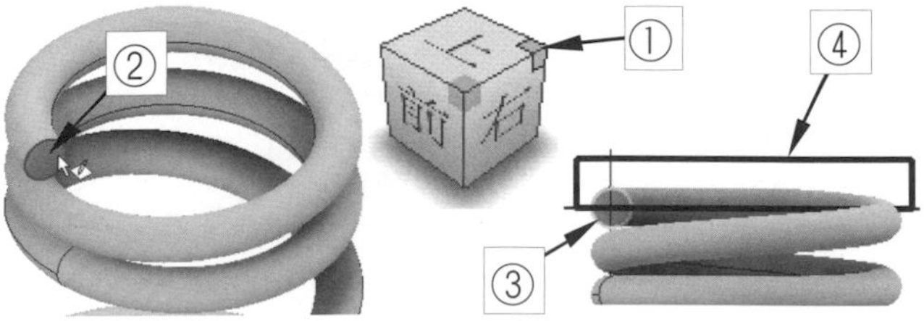

③投影圓邊線
　(點選 投影幾何圖形)
④繪製矩形,矩形底部須通過圓心。
⑤不須標註尺寸,矩形圖形大於彈簧
　即可。

圖 8-53

(2) 繪製如圖 8-53 所示之矩形③④ → ✔ 完成草圖。

(3) 點選 ⬛↑ → 點選如圖 8-54 所示之①②③④⑤ → 按 F6 鍵。

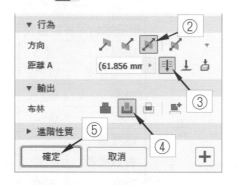 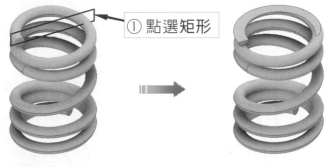

圖 8-54

STEP ⑥ 建構擠出特徵 2－切割

(1) 點選 🗔 開始繪製 2D 草圖 → 點選如圖 8-55 所示之視角①及端面②。

③投影圓邊線
(點選 ⬛ 投影幾何圖形)

④繪製矩形，矩形頂部須通過圓心。

⑤不須標註尺寸，矩形圖形大於彈簧
即可。

圖 8-55

(2) 繪製如圖 8-55 所示之矩形③④ → ✔ 完成草圖。

(3) 點選 ⬛↑ → 點選如圖 8-56 所示之①②③④⑤。

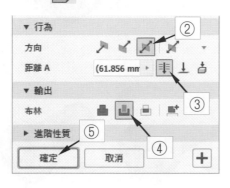 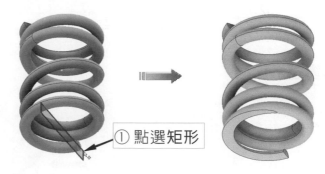

圖 8-56

精選練習範例

1

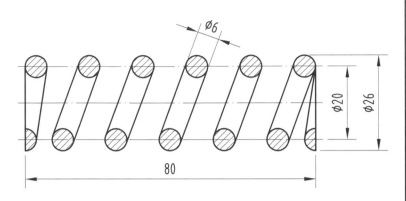

壓縮螺旋彈簧數據表	
線徑	φ6
平均直徑	φ20
外徑	φ26
內徑	φ14
總圈數	7
有效圈數	5
旋向	右旋
自由長度	80
兩端形狀	閉口端

8-4 螺栓

→ **應用實例一**

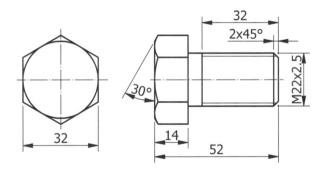

特徵建構流程

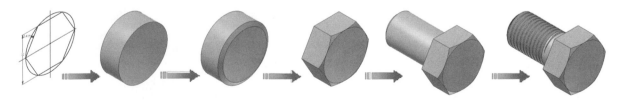

STEP 1　繪製基本圖形

(1) 點選 ▣ 開始繪製 2D 草圖 → 按 F6 鍵(主視圖) → 點選圖 8-57 所示 YZ 工作平面 ⬚ ①。

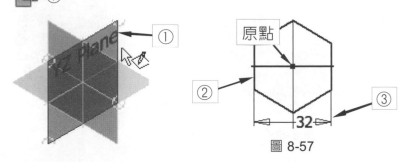

②以 ⬠ 多邊形

　　由原點繪製正六邊形。

③標註尺度。

圖 8-57

(2) 繪製如圖 8-57 所示之六邊形②並標註尺度③ → ✔ 完成草圖。

STEP 2　建立擠出特徵 1

(1) 點選 ▣ → 點選如圖 8-58 所示之①②。

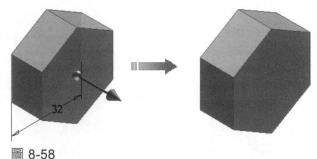

圖 8-58

STEP 3　建立迴轉特徵 1(切割)

(1) 點選 ▣ 開始繪製 2D 草圖 → 點選圖 8-59 所示 XZ 工作平面 ⬚ ①。

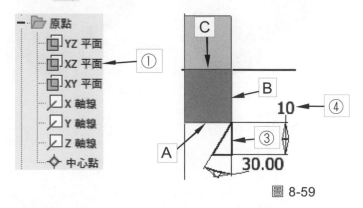

②投影兩輪廓線 A、B 及軸線 C

　　(點選 🗊 投影幾何圖形)。

③畫一三角形，三角形的左方頂點

　　通過兩輪廓線的交點。

④標註尺度。

圖 8-59

(2) 繪製如圖 8-59 所示之三角形②③並標註尺度④ → ✔ 完成草圖。

(3) 點選 → 點選如圖 8-60 所示之①②③。

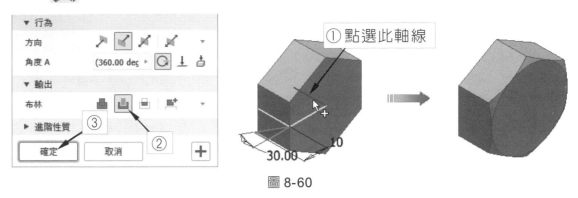

圖 8-60

STEP ④ 建立擠出特徵 2

(1) 點選 開始繪製 2D 草圖 → 點選圖 8-61 所示 YZ 工作平面 ①。

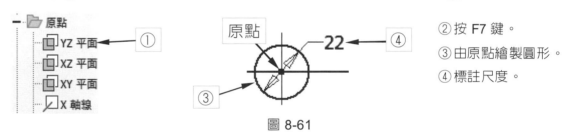

② 按 F7 鍵。

③ 由原點繪製圓形。

④ 標註尺度。

圖 8-61

(2) 繪製如圖 8-61 所示之圓形②③並標註尺度④ → ✔ 完成草圖。

(3) 點選 → 點選如圖 8-62 所示之①②③。

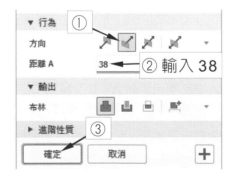
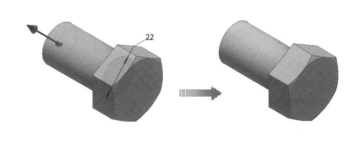

圖 8-62

STEP ⑤　建構倒角特徵

(1) 點選 ▢ → 點選如圖 8-63 所示①②③。

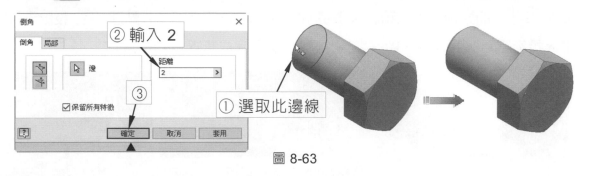

圖 8-63

STEP ⑥　建構螺紋特徵(切割)

(1) 點選 ▢ 開始繪製 2D 草圖 → 點選圖 8-64 所示 XY 工作平面 ▢ ①。

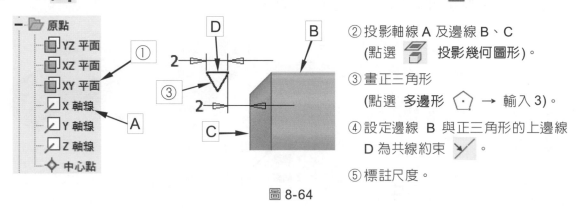

② 投影軸線 A 及邊線 B、C
(點選 ▣ 投影幾何圖形)。
③ 畫正三角形
(點選 多邊形 ⬠ → 輸入 3)。
④ 設定邊線 B 與正三角形的上邊線 D 為共線約束 ◿。
⑤ 標註尺度。

圖 8-64

(2) 繪製如圖 8-64 所示之圓形②③④並標註尺度⑤ → ✔ 完成草圖。

(3) 點選 ▦ → 點選如圖 8-65 所示之①②③④⑤⑥⑦ → ⑧確定 → 於繪圖區按滑鼠右鍵 → 主視圖。

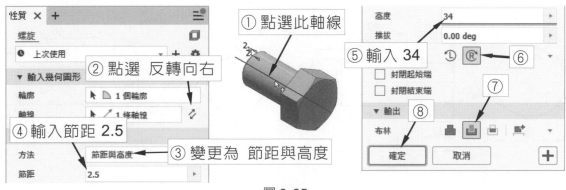

圖 8-65

STEP 7 建構退刀螺紋特徵 2(切割)

(1) 點選如圖 8-66 所示之視角①。

(2) 點選 ![2D草圖] 開始繪製 2D 草圖 → 點選圖 8-66 所示之平面② → 點選 ![投影] 投影幾何圖

形，投影圖 8-66 所示 A、B、C 三邊線 → ![勾] 完成草圖。

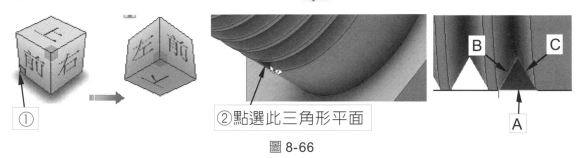

②點選此三角形平面

圖 8-66

(3) 點選 ![螺旋] → 點選如圖 8-67 所示之①②③④⑤⑥⑦⑧。

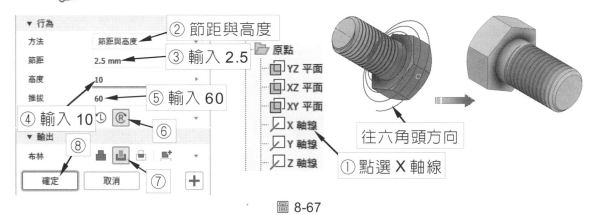

圖 8-67

精選練習範例

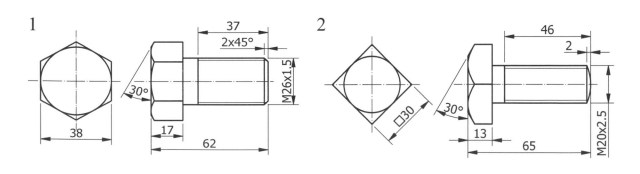

作業

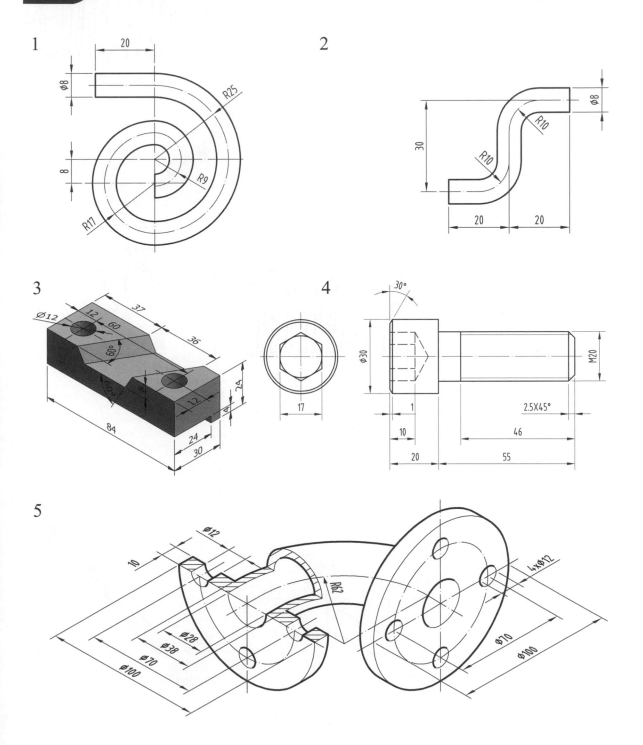

1

2

3

4

5

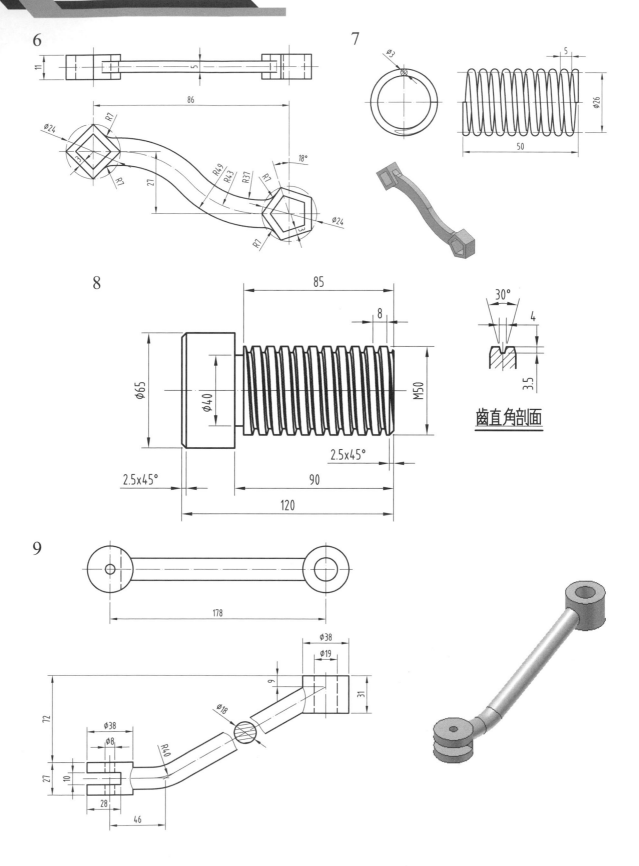

6

7

8

齒直角剖面

9

10

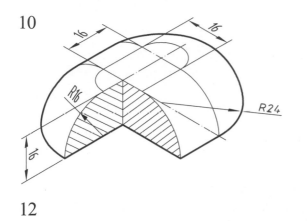

11

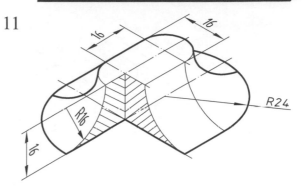

12

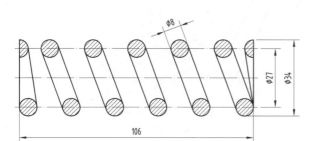

壓縮螺旋彈簧數據表	
線徑	φ8
平均直徑	φ27
外徑	φ34
內徑	φ18
總圈數	7
有效圈數	5
旋向	左旋
自由長度	106
兩端形狀	閉口端

13

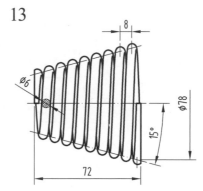

14

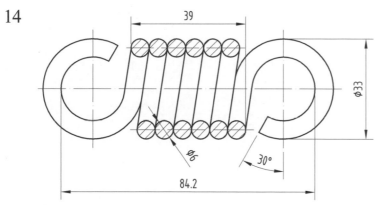

壓縮螺旋彈簧數據表	
線徑	φ6
平均直徑	φ27
外徑	φ33
總圈數	6
旋向	右旋
自由長度	84.2

15

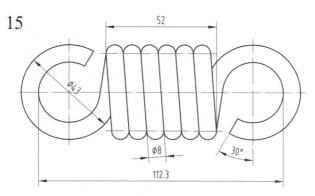

拉伸螺旋彈簧數據表	
線徑	φ8
平均直徑	φ35
外徑	φ43
總圈數	6
旋向	右旋
自由長度	112.3

16

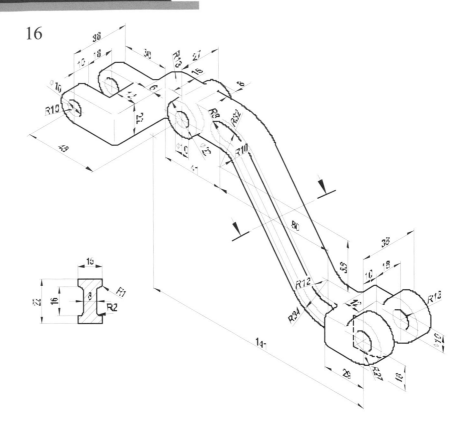

其他特徵建構

本章大綱

9-1 分割

　　分割 可以將零件分割並且移除一側。此外也可以分割一個或多個面，分割的面可以使用 **面拔模** 來拔模。工作平面、草圖的分模線及表面都可以作為分割工具。

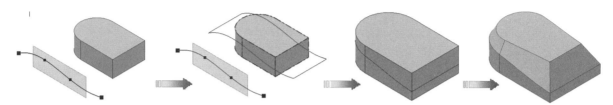

指令位置

　🗔 **3D 模型** → **分割**

選項說明

性質 ✕ ＋

分割

▼ 輸入幾何圖形

工具　　　🗕 選取工具

面　　　　🗕 ⬙ 選取面

☐ 所有面

確定　　取消　　＋

◈ 輸入幾何圖形：

選項	說明
工具	可使用工作平面、2D 草圖或曲面本體作為工具
面　　　　　▶ ✏ 選取面 ▥ □ 所有面	「實體選取處於關閉狀態」，這時可選取欲分割的面或曲面，亦可勾選「 ✔ 所有面 」，以分割所有面。
實體　　　　▶ ▢ 1... ⊗ ▥ ▼ 行為 保留側　 ▣▣ ▣▢ ▢▣ ▼	「實體選取處於打開狀態」，這時可選取欲分割的實體特徵，其行為模式即會出現保留側選項。

◈ 保留側：

選項	說明
▣▣ 分割實體並保留兩側	
▣▢ 分割實體並保留預留側	
▢▣ 分割實體並保留對側	

9-2　面拔模

選取拔模方向及輸入拔模角度來設定面拔模的規格。

指令位置

🔲 **3D 模型　→　拔模**

選項說明

🔲 **固定邊 🔲：**

　　建構一個或多個相切連續固定邊的拔模。**拔模方向：**選取作為拔模方向參考的邊線或與拔模方向垂直的面，點選 🔲 可以翻轉拔模成形的方向。

🔲 **固定平面 🔲：**

　　拔模方向垂直於所選取的固定平面。根據固定面的位置，可以增加及移除材料。**固定平面：**選取指定固定平面，點選 🔲 可以翻轉拔模成形的方向。當固定平面兩側皆要拔模時可以點選 單向 🔲、對稱 🔲、不對稱 🔲 作設定。

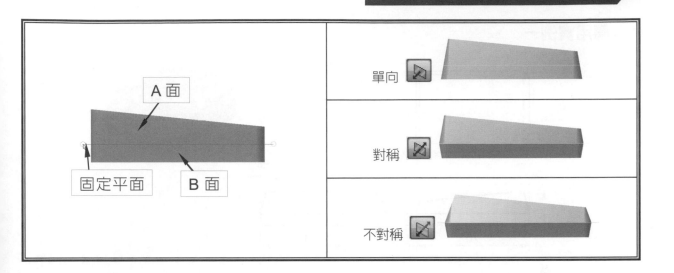

🔲 **分模線** ：

選取草圖線作為欲拔模面的分模線。

🔲 **拔模角度**：

輸入拔模的角度。

🔲 **翻轉** ：

翻轉拔模成形方向。

→ **應用實例一**

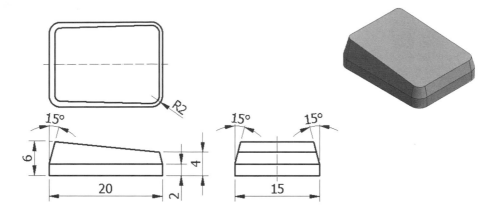

特徵建構流程

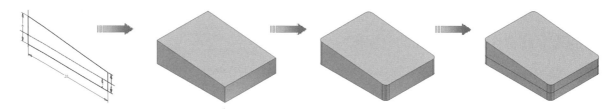

注意

請先將單位變更爲公釐(參考 1-4-4-2 應用程式選項的設定中的**檔案頁籤**)

STEP 1 建立基礎特徵

(1) 開啓所有工作平面之可見性。

(2) 點選 開始繪製 2D 草圖 → 按F6鍵(主視圖) → 點選圖 9-1 所示 XY 工作平面
①。

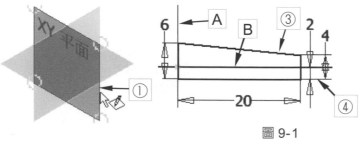

② 投影兩軸線 A、B
　(點選 投影幾何圖形)。
③ 畫直線。
④ 標註尺度。

圖 9-1

(3) 繪製如圖 9-1 所示之直線②③並標註尺度④ → 完成草圖。

(4) 點選  → 點選如圖 9-2 所示之①②③④。

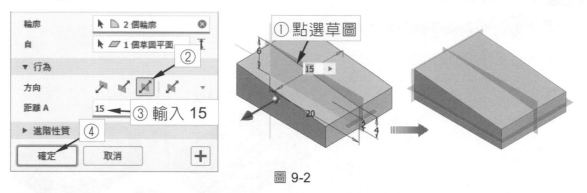

圖 9-2

STEP ② 建構圓角特徵

(1) 點選 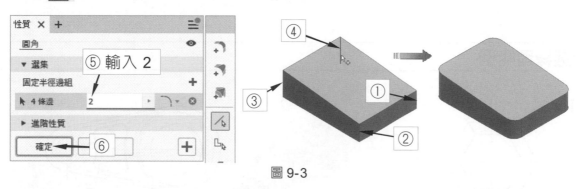 → 點選如圖 9-3 所示之①②③④⑤⑥。

圖 9-3

STEP ③ 建構分割特徵

(1) 點選 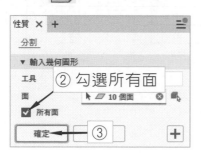 → 點選如圖 9-4 所示之①②③。

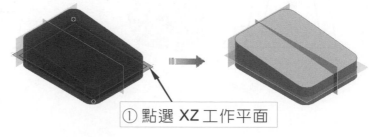

圖 9-4

STEP 4 建構拔模特徵

(1) 點選  → 點選如圖 9-5 所示之①②③④⑤。

(2) 取消所有工作平面的可見性。

面拔模
拔模角度
15

①
⑤
⑤
☑ 自動面鏈
☑ 自動混成
確定 取消 套用 >>

③ 點選 XZ 工作平面
② 輸入 15
④ 點選此面

圖 9-5

精選練習範例

1

30

30

100°

2

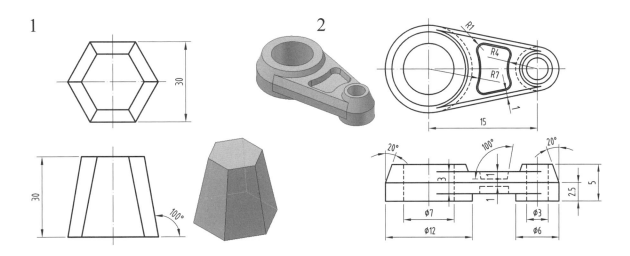

R1
R4
R7

15

20°
100°
20°

3

1

2.5

5

φ7
φ12

φ3
φ6

9-3 浮雕

浮雕 可以將輪廓成型至之模型的面上，並且可以指定凸出或凹進的浮雕特徵，輪廓可以是文字或草圖工具所繪製的圖形。

指令位置

- 3D 模型 → 浮雕

選項說明

- 輪廓：

　選取草圖中的輪廓，封閉的圖形及文字皆可選取。

- 類型：

　選取浮雕成型的類型，有 從面浮雕 、從面雕刻 及 從平面浮雕／雕刻 三種類型。

類型	運算結果
▣ 從面浮雕 將輪廓區域依據指定的深度凸出。	
▣ 從面雕刻 將輪廓區域依據指定的深度凹進。	
◥ 從平面浮雕／雕刻 從草圖平面往兩個方向或一個方向建構浮雕或雕刻。系統將依據草圖平面的位置自動判斷為浮雕(擠出)或雕刻(切割)。	

🔷 **方向**：

指定特徵的方向。

🔷 **深度**：

指定輪廓的偏移深度。

🔷 **折繞至面**：

指定輪廓是否在曲面上折繞，此選項只有在 **從面浮雕** 和 **從面雕刻** 中才可勾選。所選取的折繞面只可以是平面、圓柱或圓錐的表面。

折繞面	運算結果
沒有勾選 ☐ 折繞面	

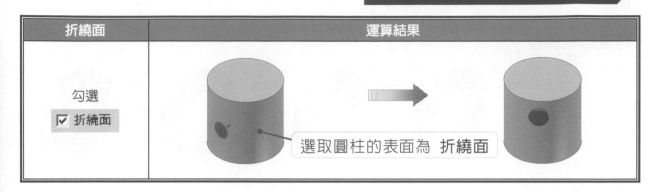

折繞面	運算結果
勾選 ☑ 折繞面	選取圓柱的表面為 折繞面

🔷 **顏色：**

　　選取浮雕頂面的顏色(不包含側邊)。

🔷 **推拔：**

　　輸入浮雕的推拔角度，此選項只有在 **從平面浮雕╱雕刻** 中才可使用。

→ 應用實例一

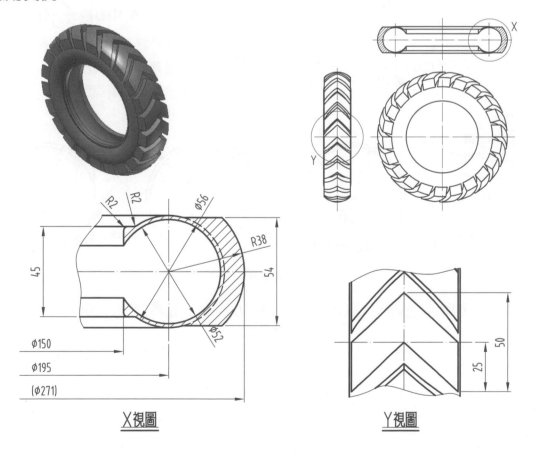

X視圖　　　　　　　　　　　　　　Y視圖

特徵建構流程

STEP 1 繪製基本圖形

(1) 點選 開始繪製 2D 草圖 → 按 F6 鍵 (主視圖) → 點選圖 9-6 所示 XZ 工作平面 ①。

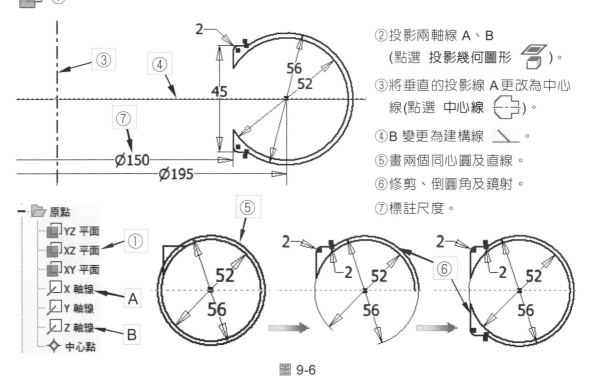

②投影兩軸線 A、B
　(點選 投影幾何圖形)。

③將垂直的投影線 A 更改為中心
　線(點選 中心線)。

④B 變更為建構線 。

⑤畫兩個同心圓及直線。

⑥修剪、倒圓角及鏡射。

⑦標註尺度。

圖 9-6

(2) 繪製如圖 9-6 所示之圖形②③④⑤⑥並標註尺度⑦ → 完成草圖。

STEP ②　建立迴轉特徵

(1) 點選 [圖示] → 點選圖 9-7 所示①。

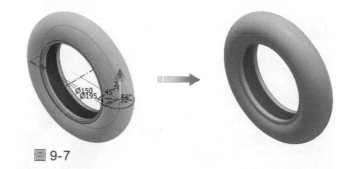

圖 9-7

STEP ③　建立工作平面 1

(1) 開啟所有工作平面之可見性。

(2) 點選 [圖示] 工作平面 → 點按如圖 9-8 所示的 YZ 平面①往右施曳一小段距離後放開滑鼠左鍵 → ②輸入偏移距離 135 → ③點按 [✓] → 完成工作平面 1。

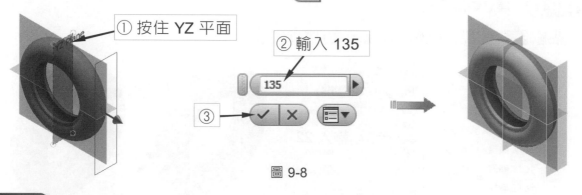

① 按住 YZ 平面

② 輸入 135

③

圖 9-8

STEP ④　繪製草圖 2

(1) 點選 [圖示] 開始繪製 2D 草圖 → 點選圖 9-9 所示 工作平面 1 [圖示] ①。

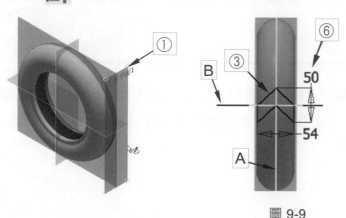

② 投影兩軸線 A、B
（點選 投影幾何圖形 [圖示] ）。

③ 繪製斜線及垂直線。

④ 加入約束條件使四條斜線相等
（點選 相等 [圖示] ）。

⑤ 將軸線 A、B 更改為建構線
（點選 建構線 [圖示] ）。

⑥ 標註尺度。

圖 9-9

(2) 繪製如圖 9-9 所示之圖形②③④⑤並標註尺度⑥ → ✔ 完成草圖。

(3) 取消所有工作平面之可見性。

STEP ⑤ 建立浮雕特徵

(1) 點選 → 點選如圖 9-10 所示之①②。

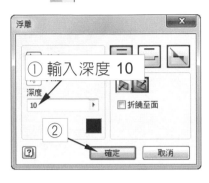
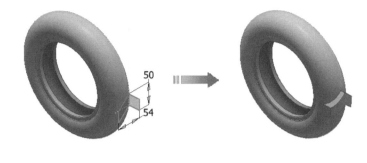

圖 9-10

STEP ⑥ 建立環形特徵

(1) 點選 → 點選如圖 9-11 所示之①②③④⑤。

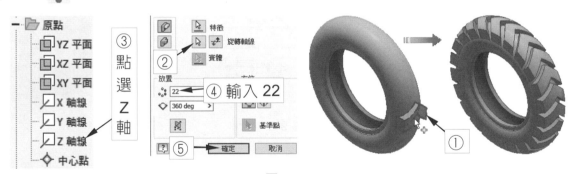

圖 9-11

9-4 印花

　　印花 可以將影像貼附到零件的表面。插入的影像大小可以調整,但不能改變其縱橫的比例。影像的定位可以經由標註與約束條件完成。在影像上點按滑鼠右鍵,點選「性質」,可以設定遮罩、翻轉或旋轉影像。

指令位置

▣ 3D 模型 → 印花

選項說明

▣ 影像：

選取欲貼附的影像，影像的格式可以為 .jpg、.bmp、.doc、.xls 等的檔案。

▣ 面：

點選要貼附印花的面。

▣ 自動鏈面：

將印花貼附到相鄰的相切面上。

鏈面	運算結果
沒有勾選 ☐ 自動面鏈	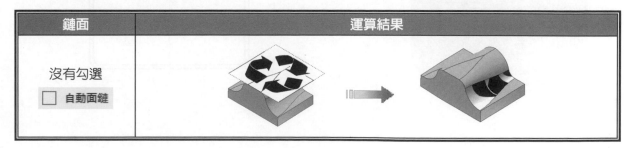

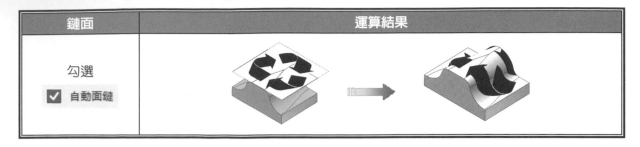

鏈面	運算結果
勾選 ☑ 自動面鏈	

📦 **折繞至面**：

勾選時，影像將隨著一個或數個曲面折繞。

折繞面	運算結果
沒有勾選 ☐ 折繞至面	
勾選 ☑ 折繞至面	

→ **應用實例一**

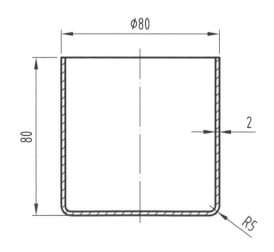

特徵建構流程

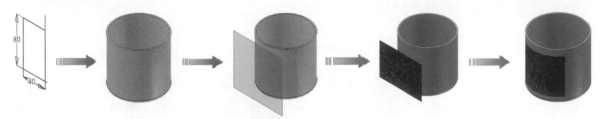

STEP 1 繪製基本圖形

(1) 開啓所有工作平面之可見性。

(2) 點選 ⬜ 開始繪製 2D 草圖 → 按 F6 鍵(主視圖) → 點選圖 9-12 所示 XY 工作平面
    🔲 ①。

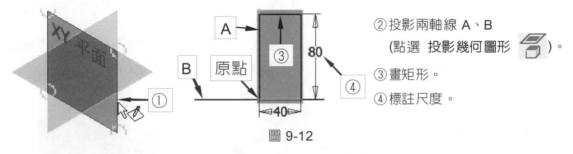

②投影兩軸線 A、B
  (點選 投影幾何圖形 🧊)。

③畫矩形。

④標註尺度。

圖 9-12

(3) 繪製如圖 9-12 所示之圖形②③並標註尺度④ → ✔️ 完成草圖。

STEP 2 建立迴轉特徵

(1) 點選 🍩 → 點選如圖 9-13 所示之①②。

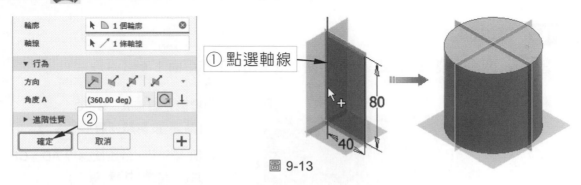

圖 9-13

STEP ③ 建立圓角與薄殼特徵

(1) 點選 [圖示] → 點選如圖 9-14 所示①②③。

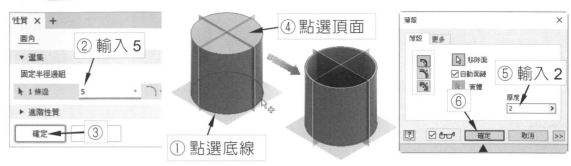

圖 9-14

(2) 點選 [圖示] → 點選如圖 9-14 所示之④⑤⑥。

STEP ④ 建立工作平面 1

(1) 點選 [圖示] 工作平面 → 點按如圖 9-15 所示的 XY 工作平面①往左拖曳一小段距離後放開滑鼠左鍵 → ②輸入偏移距離 50 → ③ [✓] → 完成工作平面 1。

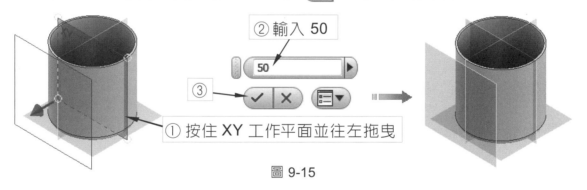

圖 9-15

STEP ⑤ 建立印花特徵

(2) 點選 [圖示] 開始繪製 2D 草圖 → 點選圖 9-16 所示 工作平面 1 [圖示] ①。

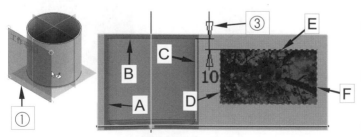

①投影三邊線 A、B、C
(點選 投影幾何圖形 [圖示])。

②加入約束，分別使邊線 AD、CF
共線(點選 共線 [圖示])。

③標註 BE 的垂直距離為 10。

圖 9-16

(2) 點選  插入影像 → 點選 ch9\櫻花.jpg 檔案 → 開啓 → 在繪圖區中點按滑鼠左鍵
以插入影像 → 加入影像的約束條件如圖 9-16 所示 → ✔ 完成草圖。

(3) 取消所有工作平面的可見性。

(4) 點選 印花 ，點選如圖 9-17 所示之①②。

① 點選外圓柱表面

圖 9-17

→ 應用實例二

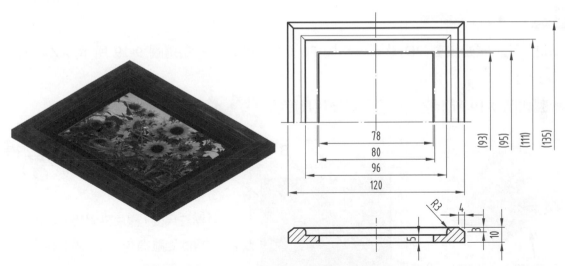

附註：相框的大小以插入影像的尺寸作調整

(特徵建構流程)

STEP ① 插入影像

(1) 點選 🔲 開始繪製 2D 草圖 → 按 F6 鍵(主視圖) → 點選圖 9-18 所示 XZ 工作平面 ⬜ ①。

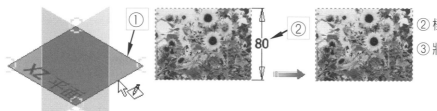

② 標註影像高度為 80。

③ 將 80 的尺度刪除。

圖 9-18

(2) 點選 🖼 插入影像 → 點選 ch9\p3.jpg 檔案 → 開啟 → 在繪圖區中點按滑鼠左鍵以插入影像 → 標註影像高度尺度為 80 → 將 80 尺度刪除 → ✔ 完成草圖。

STEP ② 建立擠出特徵

(1) 點選 🔲 開始繪製 2D 草圖 → 按 F6 鍵(主視圖) → 點選圖 9-19 所示 XZ 工作平面 ⬜ ①。

(2) 繪製如圖 9-19 所示之矩形②③並標註尺度④ → ✔ 完成草圖。

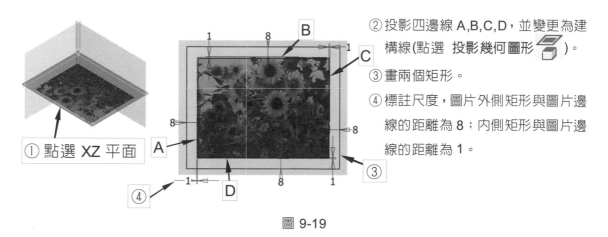

② 投影四邊線 A,B,C,D,並變更為建構線(點選 投影幾何圖形 🔳)。

③ 畫兩個矩形。

④ 標註尺度,圖片外側矩形與圖片邊線的距離為 8;內側矩形與圖片邊線的距離為 1。

① 點選 XZ 平面

圖 9-19

(3) 點選 🔲 → 點選如圖 9-20 所示之①② → ③確定。

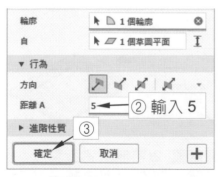
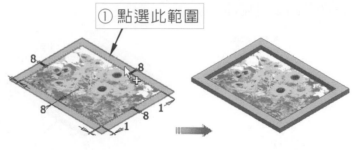

圖 9-20

STEP 3 建立掃掠特徵

(1) 點選 🔲 開始繪製 2D 草圖 → 點選圖 9-21 所示特徵右側平面 ①。

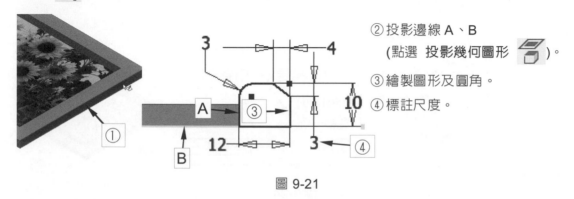

②投影邊線 A、B
(點選 投影幾何圖形 🔲)。
③繪製圖形及圓角。
④標註尺度。

圖 9-21

(2) 繪製如圖 9-21 所示之圖形②③並標註尺度④ → ✔ 完成草圖。

(3) 點按圖 9-22 所示①②③以便將草圖 2 可見性打開。

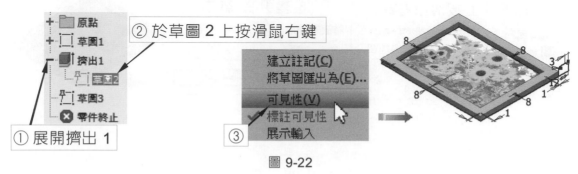

圖 9-22

(4) 點選 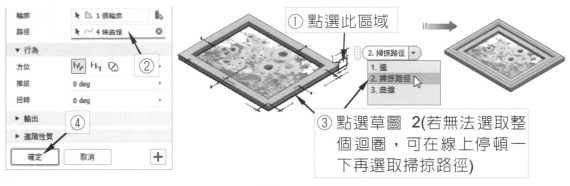 → 點選如圖 9-23 所示之①②③④。

(5) 關閉草圖 2 可見性。

① 點選此區域

③ 點選草圖 2(若無法選取整個迴圈,可在線上停頓一下再選取掃掠路徑)

1. 邊
2. 掃掠路徑
3. 曲線

圖 9-23

STEP 4 變更特徵材質

(1) 點按如圖 9-24 所示①②③④。

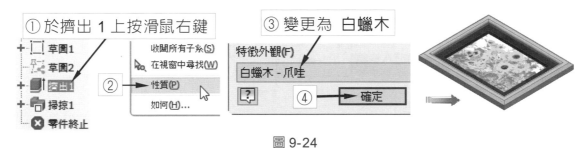

① 於擠出 1 上按滑鼠右鍵

③ 變更為 白蠟木

特徵外觀(F)
白蠟木 - 爪哇

圖 9-24

(2) 點按如圖 9-25 所示①②③④。

① 於掃掠 1 上按滑鼠右鍵

③ 變更為 軟木

特徵外觀(F)
軟木 - 粗面

圖 9-25

9-5　插入 AutoCAD 檔案

→ 應用實例一

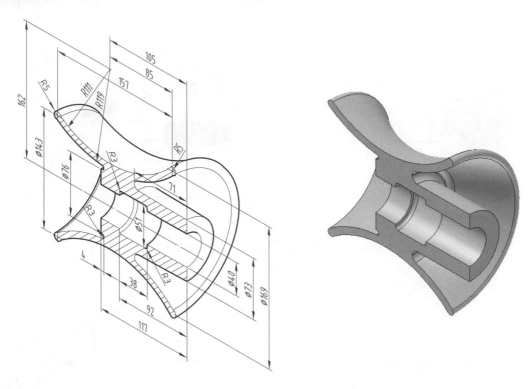

特徵建構流程

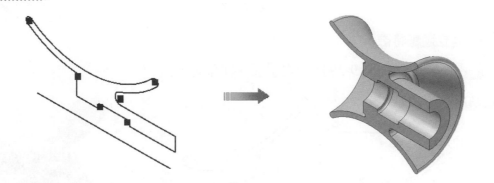

STEP 1 插入 AutoCAD 圖檔

(1) 點選 🗇 開始繪製 2D 草圖 → 按 F6 鍵(主視圖) → 點選圖 9-26 所示 XY 工作平面 🗒 ①。

(2) 點選 🗒 插入 AutoCAD 檔案 → 點選 Ch9\autocad.dwg 檔案②，如圖 9-26 所示 → 點選如圖 9-26 所示③。

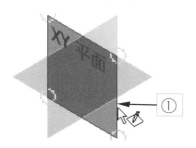
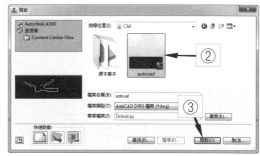

圖 9-26

(3) 繼續點選如圖 9-27 所示①②③ → 完成草圖 → 按 F6 鍵。

圖 9-27

STEP 2 建立迴轉特徵

(1) 點選 🗒 → 點選如圖 9-28 所示之①②③④確定。

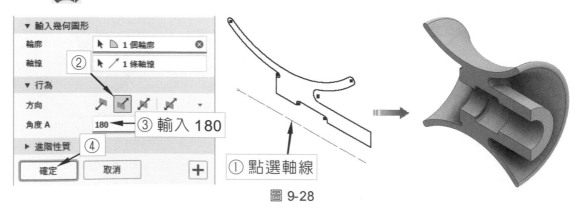

圖 9-28

9-6　折彎零件

折彎零件 可將零件中的某一部分折彎。折彎的位置必需使用 2D 草圖中的線定位。在對話框中可以指定要折彎的面、折彎方向以及角度、半徑、弧長。

指令位置

◈ **3D 模型 → 折彎零件**

選項說明

◈ **折彎線：**

指定零件欲折彎的位置。折彎線必須利用 2D 草圖中的線繪出。

◈ **折彎的設定方式：**

指定折彎的設定方式為 半徑＋角度、半徑＋弧長或弧長＋角度。

◈ 行為：

側	運算結果
🔧 折彎 A 側	
🔧 折彎 B 側	
🔧 折彎兩側	

方向	運算結果
🔧 翻轉 (預設朝上)	

方法	說明
方法　半徑與角度 半徑　2 角度　45	指定半徑與角度建立特徵
方法　半徑與弧長 半徑　1 弧長　3	指定半徑與弧長建立特徵
方法　弧長與角度 弧長　3 角度　90	指定弧長與角度建立特徵

→ **應用實例一**

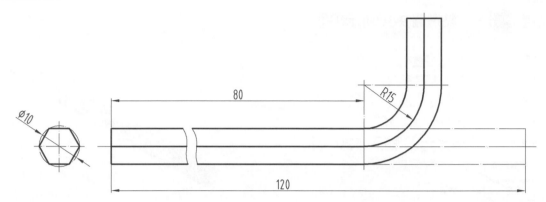

特徵建構流程

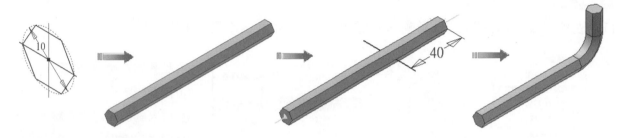

STEP 1　繪製基本圖形

(1) 點選 開始繪製 2D 草圖 → 按 F6 鍵 (主視圖) → 點選圖 9-29 所示 XY 工作平面 ①。

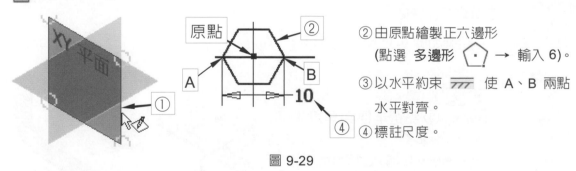

②由原點繪製正六邊形
(點選 多邊形 → 輸入 6)。

③以水平約束 使 A、B 兩點
水平對齊。

④標註尺度。

圖 9-29

(2) 繪製如圖 9-29 所示之六邊形②③並標註尺度④ → 完成草圖。

STEP ② 建立擠出特徵 1

(1) 點選 → 點選圖 9-30 所示①②。

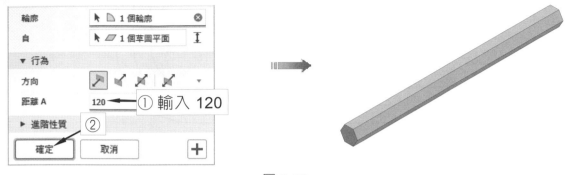

圖 9-30

STEP ③ 繪製折彎線

(1) 點選 開始繪製 2D 草圖 → 點選圖 9-31 所示 XZ 工作平面 ①。

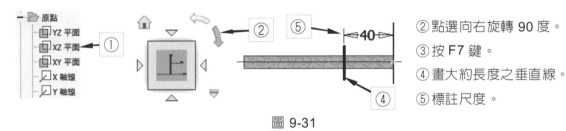

②點選向右旋轉 90 度。

③按 F7 鍵。

④畫大約長度之垂直線。

⑤標註尺度。

圖 9-31

(2) 繪製如圖 9-31 所示之垂直線②③④並標註尺度⑤ → 完成草圖。

STEP ④ 建立折彎零件特徵

(1) 點選 → 點選如圖 9-32 所示①②③④⑤⑥。

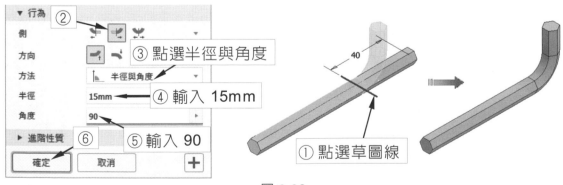

圖 9-32

9-7　複合實體

　　複合實體　在零件檔中特徵建構的指令對話框中，如擠出、迴轉、斷面混成、掃掠等。透過點選對話框中的 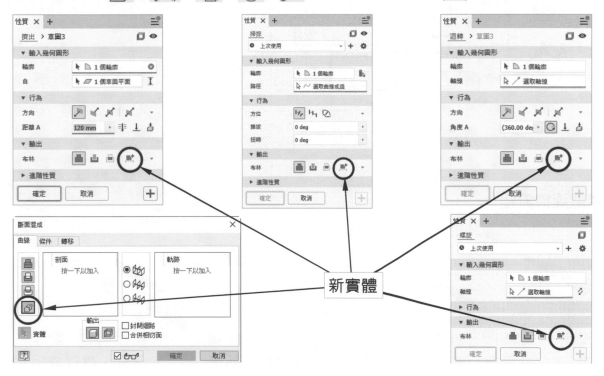 **新實體** 的選項，可以讓第二次之後所建構的特徵成為一個獨立的實體，有了這個功能，設計者就可以在零件檔中參考其它特徵的草圖，把一個模組全部設計完成，再執行 **製作元件**，即可將各個實體轉存成一個個的零件檔，達到由上而下的設計概念。

指令位置

◉ **3D 模型 →** 　、　、　、　、　 等指令對話框中的 　 **新實體**。

→ **應用實例一**

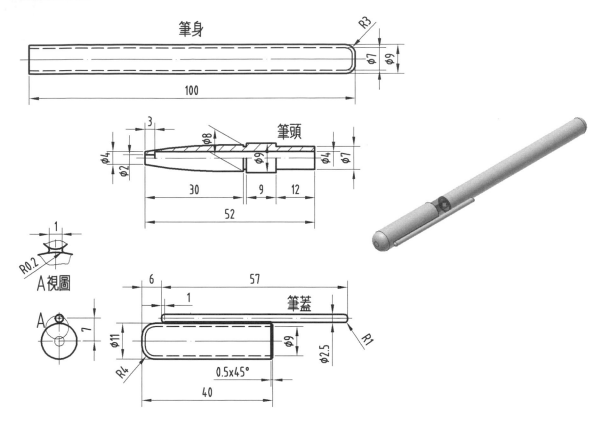

特徵建構流程

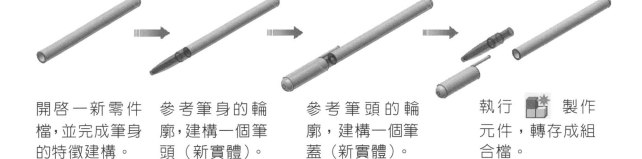

開啓一新零件
檔,並完成筆身
的特徵建構。

參考筆身的輪
廓,建構一個筆
頭(新實體)。

參考筆頭的輪
廓,建構一個筆
蓋(新實體)。

執行 製作
元件,轉存成組
合檔。

STEP ①　繪製基本圖形

(1) 點選 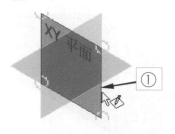 開始繪製 2D 草圖 → 按 F6 鍵 (主視圖) → 點選圖 9-33 所示 XY 工作平面
① 。

②由原點繪製圓形。

③標註尺度。

圖 9-33

(2) 繪製如圖 9-34 所示之圓形②並標註尺度③ → ✔ 完成草圖。

STEP ②　建立擠出與圓角特徵

(1) 點選 ⬛ → 點按如圖 9-34 所示①②。

(1) 點選 ◗ → 點選如圖 9-34 所示③④⑤。

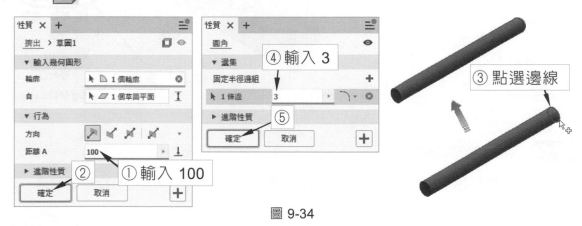

圖 9-34

STEP ③　建立薄殼特徵

(1) 點選 ⬛ → 點選如圖 9-35 所示①② → ③確定。

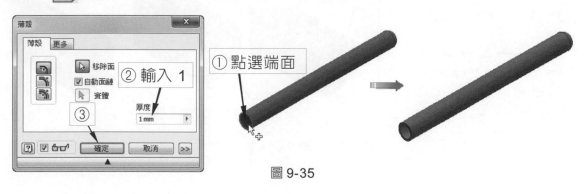

圖 9-35

STEP 4 建立實體二特徵

(1) 點選 開始繪製 2D 草圖 → 點選圖 9-36 所示端面① → 點選 投影切割邊 → 完成草圖。

①點選端面

圖 9-36

(2) 點選 → 點選如圖 9-37 所示①②③④⑤ → 擠出 2 變成實體 2。

③
▼ 行為
方向
距離 A   12
②輸入 12
▼ 輸出
布林
▶ 進階性質   ⑤
確定   取消   ④

①點選內圓區域

擠出 2 變成為實體 2

─ 實體本體(2)
　＋ 實體1
　＋ 實體2
　＋ 視圖:主要
　＋ 原點
　＋ 擠出1
　　 圓角1
　　 薄殼1

圖 9-37

STEP 5 建構擠出特徵 3

(1) 點選 開始繪製 2D 草圖 → 點選圖 9-38 所示端面① → 點選 投影切割邊 → 完成草圖。

(2) 點選 → 點選如圖 9-38 所示②③④⑤。

方向
距離 A   9   ③輸入 9
▼ 輸出
布林   ④
實體   ▶ 1 個實體
▶ 進階性質   ⑤
確定   取消

①點選內部端面

②點選內、外圓區域

圖 9-38

STEP 6　建立共用草圖

(1) 點選如圖 9-39 所示①②③。

圖 9-39

STEP 7　建構擠出特徵 4

(1) 點選 🔲↑ → 點選如圖 9-40 所示①②③④⑤。

圖 9-40

STEP 8　變更實體 2 的材質

(1) 點選如圖 9-41 所示①②③④。

圖 9-41

STEP 9 建構實體 2 的迴轉特徵

(1) 點選 ☑ 開始繪製 2D 草圖 → 點選圖 9-42 所示 YZ 工作平面 ▢ ①。

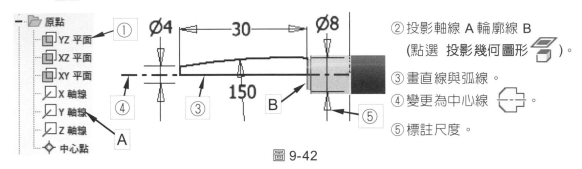

圖 9-42

② 投影軸線 A 輪廓線 B
  (點選 投影幾何圖形 ▧)。
③ 畫直線與弧線。
④ 變更為中心線 ▭。
⑤ 標註尺度。

(2) 繪製如圖 9-42 所示之圖形②③④並標註尺度⑤ → ✔ 完成草圖。

(3) 點選 ▧ → 點選如圖 9-43 所示①②③。

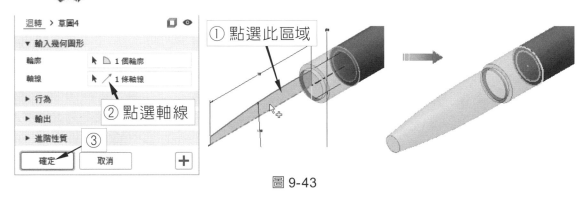

圖 9-43

STEP 10 建構實體 2 的擠出特徵

(1) 點選 ☑ 開始繪製 2D 草圖 → 點選圖 9-44 所示端面① → 按 F6 鍵 → 由圓心繪製一圓形，如圖 9-44 所示②③ → ✔ 完成草圖。

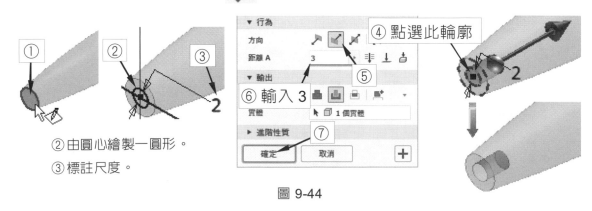

② 由圓心繪製一圓形。
③ 標註尺度。

圖 9-44

(2) 點選 ▮ → 點選如圖 9-44 所示④⑤⑥⑦。

(3) 點選 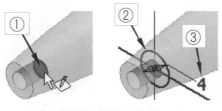 開始繪製 2D 草圖 → 點選圖 9-45 所示底面① → 按 F6 鍵 → 由圓心繪製一圓形，如圖 9-45 所示②③ → ✔ 完成草圖。

②由圓心繪製一圓形。
③標註尺度。

④ 點選此輪廓

圖 9-45

(4) 點選 ▣ → 點選如圖 9-45 所示④⑤⑥⑦。

(5) 將草圖 3 的可見性取消。

STEP 11　建立實體三特徵

(1) 點選 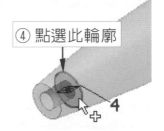 開始繪製 2D 草圖 → 點選圖 9-46 所示平面① → 按 F6 鍵 → 由圓心繪製一圓形，如圖 9-46 所示②③ → ✔ 完成草圖。

②由圓心繪製圓形。
③標註尺度。

④ 輸入 40

圖 9-46

(2) 點選 ▣ → 點選如圖 9-46 所示④⑤⑥。

STEP 12　建立圓角與薄殼特徵

(1) 點選 ◗ → 點選如圖 9-47 所示①②③④。

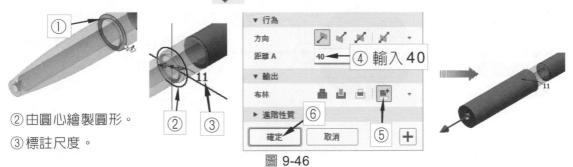

① 點選邊線
② 輸入 4
⑤ 點選右側面
⑥ 輸入 1

圖 9-47

(2) 點選 ▣ → 點選如圖 9-47 所示⑤⑥⑦。

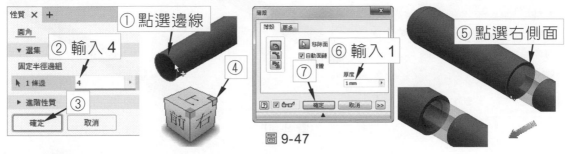

STEP 13 建立倒角與工作平面特徵

(1) 點選 ◈ → 點選如圖 9-48 所示①②③ → 按 F6 鍵。

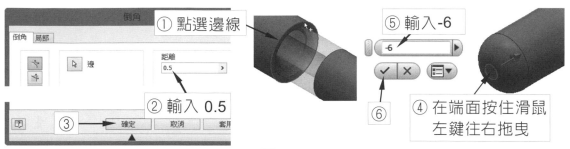

圖 9-48

(2) 點選 ▢ → 點選如圖 9-48 所示之④⑤⑥。

STEP 14 建構實體三擠出特徵

(1) 點選 ▢ 開始繪製 2D 草圖 → 點選圖 9-49 所示平面①。

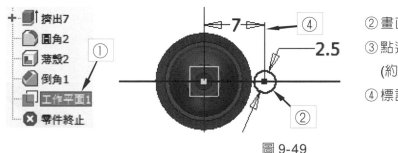

② 畫直徑為 2.5 的圓。

③ 點選水平約束 ⟋⟋⟋
(約束圓心與原點水平對齊)。

④ 標註尺度。

圖 9-49

(2) 按 F7 鍵 → 繪製如圖 9-49 所示之圓形②③並標註尺度④ → ✔ 完成草圖。

(3) 點選 ▢ → 點選如圖 9-50 所示①②③④。

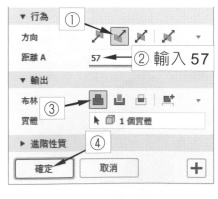

圖 9-50

STEP ⑮ 建構圓角與工作平面特徵

(1) 點選 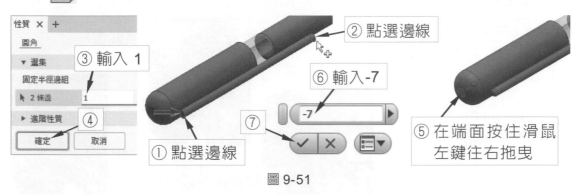 → 點選如圖 9-51 所示①②③④。

圖 9-51

(2) 點選 ⬜ → 點選如圖 9-51 所示之⑤⑥⑦。

STEP ⑯ 建構實體三擠出特徵

(1) 點選 📐 開始繪製 2D 草圖 → 點選圖 9-52 所示工作平面 2 ①。

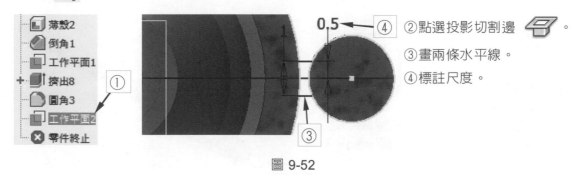

②點選投影切割邊 ⬡。

③畫兩條水平線。

④標註尺度。

圖 9-52

(2) 按 F7 鍵 → 繪製如圖 9-52 所示之水平線②③標註尺度④ → ✔ 完成草圖。

(3) 點選 🧊 → 點選如圖 9-53 所示①②③④。

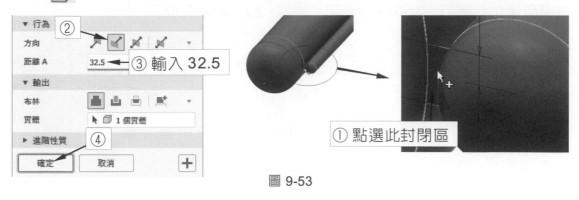

①點選此封閉區

圖 9-53

STEP 17 建立圓角特徵

(1) 點選 ⬛ → 點選如圖 9-54 所示①②③④⑤⑥。

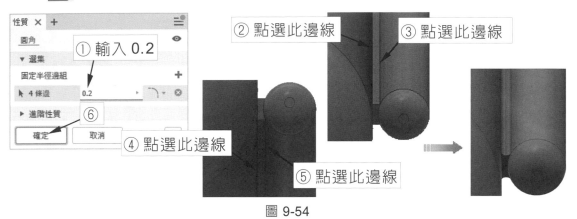

圖 9-54

STEP 18 更改實體名稱

(1) 分別更改瀏覽器實體 1、實體 2、實體 3 的名稱為筆身、筆頭、筆蓋,如圖 9-55 所示。

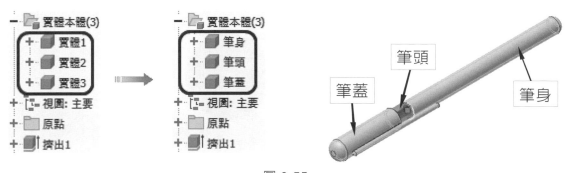

圖 9-55

STEP 19 存檔

(1) 在桌面建立一個資料夾名稱更改為原子筆①,如圖 9-56 所示。

圖 9-56

(2) 將檔案另存新檔到桌面原子筆資料夾中，檔名為原子筆。點選如圖 9-57 所示①②③④⑤。

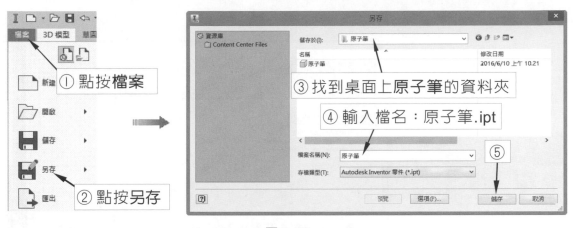

圖 9-57

STEP ⑳　執行製作元件

(1) 點選如圖 9-58 所示①②③④⑤。

圖 9-58

(2) 繼續點選如圖 9-59 所示③④⑤　確定。

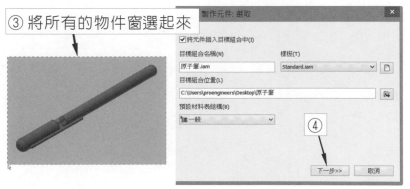

圖 9-59

STEP ㉑ 將新產生的組合檔(原子筆.iam)存檔

(1) 點選如圖 9-60 所示①②。

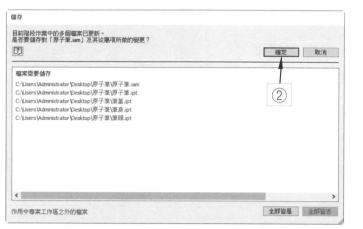

圖 9-60

打開桌面上的**原子筆**的資料夾，資料夾中總共有 5 個檔案，原子筆.iam、筆蓋.ipt、筆頭.ipt、筆身.ipt、原子筆.ipt。

工程圖

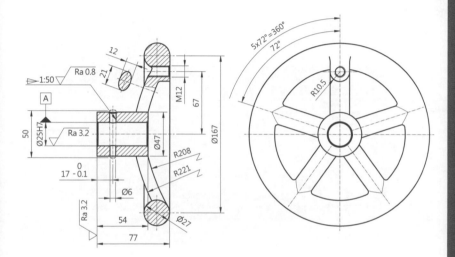

10-1　開啟新工程圖檔

前言：工程圖可以將工程設計與製造、購買、客戶服務以及其他方面聯繫在一起。當您所建構的 3D 實體模型或組立件完成後，即可利用此 3D 實體模型來產生各種的 2D 工程圖面。

指令位置

1.　工具列：新建 → Standard.idw

◈ 開啟路徑 1：

①點選 圖面。
(在我的首頁直接點選圖面)

◈ 開啟路徑 2：

①點選 新建。

②點選 。

③點選 建立 。

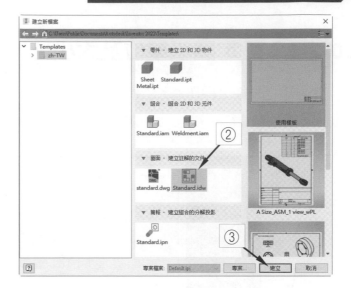

📎 開啟路徑 3：

①點選 箭頭。

②點選 DWG 。

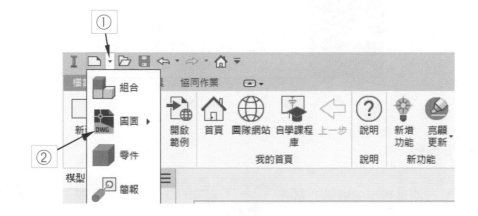

注意！

請先將單位變更為公釐(參考 1-4-4-2 應用程式選項的設定中的**檔案頁籤**)

10-2 建立底圖

前言：底圖建立設定完整，將有助於往後工程圖面之建立，在這一節中將介紹圖紙大小設定、建立圖框、標題欄、標題欄內容變更與樣板檔儲存、角法設定、新建圖層等。

10-2-1 設定圖紙單位及大小

當您由上一節之操作進入工程圖檔後,其畫面如圖 10-1 所示。

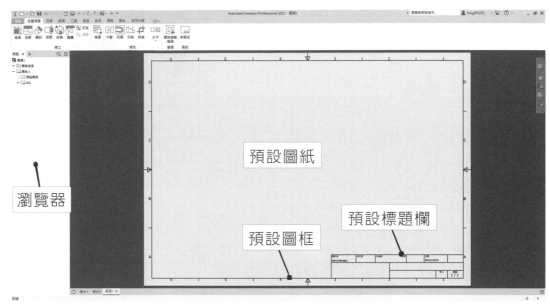

圖 10-1

操作步驟

① 在瀏覽器中的圖紙上點選
  滑鼠右鍵。
② 點選 編輯圖紙。

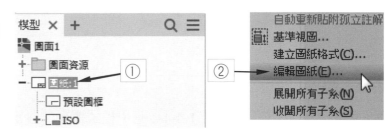

③ 在編輯圖紙對話框中可設定圖紙
  大小、標題欄方位等資訊。
④ 點選 確定 ,完成設定。

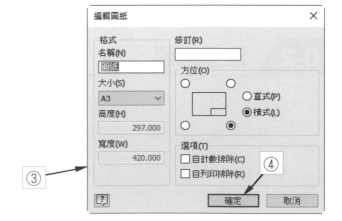

10-2-2　建立新的圖框

STEP 1

①按住「Ctrl」鍵，並連續
　點選預設圖框及 ISO。
②按「Delete」鍵。

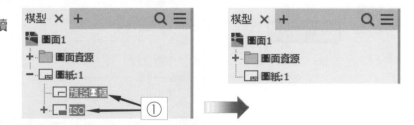

STEP 2

①展開　圖面資源。
②展開　圖框。
③於預設圖框上點按滑鼠右鍵。
④點選　插入圖框。

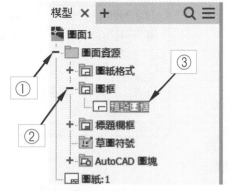

STEP 3

①輸入數值 0。
②輸入數值 0。
③點選　>> ，以展開下一頁。

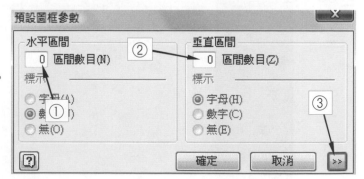

STEP ④

① 取消中心標記之勾選。
② 變更數值為 25。
③ 點選　確定　。

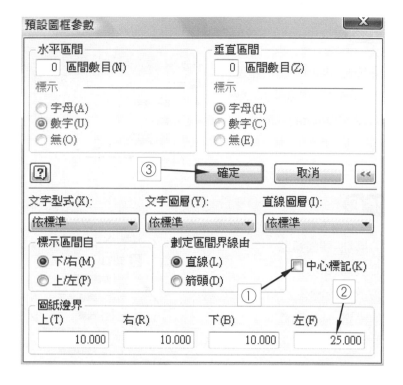

完成如圖 10-2 所示之圖框。

圖 10-2

10-2-3　建立標題欄

　　請直接開啟資料夾中　Ch10\建立標題欄.idw　檔案進行操作練習，建議讀者先將檔案複製至硬碟中，再進行開啟練習。

STEP 1

①展開圖面資源。
②於標題欄框上點按滑鼠右鍵。
③點選定義新標題欄框。

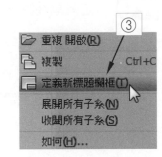

STEP 2

①於繪圖區任意位置繪製如圖所示之標題欄。

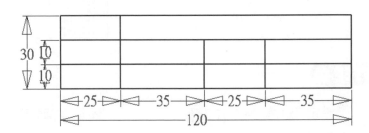

STEP 3

①點選　**A 文字** 工具圖示。
②點選文字放置位置。
③變更字型。
④變更字型大小 7。
⑤輸入文字內容。
⑥點選　確定　。
⑦按「Esc」鍵 2 次。
⑧以滑鼠左鍵壓住文字後，將文字移動至適當位置。

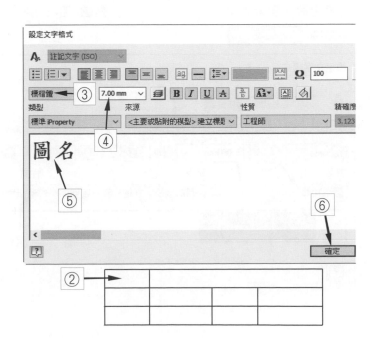

STEP 4

① 依序完成繪圖、指導、圖紙、圖號
  等欄位名稱。

圖名			
繪圖		圖紙	
指導		圖號	

STEP 5 (定義具性質之圖紙欄位)

① 點選 A 文字 圖示。

② 框選文字放置處,於 P1 壓住滑鼠左鍵,
  再拖曳至 P2 後放開滑鼠。

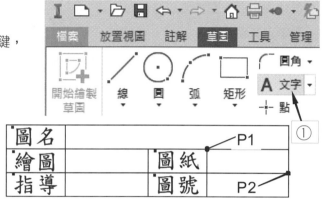

STEP 6

① 點選 置中對齊方式 。

② 點選 中間對齊方式 。

③ 變更為 5。

④ 變更為「圖紙性質」。

⑤ 變更為「圖紙大小」。

⑥ 點選 加入 。

⑦ 點選 確定 。

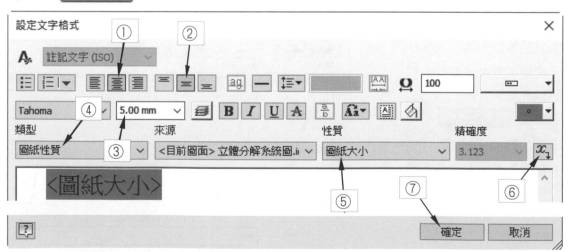

STEP 7 (定義具性質之圖號欄位)

① 點選 **A 文字** ▾ 圖示。

② 框選文字放置處，於 P1 壓住滑鼠
　 左鍵，再拖曳至 P2 後放開滑鼠。

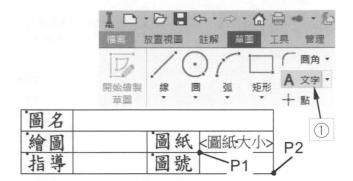

STEP 8

① 點選 置中對齊方式 ≣ 。

② 點選 中間對齊方式 ≡ 。

③ 變更為 5。

④ 變更為「圖紙性質」。

⑤ 變更為「圖紙號碼」。　⑥ 點選 加入 𝒙₊ 。

⑦ 點選 ┌確定┐ 。　　⑧ 完成如圖所示之標題欄。

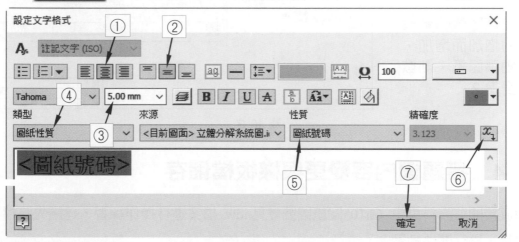

STEP 9 (儲存標題欄)

① 點選 完成草圖 ✔ 。

② 輸入 A3。

③ 點選 ┌儲存(S)┐ 。

④ 於標題欄框資料夾下即可看到新建立的 A3 標題欄圖示。

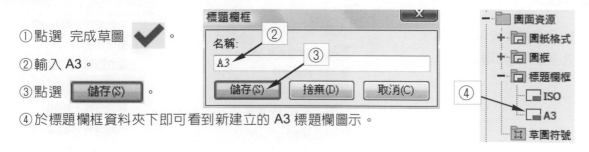

STEP 10 (插入標題欄於圖框內)

① 於 A3 標題欄上點按滑鼠右鍵。
② 點選 插入。

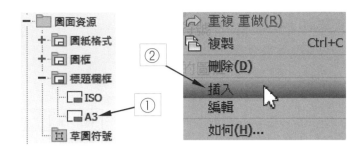

完成如下所示。

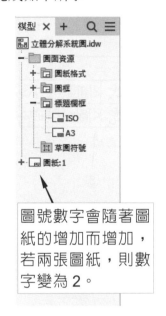

圖號數字會隨著圖紙的增加而增加，若兩張圖紙，則數字變為 2。

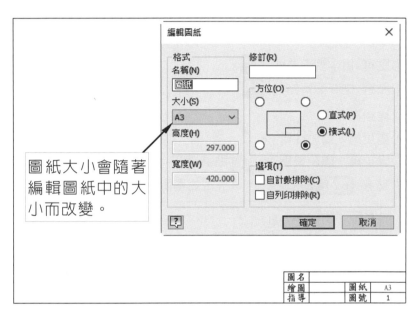

圖紙大小會隨著編輯圖紙中的大小而改變。

圖 10-3

10-2-4 標題欄內容變更與樣板檔儲存

請直接開啟資料夾中 Ch10\圖紙圖號變更.idw 檔案進行操作練習，建議先將檔案複製至硬碟後，再行開啟練習。

STEP 1 (更改圖紙大小)

① 在圖紙上按滑鼠右鍵。
② 點選 編輯圖紙。

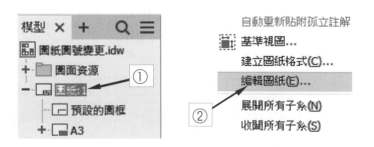

STEP 2 (開啟編輯圖紙話框)

① 變更為 A2。
② 點選 ▢確定▢ 。
③ 圖紙變更為 A2。

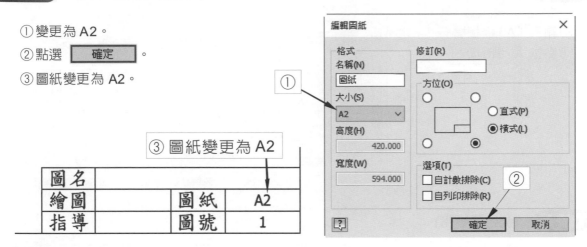

③ 圖紙變更為 A2

圖 名			
繪 圖		圖 紙	A2
指 導		圖 號	1

STEP 3 (新增圖紙)

① 在瀏覽器按滑鼠右鍵。
② 點選 新圖紙。

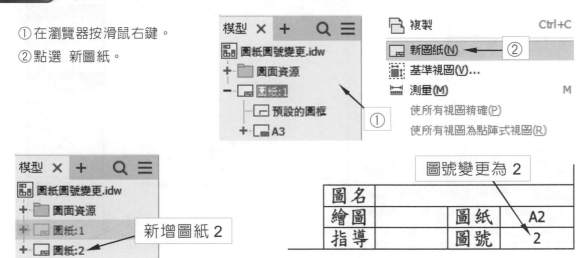

新增圖紙 2

圖號變更為 2

圖 名			
繪 圖		圖 紙	A2
指 導		圖 號	2

STEP 4 (樣板檔儲存)

① 點選 檔案。
② 點選 箭頭。
③ 點選 將複本儲存成樣板。

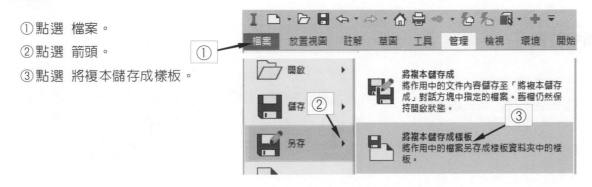

STEP ⑤

① 輸入「A3 樣板檔」。

② 點選 儲存(S) 。

STEP ⑥ (開啟樣板檔)

① 點選 □ 新鍵。

② 點選 A2 樣板檔。

③ 點選 建立 。

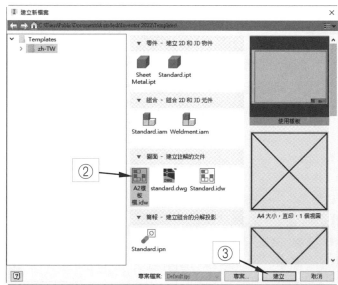

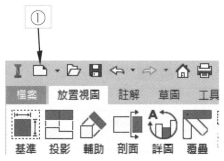

10-2-5 角法設定

指令位置

① 點選 管理。

② 點選 型式編輯器。

角法設定

① 點選 預設標準(ISO)。
② 點選 視圖偏好 。

③ 點選 第三角 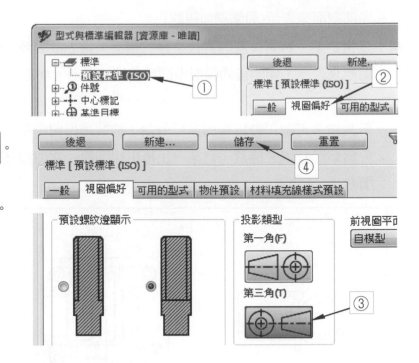 。

④ 點選 儲存 。

⑤ 點選 儲存並關閉 。

10-3 視圖建立與編輯

→ 應用實例一

在這一實例中將分別介紹多數指令的應用,如基準視圖、投影視圖、剖面視圖、詳圖、拆解、切割、剪裁等,跟著下列的步驟操作,使用者亦將學會這些指令的操作技巧。

基準:以 3D 實體特徵來產生工程圖面,當您建立一個基準視圖後,其後的相關視圖如相鄰之右側視圖或俯視圖等,即可以此基準視圖來建立

投影:您可以使用第一角法或第三角法來建立一個投影視圖,但在建立投影視圖之前必須先建立基準視圖,方可使用投影視圖,本單元建立投影視圖是以第三角投影法來建立視圖。

剖面:建立剖面視圖之前必須先有基準視圖方可使用剖面視圖,本單元建立剖面視圖是以第三角投影法來建立視圖。

詳圖:在視圖表達中若有某部位太小,不易表達其形狀或尺度標註時,即可利用詳圖來表示,其作法為在該部位繪製一細實線圓,接著以適當的比例放大該細實線圓之區域,並繪製於此視圖附近。

拆解：當物體內有某部位較複雜需用剖面來表示，但又不需全剖面及半剖面時，即可利用局部剖面來表示(局部剖面視圖)。

切割：以指定某一特定位置的方式來建立剖面，當您欲表達物體內的複雜形狀時即可使用切割來表示，切割後的圖形僅顯示該被切割面，切割面後的投影圖形將被省略(指定剖面)。

剪裁：剪裁指令可對正投影視圖進行剪裁，剪裁後保留選取框內部的圖形，剪裁的模式可分為矩形及環形剪裁，當某一正投影視圖經一次剪裁後，該視圖無法再進行第二次剪裁。

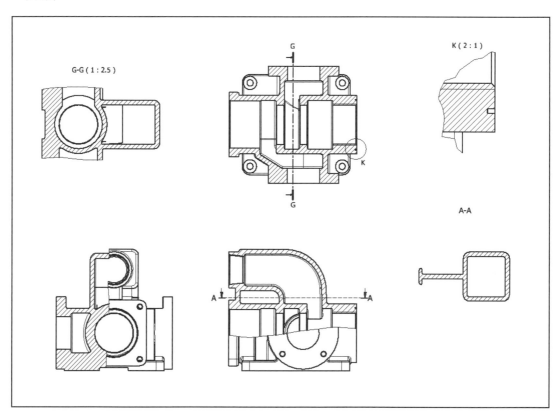

STEP ①　設定圖層

(1) 點選 📂 開啓，開啓 Ch10\應用實例\閥體.idw。

(2) 點選 **註解** → 點選 ✍ 編輯圖層 → 依據 10-5-2 小節所示建立如圖 10-4 所示之圖層 → 點選 **儲存**。

(3) 將角法設定爲第三角法，參考 10-2-5 所示 → ┃ 儲存並關閉 ┃。

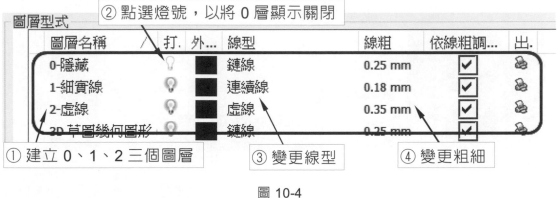

圖 10-4

STEP ②　建立基準視圖

(1) 依據 10-2 小節所示，將圖紙設定爲 A2 大小。

(2) 點選圖 10-5 所示①② →

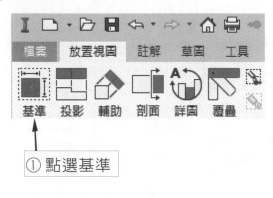

圖 10-5

→ 點選圖 10-6 所示①②③ →

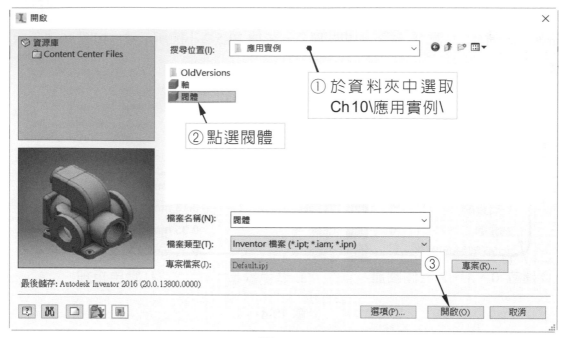

圖 10-6

→ 點選圖 10-7 所示①②③④⑤⑥。

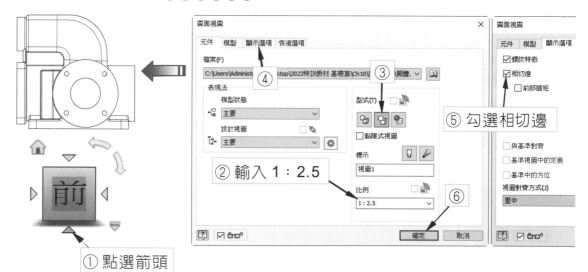

圖 10-7

STEP ③ 建立投影視圖

(1) 點選圖 10-8 所示①② →

② 點選視圖

① 點選投影

圖 10-8

→ 點選圖 10-9 所示① (左側) → 再點選圖 10-9 所示② (俯視) → 點按滑鼠右鍵 → 點選 建立(C) → 將視圖拖曳至適當位置，如圖 10-9 所示③。

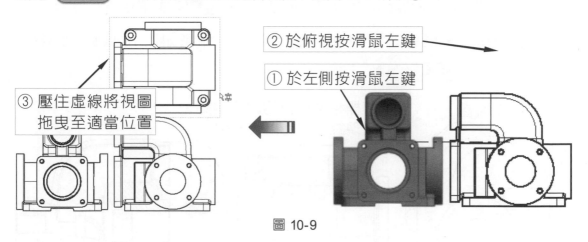

② 於俯視按滑鼠左鍵

① 於左側按滑鼠左鍵

③ 壓住虛線將視圖拖曳至適當位置

圖 10-9

將游標移靠近視圖，如圖 10-9 所示，使視圖出現虛線之框線及游標出現移動圖示符號後，以滑鼠左鍵壓住③所示之虛線並移動滑鼠，以將視圖移動至適當位置。

注意！

因左側視圖、俯視圖與前視圖有相互對正，即產生了從屬(父子)關系，因此，當刪除父特徵(前視圖)時，系統即會詢問是否同時刪除子特徵(從屬特徵)。

STEP ④ 建立拆解視圖及補強肋圖形

(1) 點選前視圖，如圖 10-10 所示① → 點選 ![sketch icon] 開始繪製草圖。

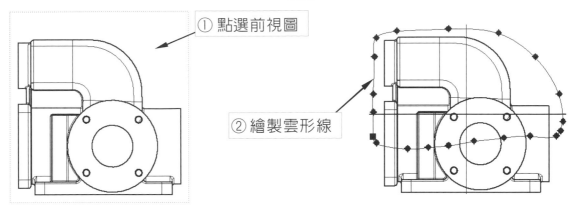

圖 10-10

(2) 點選 ![spline icon] 雲形線，繪製圖 10-10 所示雲形線② →  完成草圖。

(3) 點選 ![explode icon] 拆解 → 點選圖 10-11 所示前視圖① → 點選如圖 10-11 俯視圖線段中點② → 點選 　確定　 。

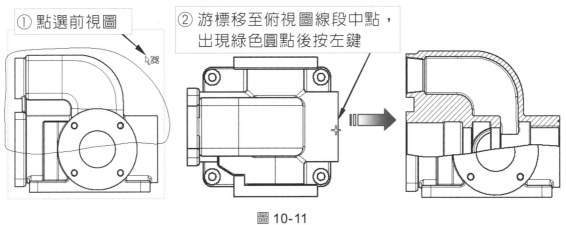

圖 10-11

(4) 點選圖 10-12 所示①②③④，請依序將此曲線之所有線段皆更改至細實線圖層。

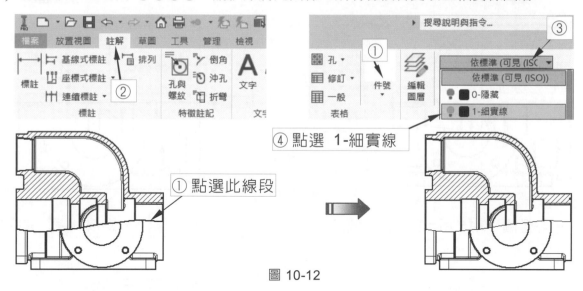

圖 10-12

(5) 點選如圖 10-13 所示①②，隱藏剖面線。

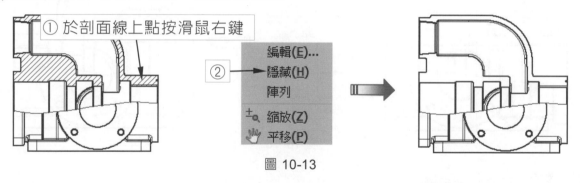

圖 10-13

(6) 點選圖 10-14 所示① → 點選 開始繪製草圖 → 點選 投影幾何圖形 → 框
選上半部圖形② → 點按滑鼠右鍵 → 點按 ✓ 確定 。

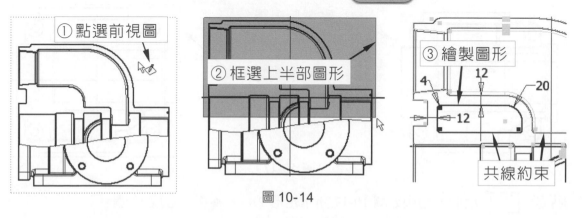

圖 10-14

(7) 繪製圖形，如圖 10-14 所示③，並變更為 可見(ISO) 圖層。

(8) 點選 ◇ 填充線區域 → 點選圖 10-15 所示欲填充區域①② → 點按 　確定　 。

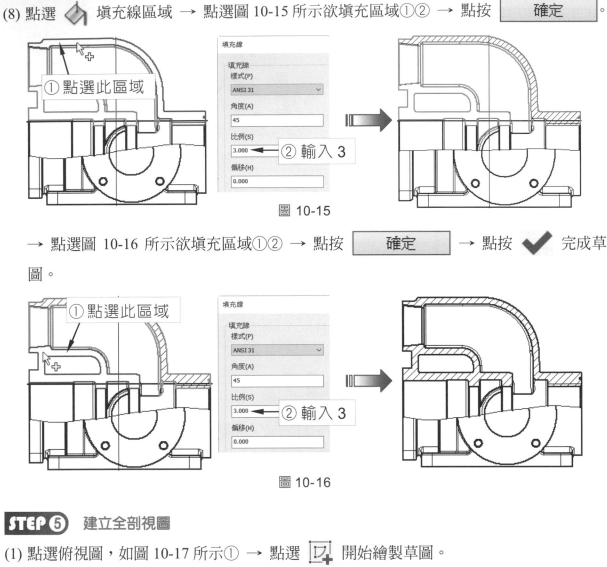

圖 10-15

→ 點選圖 10-16 所示欲填充區域①② → 點按 　確定　 → 點按 ✔ 完成草圖。

圖 10-16

STEP 5　建立全剖視圖

(1) 點選俯視圖，如圖 10-17 所示① → 點選 📝 開始繪製草圖。

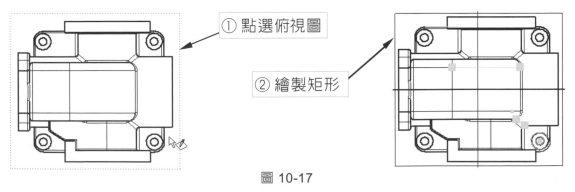

圖 10-17

(2) 點選 ☐ 矩形，繪製如圖 10-17 所示矩形② → ✔ 完成草圖。

(3) 點選前視圖，如圖 10-18 所示① → 點選 [⨯] 開始繪製草圖。

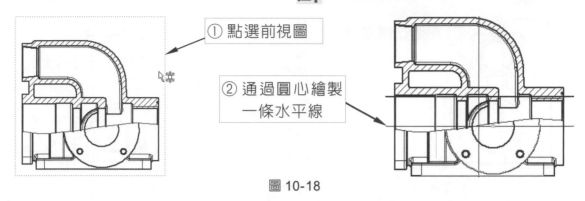

圖 10-18

(4) 點選 ╱ 線，通過圓心繪製如圖 10-18 所示之水平線② → ✔ 完成草圖。

(5) 點選 🗀 拆解 → 點選如圖 10-19 所示前視圖①②③④。

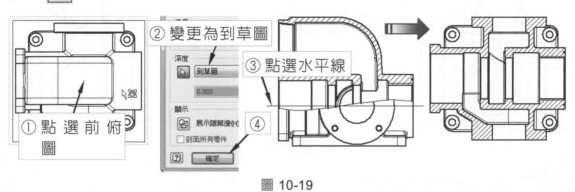

圖 10-19

STEP ⑥ 建立左側視圖局部剖面

(1) 點選左側視圖，如圖 10-20 所示① → 點選 [⨯] 開始繪製草圖。

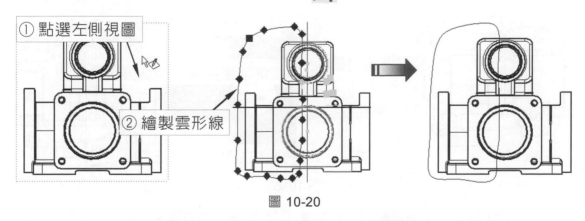

圖 10-20

(2) 點選 ⌒ 雲形線，繪製圖 10-20 所示雲形線② → ✔ 完成草圖。

(3) 點選  拆解 → 點選圖 10-21 所示前視圖①②③。

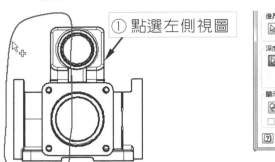

① 點選左側視圖

② 游標移至圓形四分點位置，出現綠色圓點後按左鍵。

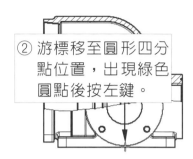

圖 10-21

(4) 將局部剖面之雲形線變更為細實線，如圖 10-22 所示。

將雲形線變更為細實線

圖 10-22

STEP 7 建立全剖面及裁剪視圖

(1) 點選 剖面 → 點選如圖 10-23 所示①②③④→ 點按滑鼠右鍵 → 點按 ⇨ 繼續(C) → 再點按如圖 10-23 所示⑤。

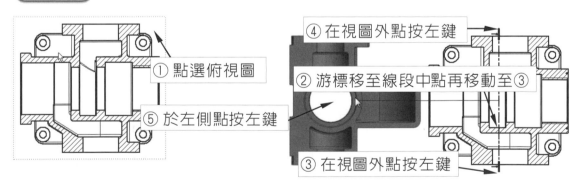

① 點選俯視圖

⑤ 於左側點按左鍵

④ 在視圖外點按左鍵

② 游標移至線段中點再移動至③

③ 在視圖外點按左鍵

圖 10-23

(2) 點選圖 10-24 所示之全剖視圖① → 點選 開始繪製草圖。

(3) 點選 ╱╲⌒ 雲形線，繪製圖 10-24 所示雲形線② → ✔ 完成草圖。

① 點選全剖視圖

② 繪製雲形線

圖 10-24

(4) 點選 ⌐┘ 裁剪 → 點選圖 10-25 所示之雲形線①。

① 點選雲形線

裁剪後之視圖

圖 10-25

STEP 8 建立切割視圖

(1) 點選圖 10-26 所示前視圖① → 點選 🗗 開始繪製草圖 → 繪製水平線及標註尺度②③ → ✔ 完成草圖。

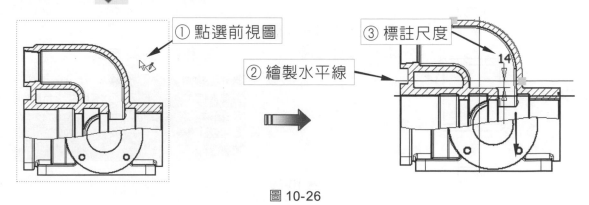

① 點選前視圖

③ 標註尺度

② 繪製水平線

14

圖 10-26

(2) 點選 ▅ 投影 → 點選圖 10-27 所示①②再按右鍵 → 點選 建立(C) 。

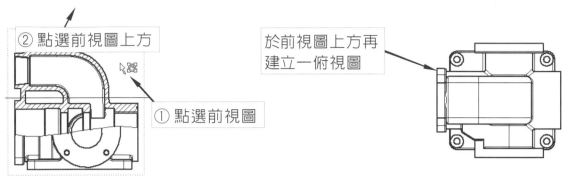

圖 10-27

(3) 點選 切割 → 點選圖 10-28 所示①②③④。

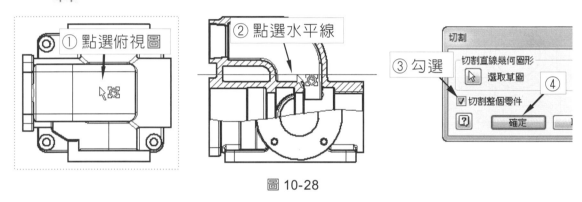

圖 10-28

(4) 點選圖 10-29 所示①②③ → 將中斷視圖移動至適當位置。

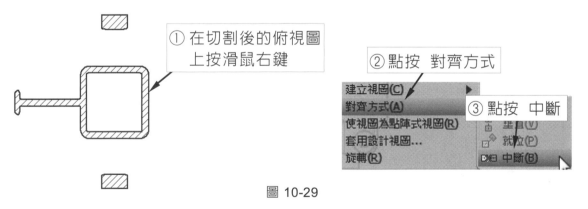

圖 10-29

(5) 點選圖 10-30 所示①②③，以隱藏剖面線 → ④將其餘被剖切到的圖形之可見性亦取消，僅保留如圖 10-30 所示③。

(6) 將系統產生的標示符號放置隱藏的圖層 → 按 Esc 鍵。

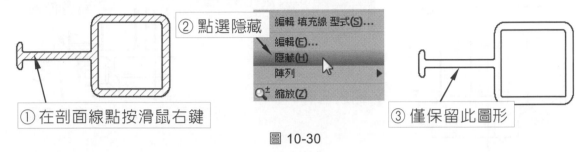

圖 10-30

(7) 點選切割視圖，如圖 10-31 所示① → 點選 ⬚ 開始繪製草圖。

(8) 點選 🎲 投影幾何圖形 → 框選視圖，如圖 10-31 所示② → 按滑鼠右鍵 → 點選 ✓ 確定 。

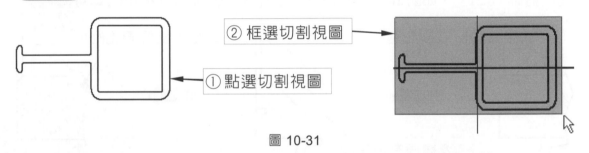

圖 10-31

(9) 點選 🔷 填充線區域 → 點選圖 10-32 所示①② → 點選 確定 → 點選 ✔ 完成草圖。

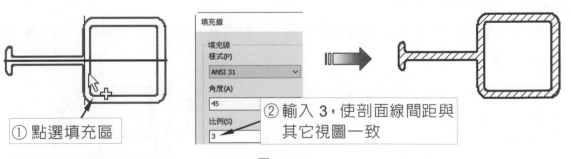

圖 10-32

STEP ⑨ 建立詳圖視圖

(1) 點選 📐 詳圖 → 點選圖 10-33 所示①②③④⑤ →

圖 10-33

→ 移動至適當位置按左鍵，如圖 10-33 所示① → 依據 10-5-2 小節所示將「折斷線」圖層變更為細實線，如圖 10-33 所示② → 於剖面線上按滑鼠右鍵，編輯並變更剖面線比例為約「0.21」，如圖 10-33 所示③，與主視圖之剖面線間距約相等即可。

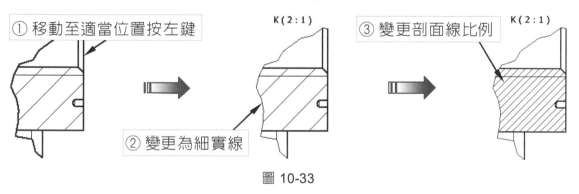

圖 10-33

STEP ⑩ 建立割面線及符號

(1) 點選 前視圖 → 點選 🗗 開始繪製草圖 → 點選圖 10-34所示①②③ → 點選 ✔️ 完成草圖。

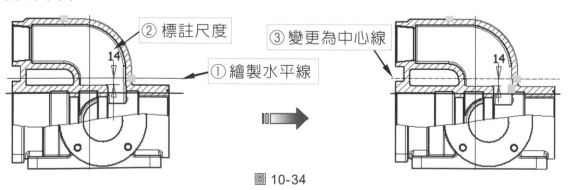

圖 10-34

(2) 點選圖 10-35 所示①②③④⑤ →

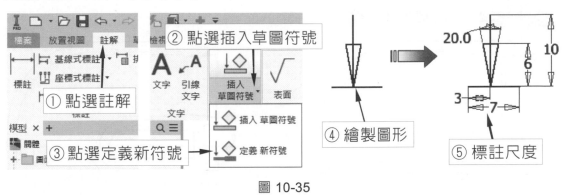

圖 10-35

→ 點選如圖 10-36 所示①②③④⑤⑥⑦。

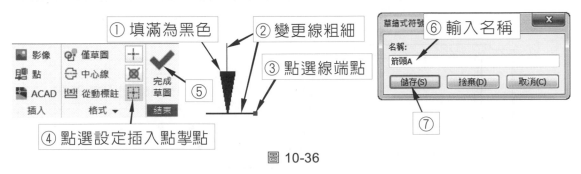

圖 10-36

(3) 依上述步驟(2)再建立一組「箭頭 B」，插入點及尺度標註如圖 10-37 所示①②

圖 10-37

(4) 點選如圖 10-38 所示①②③④ → 點選 確定 。

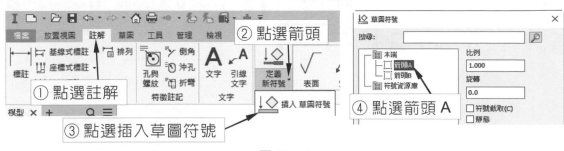

圖 10-38

→ 點選如圖 10-39 所示中心線左邊端點① → 於繪圖區按滑鼠右鍵 →點選

⇨ 繼續(C) → 按鍵盤 Esc 鍵。

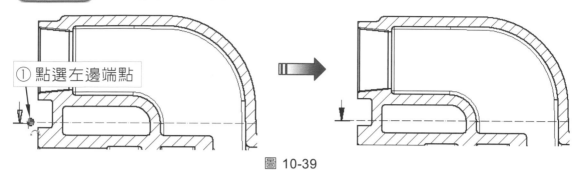

圖 10-39

(5) 依上述步驟(4)再插入「箭頭 B」於中心線右邊端點，如圖 10-40 所示①，以完成割面線箭頭。

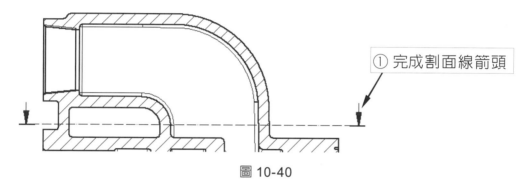

圖 10-40

(6) 點選 **A** 文字 → 建立如圖 10-41 所示之文字①②，字高為 6 → 將 A-A 視圖之前系統產生的註解變更至隱藏的圖層 (0-隱藏)。

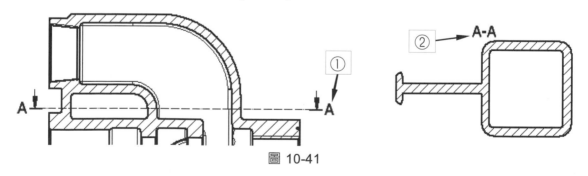

圖 10-41

→ 應用實例二

在這一實例中將應用，如基準視圖、投影視圖、輔助視圖、中斷視圖、拆解、剪裁等，跟著下列的步驟操作，使用者亦將學會這指令的操作技巧。

輔助：建立輔助視圖之前必須先有基準視圖方可使用輔助視圖。

中斷：中斷視圖之表示主要是為了節省圖紙空間，因對於長物體而言若僅需畫出足以表達物體的形狀，而斷面或形狀型態相同的部分予以中斷，即可有效節省圖紙空間。

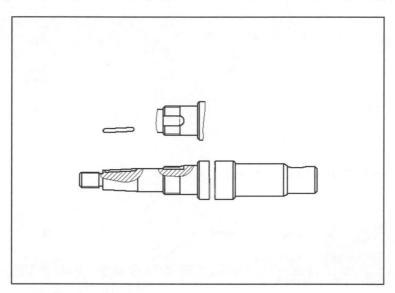

STEP ① 開啓工程圖檔

(1) 點選 📁 開啓，點選如圖 10-42 所示①②③。

圖 10-42

STEP ② 建立基準視圖

(1) 點選圖 10-43 所示①② →

圖 10-43

→ 點選圖 10-44 所示①②③ →

圖 10-44

→ 點選圖 10-45 所示①②③④⑤，以變更視圖方位及投影視圖。

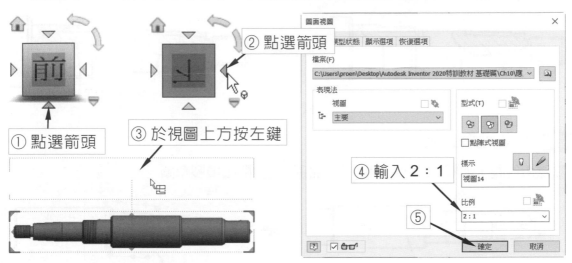

圖 10-45

STEP 3　建立拆解視圖

(1) 點選前視圖，如圖 10-46 所示① → 點選 ⬚ 開始繪製草圖。

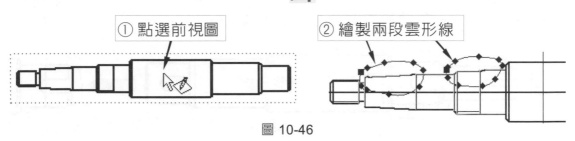

圖 10-46

(2) 點選 ∿ 雲形線，繪製圖 10-46 所示雲形線② → ✔ 完成草圖。

(3) 點選 ⬚ 拆解 → 點選如圖 10-47 所示前視圖①②③④⑤。

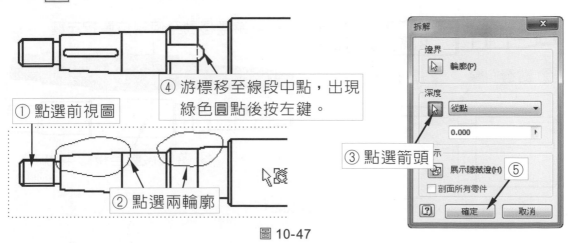

圖 10-47

(4) 將雲形線變更為細實線，如圖 10-48 所示①。

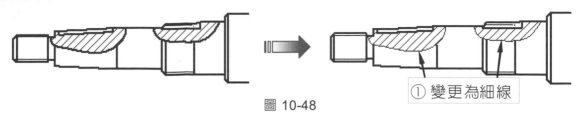

① 變更為細線

圖 10-48

STEP ④　建立剪裁視圖

(1) 點選俯視圖，如圖 10-49 所示① → 點選 開始繪製草圖。

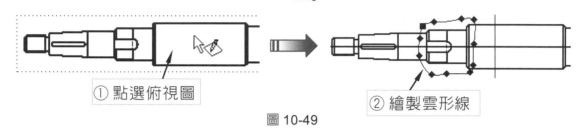

① 點選俯視圖

② 繪製雲形線

圖 10-49

(2) 點選 雲形線，繪製圖 10-49 所示雲形線② → 完成草圖。

(3) 點選 剪裁 → 點選如圖 10-50 所示雲形線①。

① 點選雲形線

圖 10-50

STEP ⑤　建立輔助視圖

(1) 點選 輔助 → 點選如圖 10-51 所示①②③④。

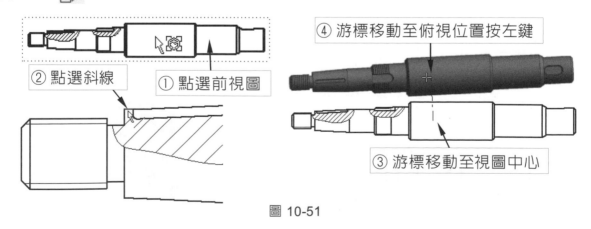

② 點選斜線

① 點選前視圖

④ 游標移動至俯視位置按左鍵

③ 游標移動至視圖中心

圖 10-51

(2) 點選如圖 10-52 所示①② →

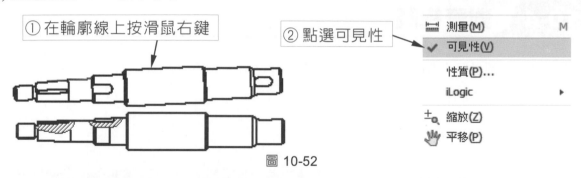

① 在輪廓線上按滑鼠右鍵

② 點選可見性

	測量(M)	M
✓	可見性(V)	
	性質(P)...	
	iLogic	▶
	縮放(Z)	
	平移(P)	

圖 10-52

→ 將輔助視圖的輪廓線之可見性皆取消僅保留鍵座外形即可,如圖 10-53 所示①。

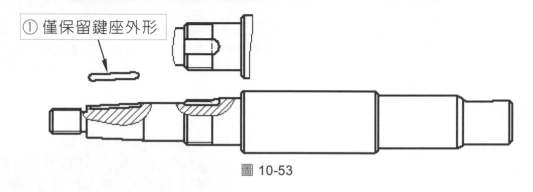

① 僅保留鍵座外形

圖 10-53

STEP ⑥　建立中斷視圖

(1) 點選 [⬚] 中斷 → 點選如圖 10-54 所示①②③④⑤。

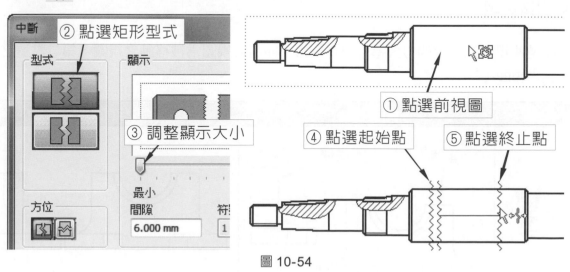

中斷

② 點選矩形型式

型式

顯示

③ 調整顯示大小

方位

最小

間隙

6.000 mm

符

1

① 點選前視圖

④ 點選起始點

⑤ 點選終止點

圖 10-54

10-4　對齊視圖

前言：對齊視圖是將各個獨立的視圖，依使用者之需求，將其相互對齊，其作用模式類似
　　　組合模組中的約束條件。

指令位置一

　　　置入視圖　→　水平對齊
　　　　　　　　　　垂直對齊
　　　　　　　　　　就定位對齊
　　　　　　　　　　中斷對齊

指令位置二

　　　快顯功能表　→　在欲對齊的視圖上按
　　　　　　　　　　　右鍵，即可顯示

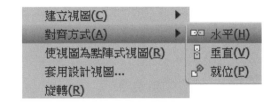

水平對齊說明

　　　即是使視圖以水平的方式進行對齊，第一點選之視圖為被移動之視圖，第二點選之視
圖為基準視圖。

指令	執行對齊前	執行對齊後
水平對齊	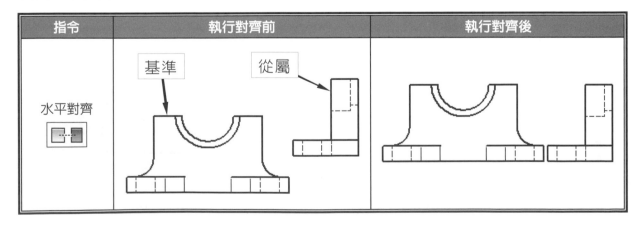	

垂直對齊說明

　　即是使視圖以垂直的方式進行對齊，第一點選之視圖為被移動之視圖，第二點選之視圖為基準視圖。

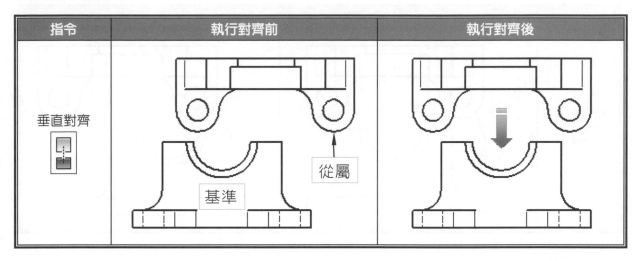

就定位對齊說明

　　使欲定位之視圖直接以目前視圖所在位置，與任一想定位之基準視圖就定位。

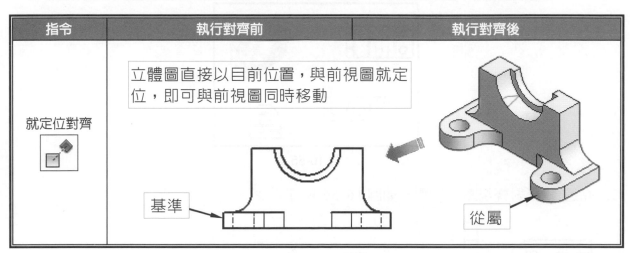

中斷對齊說明

　　中斷(解除)視圖對齊的約束條件，欲中斷時，需點選從屬視圖來進行中斷，若是以投影產生的從屬視圖，經中斷從屬關系後，即會自動產生視圖識別字及比例標示。

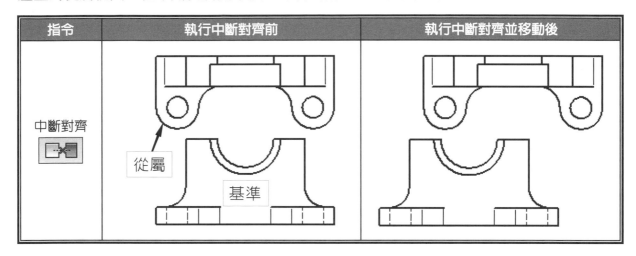

指令	執行中斷對齊前	執行中斷對齊並移動後
中斷對齊	從屬　基準	

操作步驟

1. 點選 ▷ 開啟 開啟練習檔案 → Ch10\對齊視圖\對齊視圖.idw，如圖 10-55 所示。

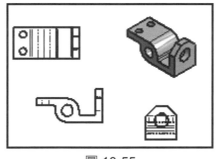

圖 10-55

2. 點選 水平對齊視圖 ，如圖 10-56 所示①②。

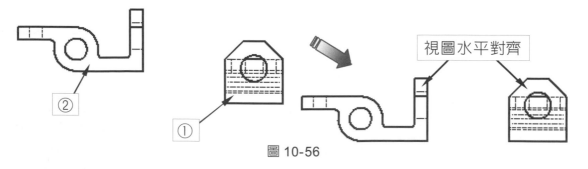

② 　 ① 　 視圖水平對齊

圖 10-56

3. 點選 垂直對齊視圖 ，如圖 10-57 所示①②。

圖 10-57

4. 點選 就目前位置對齊視圖 → 點選圖 10-58 所示①②，視圖皆對齊後，請試著拖曳前視圖，即可發現所有對齊後之視圖皆跟著移動。

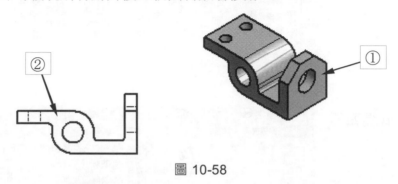

圖 10-58

5. 點選 中斷視圖對齊 ，如圖 10-59 所示①，即可中斷視圖之對齊約束條件，經中斷後的俯視圖即可自由移動。

圖 10-59

注意!

本範例提供之練習圖檔中的各個視圖，皆是獨立產生該視圖，因此經中斷視圖對齊後，不會自動產生視圖識別字及比例標示。

10-5　圖面註解與相關設定

前言：尺度標註、表面粗糙度、幾何公差及文字註解等，對於一張完整的圖面而言，可說
　　　相當重要，在這一節中將說明各式註解之詳細作法。

10-5-1　新建標註型式

（指令位置一）

　　　註解 → 編輯圖層

（指令位置二）

　　　管理 → 型式編輯器

（尺度設定）

STEP 1

①點選 🔳 圖面。

②點選 註解。

③點取 編輯圖層。

STEP ②

①拖曳捲軸往上。
②展開標註。
③點選預設(ISO)。
④點選　新建...
⑤輸入「CNS標準」。
⑥點取　確定

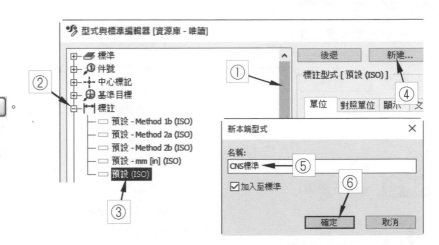

STEP ③　(單位標籤)

①點選　單位
②小數記號更改為 句點。
③精確度改為 0。
④角度格式改為 度-分-秒。
⑤點選　儲存
⑥點選　顯示

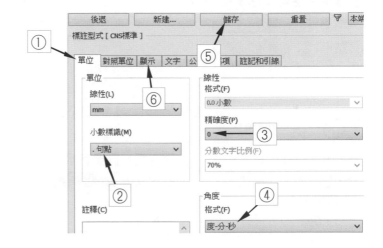

STEP ④　(顯示標籤)

①線條粗細改為 0.18。
②改變線條顏色為綠色。
③延伸長度為 2。
④原點偏移量為 1。
⑤每層尺度線之間距為 8。
⑥第一層尺度線與零件之距離
　為 10。
⑦箭頭大小為 3。
⑧點選　文字

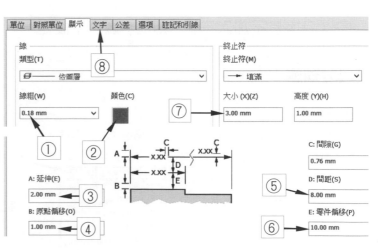

STEP ⑤ (文字標籤)

①設定公差字高為 3。
②點選 編輯文字型式 。
③點選 是(Y)。

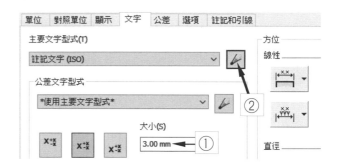

STEP ⑥ (文字標籤)

①變更為 80。
②變更文字顏色為紅色。
③變更文字高度為 3。
④點選 儲存。
⑤點選 後退。

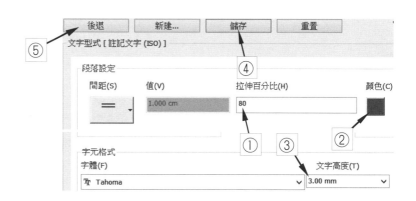

STEP ⑦ (文字標籤)

①點選字首設定框。　　②點選插入符號箭頭。
③點選欲插入之符號。　④點選 儲存並關閉。

註：若字首不加入符號，則此步驟可不設定。

變更尺度圖層

①點選已標註的尺度。

②點選變更標註圖層箭頭。　　③點選 CNS 標準。

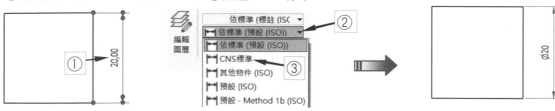

註：亦可標註前先切換至欲使用的尺度圖層，再進行標註。

注意!

如圖 10-60 所示，若尺度之字首分別「M」、「SR」、「SØ」等符號時，需重新設定一標註型式圖層，再進行標註圖層之切換即可。

圖 10-60

10-5-2　新建圖層(線型、顏色、線寬)

指令位置

註解 → 編輯圖層

線型圖層設定

STEP 1

① 點選註解 → 點選工具列的 編輯圖層。

② 點取 新建... 。

STEP 2

① 點選複製出的圖層並輸入「CNS 中心線」作為圖層名稱。

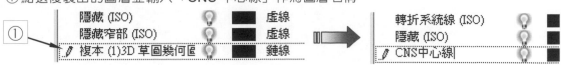

STEP ③

① 點選 顏色圖塊。

② 點選 藍色。

③ 點選 確定。

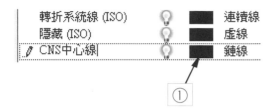

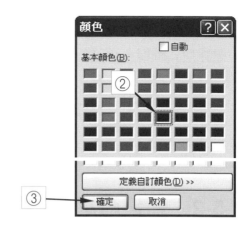

STEP ④

① 點選 線型。

② 點選 更換線型箭頭。

③ 點取 點長虛線。

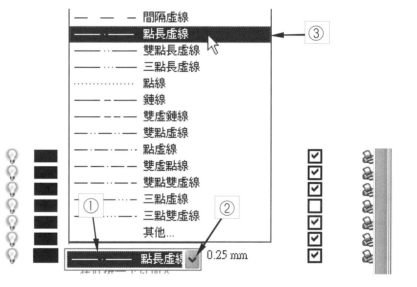

STEP ⑤

① 將線寬數值更改為 0.18。

② 點選 ┃ 儲存並關閉 ┃ 。

變更線型圖層

STEP 1

① 點選 草圖視圖。

② 輸入視圖名稱。

③ 點選 確定 。

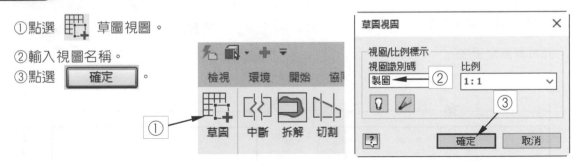

STEP 2

① 點選 矩形，繪製一矩形。

② 點選 直線，通過垂直線段中心點

繪製水平線。

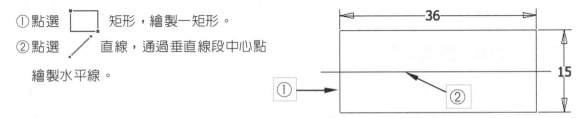

STEP 3

① 框選 矩形圖形。

② 點選 註解。

③ 點選 箭頭。

④ 點選 可見(ISO)。

⑤ 完成圖層變更。

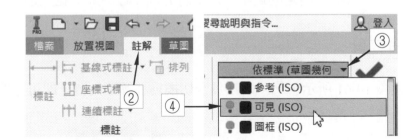

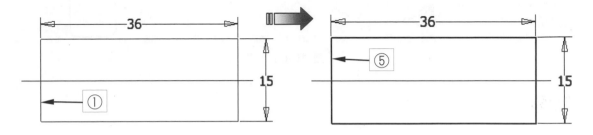

STEP ④

① 點選 水平線。

② 點選 CNS 中心線。

③ 點選 ✔ 完成草圖。

④ 完成圖層變更。

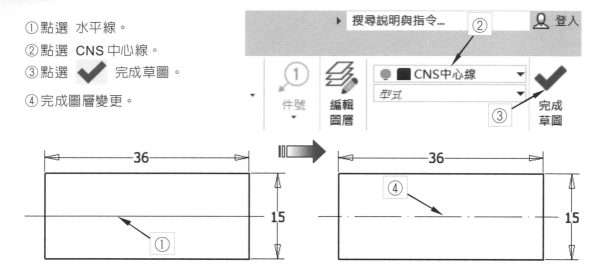

10-5-3 中心線繪製

Inventor 提供之中心線建構指令工具為 ╱ 中心線、⫽ 中心線平分線、╌╎╌ 中心標記、╬ 置中陣列等四種,可讓您完成中心線之建立,中心線之線型亦可如 AutoCAD 般自行設定,或挑選內定的選項,以下將分別以圖例來示範上述四種中心線之建構方式。

指令位置

點選圖 10-61 所示①②,將工具台切換為註解工具台,即可點取中心線相關指令。

圖 10-61

操作步驟

1. 點選 📁 開啟,開啟練習檔案 → Ch10\中心線繪製\中心線繪製.idw,如圖右所示。

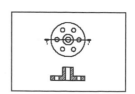

2. 點選 圖 10-62 所示①②。

圖 10-62

3. 點選 圖 10-63 所示①②③④⑤⑥⑦⑧ → 按右鍵 → 建立。

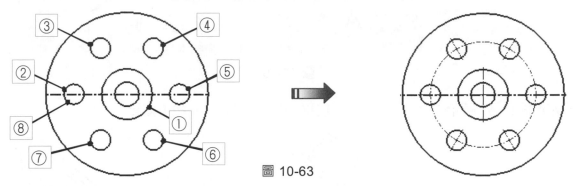

圖 10-63

4. 點選 中心線平分線 → 點選圖 10-64 所示圓孔邊線①②③④⑤⑥ → 按 Esc 鍵。

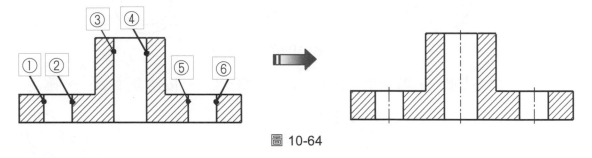

圖 10-64

5. 拖曳圖 10-65 所示①②，將中心線端點拖曳至視圖外。

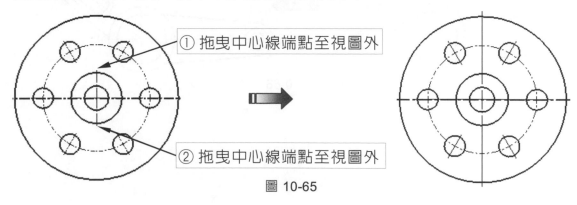

① 拖曳中心線端點至視圖外

② 拖曳中心線端點至視圖外

圖 10-65

6. 點選 📂 開啓，開啓練習檔案 → Ch10\中心線繪製\中心
線繪製-1.idw，如圖右所示。

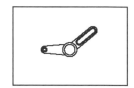

7. 點選 圖 10-66 所示①②。

圖 10-66

8. 點選圖 10-67 所示①②③④ → 按滑鼠右鍵 → 建立 → 按 Esc 鍵。

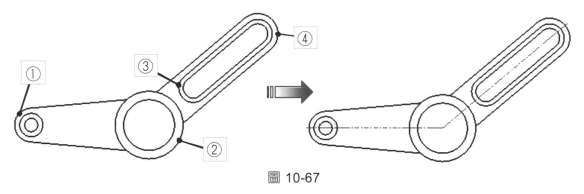

圖 10-67

9. 點選 ┼ 中心記號 → 點選圖 10-68 所示①②③④ → 按滑鼠右鍵 → 確定。

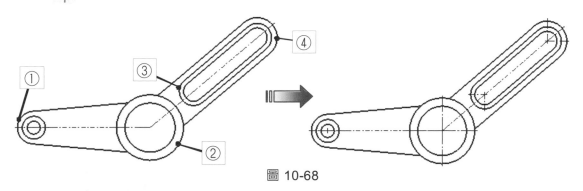

圖 10-68

10. 拖曳圖 10-69 所示①②，將中心線端點拖曳至視圖外。

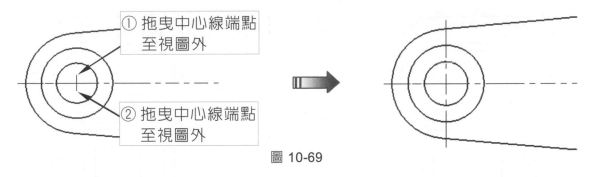

① 拖曳中心線端點
   至視圖外

② 拖曳中心線端點
   至視圖外

圖 10-69

精選練習範例

請完成下列各題之中心線繪製。

1. Ch10\中心線繪製\中心線繪製_精選範例_1.idw

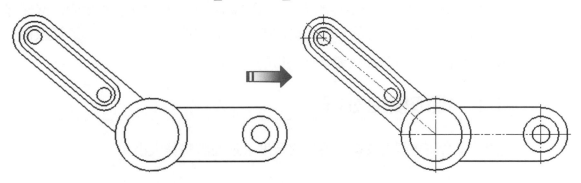

2. Ch10\中心線繪製\中心線繪製_精選範例_2.idw

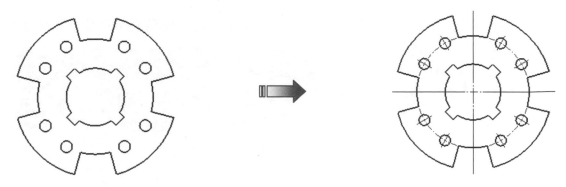

3. Ch10\中心線繪製\中心線繪製_精選範例_3.idw

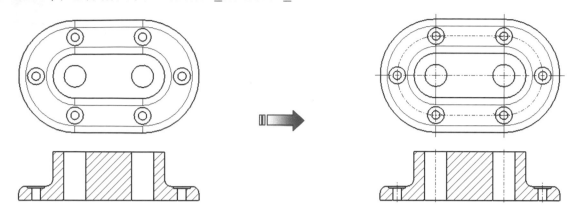

10-5-4 尺度標註

當您使用「註解」功能區中的「 ⊢→ 一般標註」按鈕，在視圖內加入尺度標註時。此時所產生之尺度標註是無法影響零件的大小，這些利用「一般標註」產生的尺度僅提供圖面內的尺度說明。若您希望產生的尺度可更改零件大小，則必須使用「 ⊟↳ 擷取模型註解」標註並更改其尺度，即可隨即改變零件特徵的大小。

⚙ 10-5-4-1 擷取模型註解

使用擷取標註指令將可幫助您編輯零件之尺度，進而調整其大小。

指令位置

點選圖 10-70 所示①②，以將工能區切換至註解工具台，並點選擷取模型註解指令。

圖 10-70

注意

進行操作步驟練習時，必須先將練習檔資料夾複製至電腦硬碟中，再從電腦開啟檔案。

說明

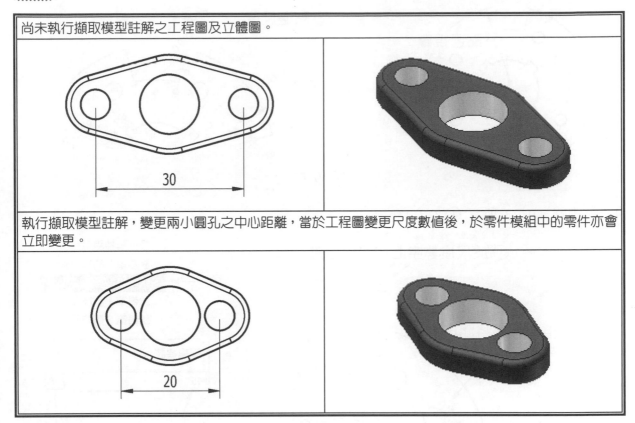

尚未執行擷取模型註解之工程圖及立體圖。

30

執行擷取模型註解，變更兩小圓孔之中心距離，當於工程圖變更尺度數值後，於零件模組中的零件亦會立即變更。

20

操作步驟

1. 點選 📁 開啓，開啓練習檔案 → Ch10\擷取標註\擷取
   標註.idw，如右圖所示。

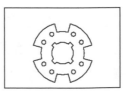

2. 點選 圖 10-71 所示①②開啓擷取模型註解對話框 →

圖 10-71

3. 點選 圖 10-72 所示①②③ → 點選 ▢ 確定 ▢

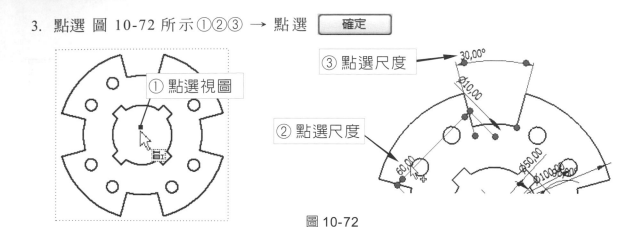

① 點選視圖

③ 點選尺度

② 點選尺度

圖 10-72

4. 點選圖 10-73 所示①②③④⑤。

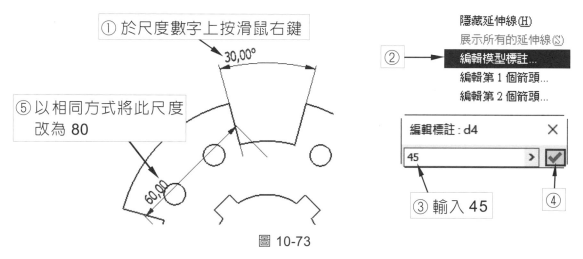

① 於尺度數字上按滑鼠右鍵

⑤ 以相同方式將此尺度改為 80

隱藏延伸線(H)
展示所有的延伸線(S)
② 編輯模型標註...
編輯第 1 個箭頭...
編輯第 2 個箭頭...

編輯標註：d4

45

③ 輸入 45

④

圖 10-73

5. 完成尺度編輯後之圖形大小如圖 10-74 左圖所示，如欲將該尺度刪除，僅需在尺度數字上按滑鼠右鍵，點選刪除即可，尺度刪除後並不會影響零件大小，但若希望再編輯尺度，僅需再重複步驟 2、3 即可。

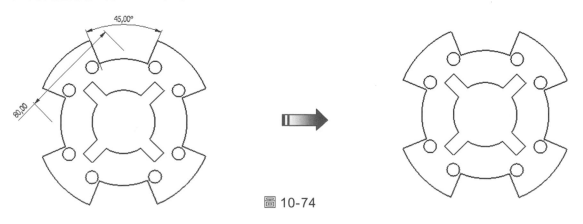

圖 10-74

🔩 10-5-4-2　一般標註

　　本節將以「一般標註」，在視圖內加入尺度標註，這些使用「一般標註」產生的尺度僅提供圖面內的尺度說明，若改變其尺度數值並無法影響零件的大小。

指令位置

📦 註解 → 標註

STEP 1

1. 點選 📁 開啟，開啟練習檔案 → Ch10\尺度標註\
標註.idw，如右圖所示。

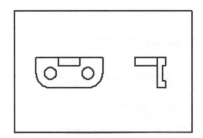

STEP 2

　　下列將以上圖為例標註出圖面相關尺度，並請跟著步驟操作，即可完成尺度標註。

　　工具台切換：點選圖面視圖工具台 → 圖面註解工具台 →

📦 水平尺度標註

①點選 一般標註 ↦
②點選 圓心。
③點選 圓心。
④點選 尺度放置處。
⑤點選 ▌確定▌。

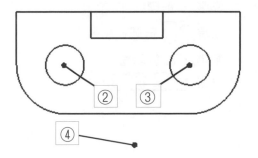

🔹 垂直尺度標註

① 點選 一般標註 |←→|

② 點選 圓心。

③ 點選 水平線段。

④ 點選 尺度放置處。

⑤ 點選 ▌確定▐ 。

🔹 相切尺度標註

① 點選 一般標註 |←→|

② 點選 圓，需出現直徑 🔎⊝ 符號。

③ 出現相切 🔎⊡ 符號後，點選圓。

④ 點選 尺度放置處。

⑤ 點選 ▌確定▐ 。

🔹 直徑尺度標註

① 點選 一般標註 |←→|

② 點選 圓。

③ 點選 尺度放置處。

④ 點選 ▌確定▐ 。

🔹 半徑尺度標註

① 點選 一般標註 |←→|

② 出現 🔎⊝ 符號，點選 圓弧。

③ 點選 尺度放置處。

④ 點選 ▌確定▐ 。

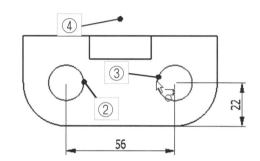

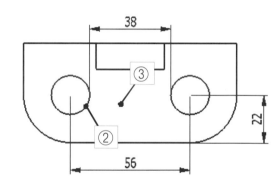

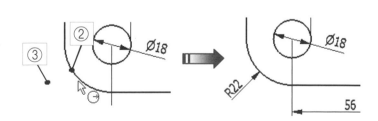

弧長尺度標註

①點選 一般標註 ├──┤ 。

②出現 符號，點選圓弧線段後，
　　游標移往外側。

③點按 滑鼠右鍵。

④點選 標註類型。

⑤點選 弧長選項。

⑥點選 尺度放置處。

⑦點選 確定 。

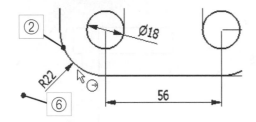

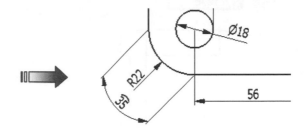

對稱尺度標註

①點選 一般標註 ├──┤ 。

②點選 線段。

③點選 線段。

④點按 滑鼠右鍵。

⑤點選 標註類型。

⑥點選 線性對稱。

⑦點選 尺度放置處。

⑧點選 確定 。

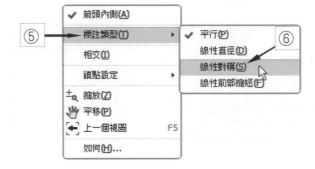

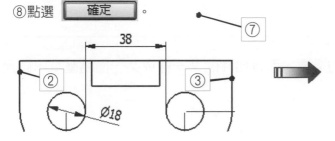

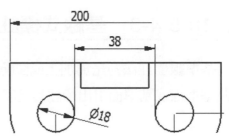

對齊尺度標註

① 點選 一般標註 ┠━┨。

② 點選 第一角點。

③ 點選 第二角點。

④ 點按 滑鼠右鍵。

⑤ 點選 標註類型。

⑥ 點選 對齊。

⑦ 點選 尺度放置處。

⑧ 點選 確定 。

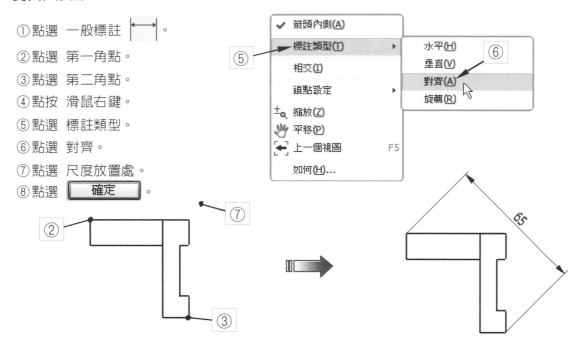

角度尺度標註

① 點選 一般標註 ┠━┨。

② 點選 線段。

③ 點選 線段。

④ 點選 尺度放置處。

⑤ 點選 確定 。

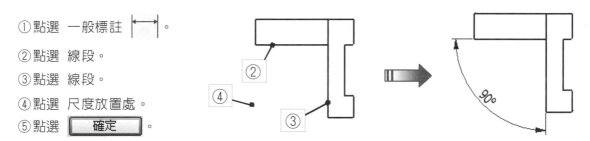

10-5-4-3 基線式標註

　　基準線標註法乃是為加工或裝配的需要，而以機件的某一線或某一面為基準，將尺度以此基準線或基準面引出標註其尺度。

指令位置

◈ 註解 → 基線式標註

操作步驟

STEP ①

① 點選 📁 開啟。

② 開啟 Ch10\基準線標註\基準線標註.idw。

③ 如右圖所示。

STEP ②

① 點選 註解。

② 點選 基線式標註 ↦⊣。

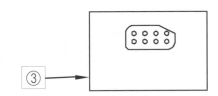

STEP ③

① 點選 線段 1、2、3、4、5、6。

② 點按 滑鼠右鍵，點選繼續。

③ 點選 尺度放置處。

④ 點按 滑鼠右鍵，點選建立。

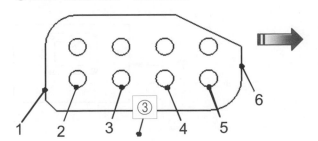

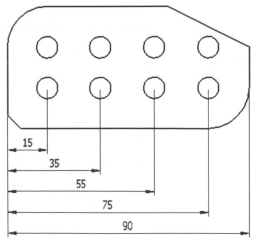

🎯 10-5-4-4 座標式標註集

Inventor 系統提供的縱座標標註中主要可分為兩類，座標式標註集，以及個別座標式標註。以下將以縱座標標註集來加以說明。

指令位置

📦 註解 → 箭頭 → 座標式標註集

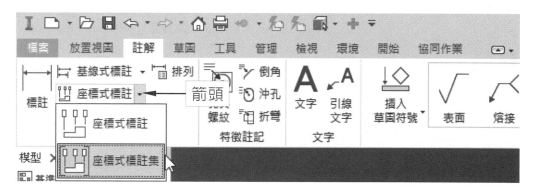

說明

指令	標註結果
座標式標註集	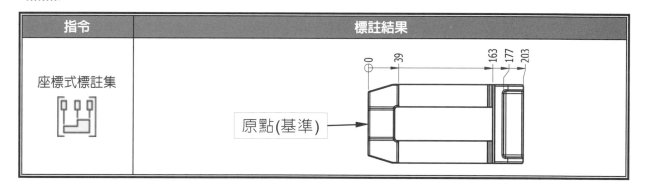

操作步驟

STEP 1

①點選 📁 開啟。

③開啟 Ch10\座標標註集\座標標註集.idw。

③如右圖所示。

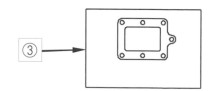

STEP ②

①點選 註解。
②點選 箭頭。
③點選 🔲 座標式標註集。

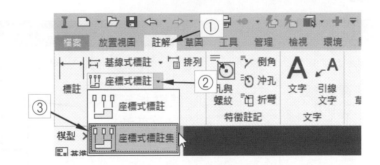

STEP ③

①點選 線段 1。
②點選 線段 1、2、3、4、5。
③點按 滑鼠右鍵，點選繼續。
④點選 尺度放置位置。
⑤點按 滑鼠右鍵，點取建立。

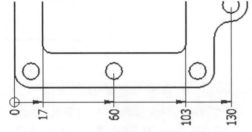

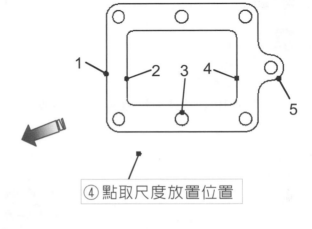

④ 點取尺度放置位置

🔶 10-5-4-5　座標式標註

　　座標式標註，適用於單獨視圖的座標式標註，因其可選擇個別視圖來進行座標式標註。

指令位置

📦 註解 → 座標式標註

說明

指令	標註結果
座標式標註	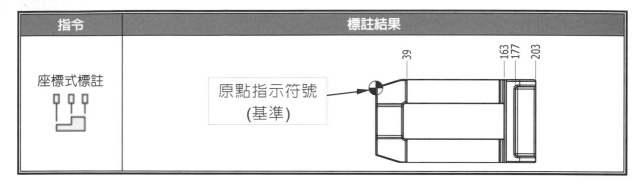

操作步驟

STEP ①

① 點選 📂 開啟。

② 開啟 Ch10\座標式標註\座標式標註.idw。

③ 如右圖所示。

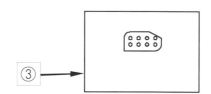

STEP ②

① 點選 註解。

② 點選 🔲 座標式標註。

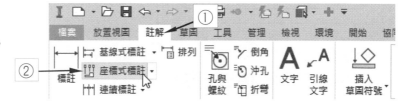

STEP ③

① 點選 欲標註座標尺度之視圖。

② 點選 座標原點。

③ 點選 A、B、C、D、E。

④ 點按 滑鼠右鍵。

⑤ 點選 繼續。

⑥ 移動滑鼠至視圖外,點按左鍵。

⑦ 點選 滑鼠右鍵,點選確定。

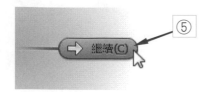

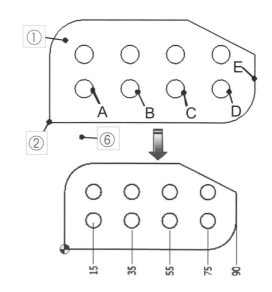

10-5-4-6 特徵註記(孔與螺紋、倒角、沖孔、折彎)

特徵註記即是對特徵加入輔助說明,但該指令僅能針對該指令適用之特徵加註說明,例如倒角僅能針對倒角特徵加註說明,若是以倒角指令去點選圓角特徵,系統則無法執行。

指令位置

☞ 註解 → 孔與螺紋、倒角、沖孔、折彎

說明

指令	標註結果
折彎 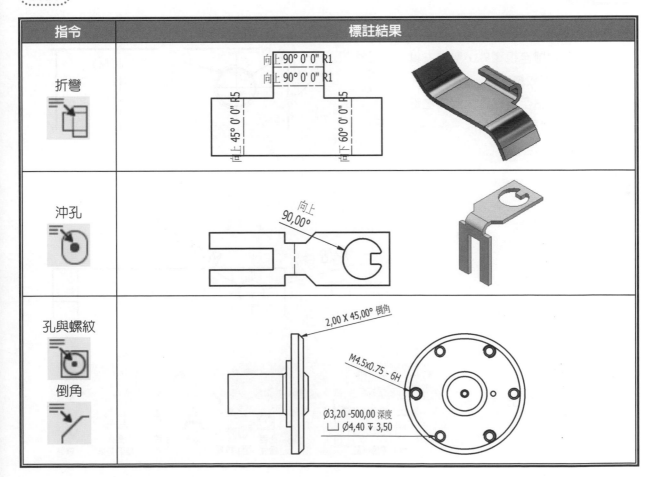	
沖孔	
孔與螺紋 倒角	

操作步驟

STEP ①

①點選 📁 開啟。

②開啟 Ch10\特徵註記\特徵註記.idw。

③如右圖所示。

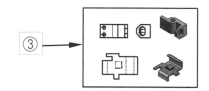

STEP ②

①點選 註解。

②點選 🔘 孔與螺紋。

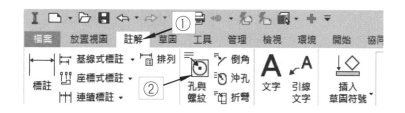

STEP ③

①點選 內孔。

②移動滑鼠至視圖外，點按左鍵。

③點選 螺紋線。

④移動滑鼠至視圖外，點按左鍵。

⑤點按 滑鼠右鍵。

⑥點選 確定。

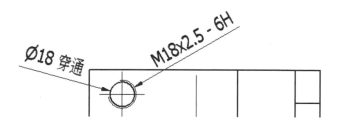

STEP ④

①完成如圖所示。

Ø18 穿通   M18x2.5 - 6H

STEP ⑤

①點選 註解。

②點選 ╲ 倒角。

STEP 6

① 點選　斜線。
② 點選　垂直線。
③ 移動滑鼠至視圖外，點按左鍵。
④ 點按　滑鼠右鍵。
⑤ 點選　確定。

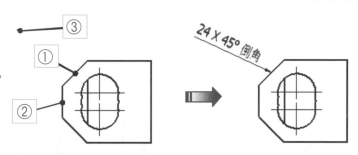

STEP 7

① 點選　註解。
② 點選　沖孔。

STEP 8

① 點選　沖孔邊線。
② 移動滑鼠至視圖外，點按左鍵。
③ 點按　滑鼠右鍵。
④ 點選　確定。

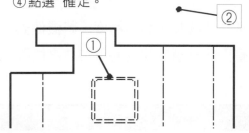

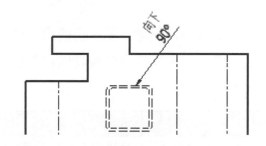

STEP 9

① 點選　註解。
② 點選　折彎。

STEP ⑩

① 點選 折彎線 1、2、3。

② 點選 滑鼠右鍵。

③ 點選 確定。

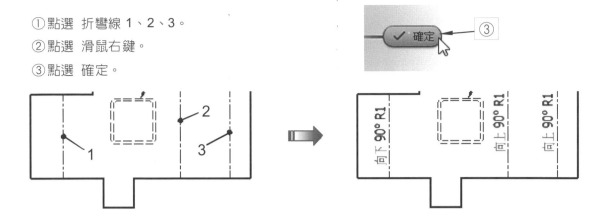

10-5-5 加工註解

當機件經過不同的機械切削加工後，其表面會得到不同的光滑程度，而這些看起來似光滑的表面，如果用放大鏡以高倍率的方式加以觀察，將可以發現機件表面其實仍有高低不平之現象，為了避免因機械加工產生的高低不平之現象，造成機件組合後因作動或運轉產生磨損，因此對於重要部位的表面加工程度需加以嚴格控制。

10-5-5-1 表面織構符號

表面織構符號是以基本符號為主體，再配合適當的註解及表面粗糙度，將機件表面的加工方法、粗糙程度及多種特殊意義標示說明，完整表面織構符號及其可加註之位置說明對照如下表所示。

位置	說明	基本符號
a	第一個表面織構要求事項(如參數符號、限界值等)	c a b e d
b	第二個表面織構要求事項(如參數符號、限界值等)	
c	指定表面之加工、處理、披覆等方法(如車削、研磨、電鍍)	
d	表面紋理及方向之符號	
e	加工裕度	

指令位置

📦 註解 → 表面(表面織構符號)

操作步驟

1. 開啓練習檔案。

①點選 📁 開啓。

②開啓 Ch10\表面織構符號\表面織構符號.idw。

③如右圖所示。

2. 點選 圖 10-74 所示①註解②表面 $\boxed{\sqrt{}}$ →

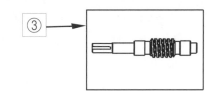

圖 10-74

3. 點選圖 10-75 所示① → 點按滑鼠右鍵 → 點選繼續 → 點選圖 10-75 所示②③④⑤⑥ → 按 Esc 鍵。

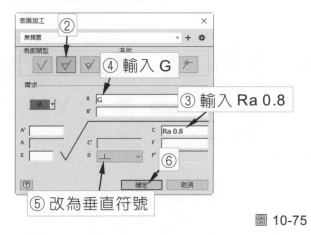

④ 輸入 G

③ 輸入 Ra 0.8

⑤改為垂直符號

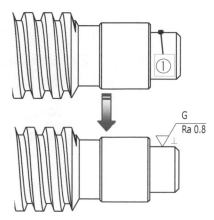

圖 10-75

🔩 10-5-5-2　基準識別碼符號與特徵控制框(幾何公差符號)

標註幾何公差可確保機件切削加工的精度,但機件切削加工之精度提高,其成本亦相對的提高,又倘若尺度和形狀不甚精確,機件與機件間的配合及作動亦會受影響,因此,在制定幾何公差時需審慎考慮機件製造精度、檢驗效能、或組裝後的功能等。方能善用幾何公差,進而達到節省加工時間與降低成本。

指令位置

🔲 註解 → 特徵控制框 基準識別字符號

操作步驟

1. 開啟練習檔案。

　①點選 📁 開啟。

　②開啟 Ch10\基準識別碼符號與特徵控制框\基準識別
　　碼符號與特徵控制框.idw。

　③如右圖所示。

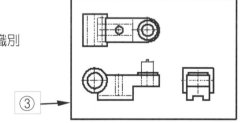

2. 點選 圖 10-76 所示①②③ →

圖 10-76

3. 點選 圖 10-77 所示①② → 輸入 字元 → 點選 確定 → 按 Esc 鍵 → 按住綠色點並往下拖曳，如圖 10-77 所示③。

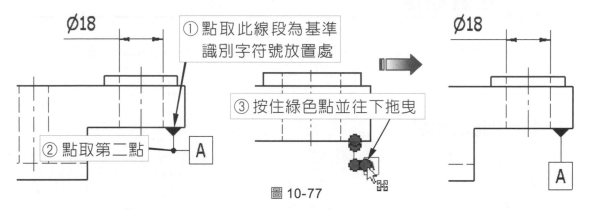

圖 10-77

4. 點選 特徵控制框 ⊕.1 → 點選 圖 10-78 所示①② → 點按滑鼠右鍵 → 點選 繼續 →

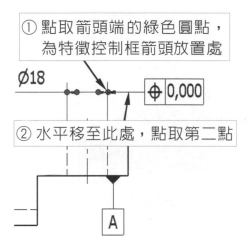

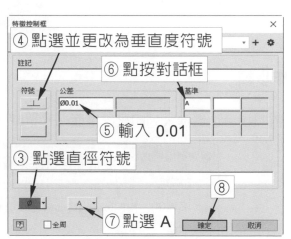

圖 10-78

→ 點選 圖 10-78 所示③④⑤⑥⑦⑧ → 按 Esc 鍵 → 完成圖 10-79 所示之幾何公差符號。

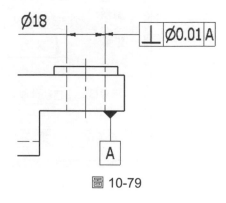

圖 10-79

10-6　出圖設定

前言：Inventor 出圖可列印模型以及列印圖面，本單元將說明在 Inventor 系統中列印圖面的操作方式。

10-6-1　列印設定

指令位置

① 點選 檔案。
② 點選 箭頭。
③ 點選 🖨 列印設置。

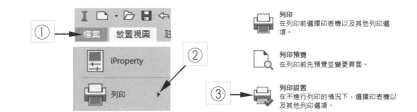

🖨 列印
在列印前選擇印表機以及其他列印選項。

📄 列印預覽
在列印前先預覽並變更頁面。

🖨 列印設置
在不進行列印的情況下，選擇印表機以及其他列印選項。

操作步驟

1. 依照指令位置進入列印設置畫面 → 單擊 圖 10-80 所示①②③④ →

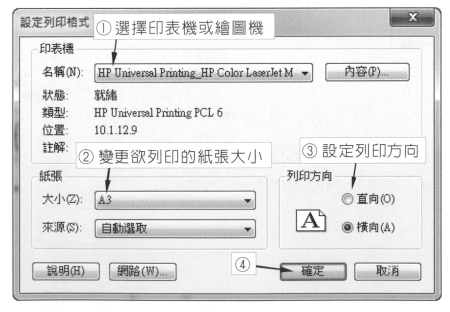

圖 10-80

10-6-2　列印預覽

(指令位置)

① 點選 檔案。
② 點選 箭頭。
③ 點選 🔍 列印預覽。

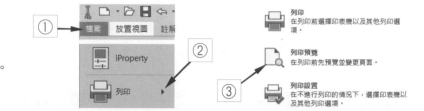

列印
在列印前選擇印表機以及其他列印選項。

列印預覽
在列印前先預覽並變更頁面。

列印設置
在不進行列印的情況下，選擇印表機以及其他列印選項。

(操作步驟)

1. 依照指令位置進入列印預覽畫面，如圖 10-81 所示。

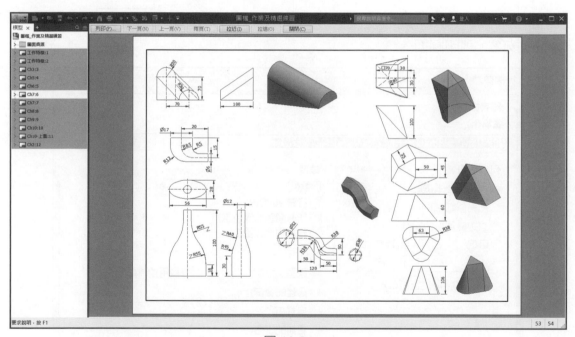

圖 10-81

10-6-3　列印

指令位置

①位 置一　→ 快捷工具列。
②位 置二　→ 檔案　→ 🖨 。

操作步驟

1. 依照指令位置進入列印畫面，如圖 10-82 所示 → 點選① → 列印(P)... → 預覽若沒問題即可按②，列印圖面。

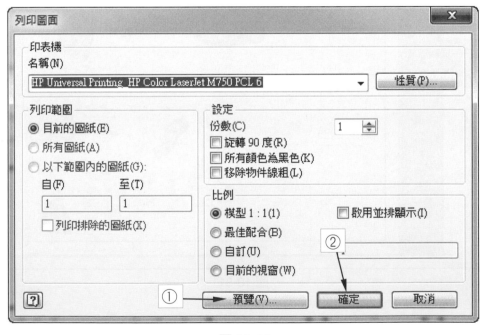

圖 10-82

作 業 ....●

一、請於 Ch10 資料夾中開啟實體圖檔,以 Inventor「圖面」之相關指令,建立如下列各圖
　　所示之視圖與尺度標註。

1. Ch10\作業例題\視圖建立與尺度標　2. Ch10\作業例題\視圖建立與尺度標
　　註\視圖建立與尺度標註−1.ipt 　　　　　　註\視圖建立與尺度標註−2.ipt

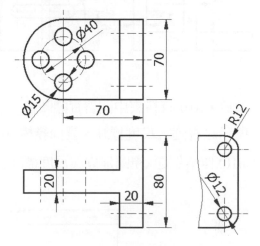

3. Ch10\作業例題\視圖建立與尺度標　4. Ch10\作業例題\視圖建立與尺度標
　　註\視圖建立與尺度標註−3.ipt 　　　　　　註\視圖建立與尺度標註−4.ipt

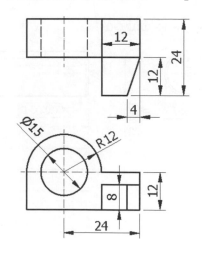

5. Ch10\作業例題\視圖建立與尺度標　6. Ch10\作業例題\視圖建立與尺度標
　　註\視圖建立與尺度標註-5.ipt　　　　　註\視圖建立與尺度標註-6.ipt

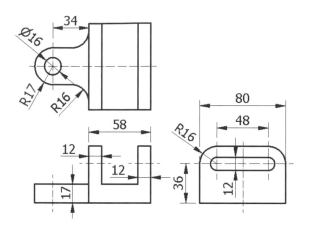

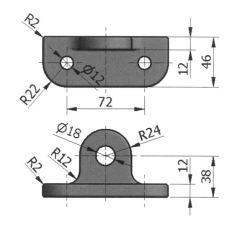

二、請於 Ch10 資料夾中開啟實體圖檔，以 Inventor「圖面」之相關指令，建立如下列各圖
　　所示之視圖、尺度標註、表面織構符號、幾何公差、與註解。

1. Ch10\作業例題\視圖建立與尺度標註\蝸桿軸.ipt

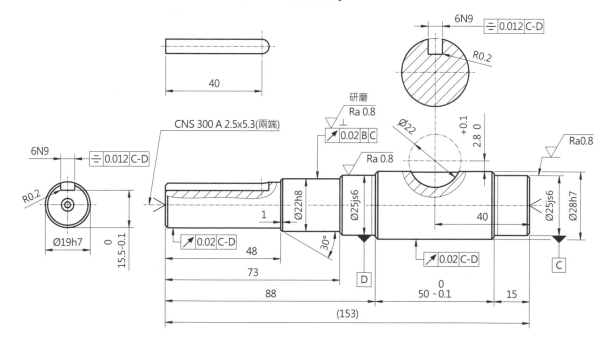

2. Ch10\作業例題\視圖建立與尺度標註\輔助螺桿.ipt

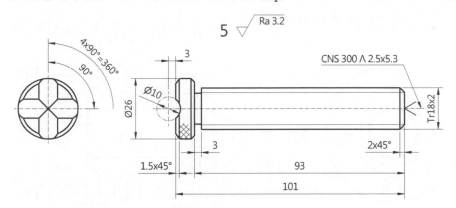

3. Ch10\作業例題\視圖建立與尺度標註\手輪.ipt

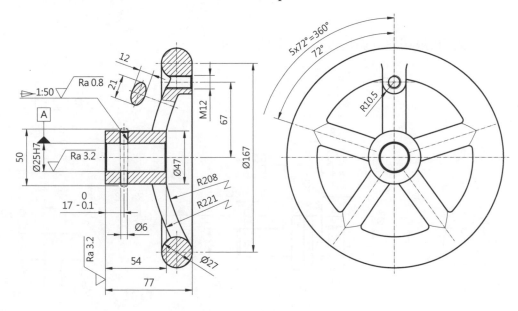

4. Ch10\作業例題\視圖建立與尺度標註\打油圓筒.ipt

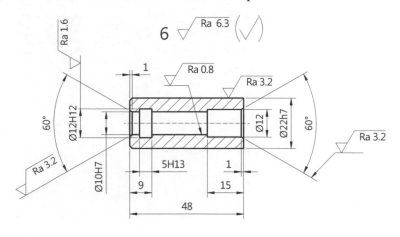

5. Ch10\作業例題\視圖建立與尺度標註\立柱承座.ipt

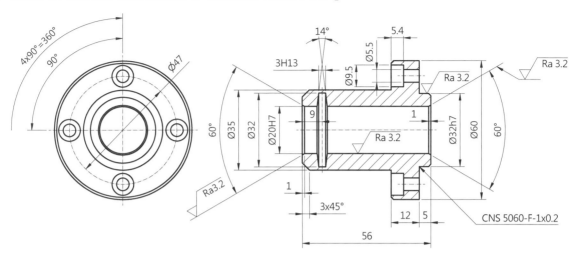

6. Ch10\作業例題\視圖建立與尺度標註\分流芯.ipt

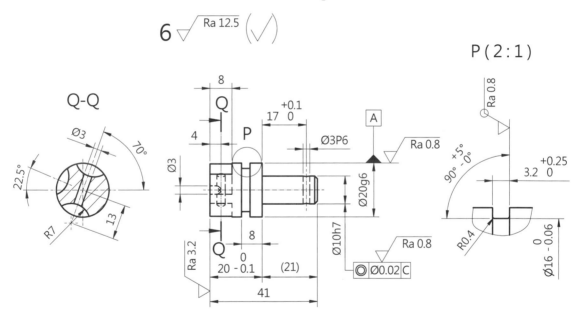

組合圖

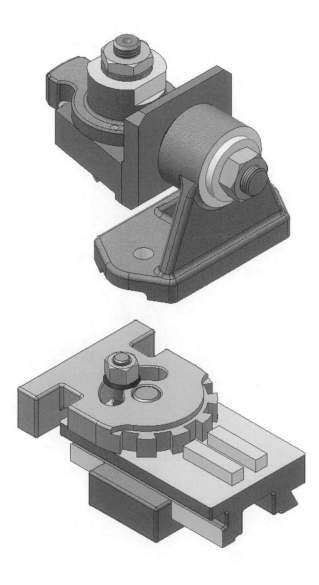

11-1 新建組合檔案

前言： 當您欲完成的 3D 模型特徵皆已建構完成後，則可以使用組合的功能來進一步指定零件與零件之間的相對配合位置，將各零件組合在一起，並進行機構模擬或組合件的應力分析等。

指令位置 1

在我的首頁點選組合。

指令位置 2

① 點選 新建。

② 點選 Standard.iam。

③ 點選 建立。

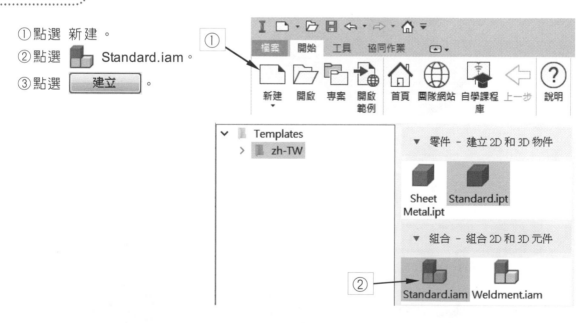

指令位置 3

　　①點選 箭頭。
　　②點選 組合。

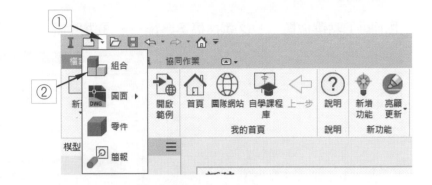

指令位置 4

　　①點選 檔案。
　　②點選 箭頭。
　　③點選 組合。

11-2　放置元件

前言：將建立完成之零件特徵置入組合圖模組內，當您以放置將元件置入至組合中時，
　　　系統會將游標貼附於該元件的重心上，建議至少要固定一個元件，以利其它元件
　　　的組裝。

指令位置

🔲 組合 → 放置

放置元件方式一

由下圖①點選放置 → ②選擇檔案路徑 → ③選取檔案 → ④點選開啟。

 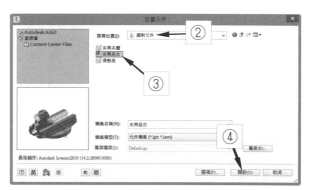

放置元件方式二

由檔案總管模式將零件拖曳至組合模式中，拖曳時可選擇單一零件，亦可按住 Ctrl 鍵多重選取零件後再一併拖曳至組合模式中。

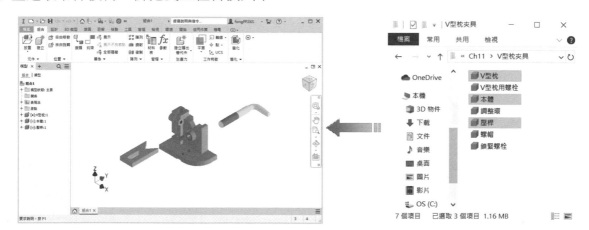

放置元件方式三

　　在 Inventor 軟體中可同時開啟零件及組合件檔案，並將零件拖曳至組合件中，作法如後：①將視窗切換至水平並排 → ②點選欲拖曳的零件檔案 → ③於零件檔的瀏覽器中拖曳零件檔案名稱至組合件檔案中。

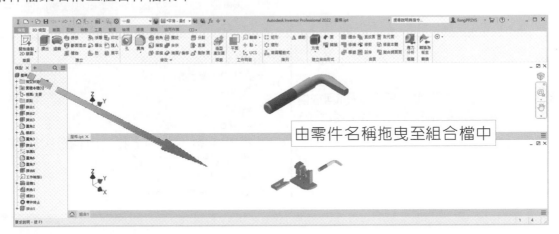

由零件名稱拖曳至組合檔中

刪除零件

①在瀏覽器的零件名稱上按滑鼠右鍵 → 點選刪除。

②點選瀏覽器上的零件名稱 → 按鍵盤的 Delete 鍵。

③於繪圖區點選零件 → 按鍵盤的 Delete 鍵。

點選刪除

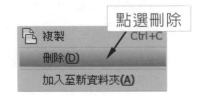

注意事項

① 第一個由檔案拖曳至組合檔中的零件將被系統內定為固定件，若是多重選取零件放置於組合檔中，則是第一個選取的零件作為固定。	⋯⋯📁 關係 ＋📁 表現法 ＋📁 原點　　　　　　　有圖釘符號為固定件 ＋📌 [●]:V型枕:1 ＋📦 [o]:本體:1　　　　　浮動件 ＋📦 [o]:壓桿:1

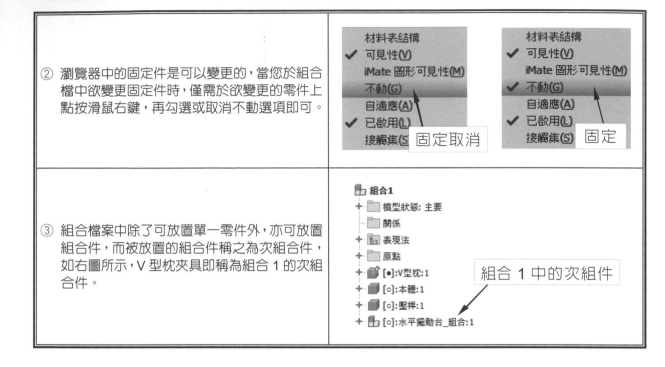

② 瀏覽器中的固定件是可以變更的，當您於組合檔中欲變更固定件時，僅需於欲變更的零件上點按滑鼠右鍵，再勾選或取消不動選項即可。	
③ 組合檔案中除了可放置單一零件外，亦可放置組合件，而被放置的組合件稱之為次組合件，如右圖所示，V型枕夾具即稱為組合1的次組合件。	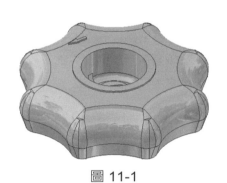

操作步驟

1. 開啟一個新的組合檔 → 點選 放置元件 → Ch11\把手.ipt → 開啟 → 於繪圖區點按滑鼠左鍵放置零件 → 按 Esc 鍵，放置如圖 11-1 所示之 把手.ipt。

圖 11-1

11-3 自由移動與自由旋轉元件

前言：使用自由移動指令，可將元件或次組件往任一線性方向拖曳移動，使用自由旋轉指令，則可將元件或次組件進行旋轉，但要注意的是，若元件或次組件被固定時，則無法進行移動及旋轉動作。

指令位置

🔷 組合 → 自由移動

🔷 組合 → 自由旋轉

操作步驟

1. 點選 📂 開啟 → Ch11\移動與旋轉\精選練習範例-1.iam → 開啟 → 置入圖 11-2 所示之組立件。

圖 11-2

2. 點選 ✏️ 自由移動 → 點選 圖 11-3 所示① → 按 Esc 鍵。

① 按住零件並往右拖曳

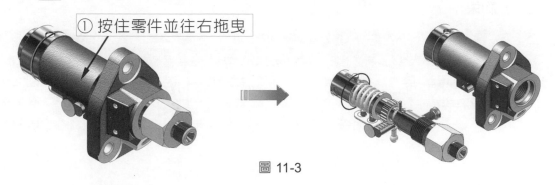

圖 11-3

3. 點選 自由旋轉 → 點選 圖 11-4 所示① → 按住左鍵並旋轉零件，如 圖 11-4 所示 ② → 按 Esc 鍵。

圖 11-4

4. 點選 圖 11-5 所示①② → 當已有約束過的零件經移動及旋轉後，若欲使零件再回復到 原來的狀態，則必須點選管理頁籤下的更新，才可回復原來的組合狀態。

圖 11-5

11-4　置入約束

前言：利用置入約束條件，約束確定幾何圖元或各個機件間之相對位置。

指令位置

組合 → 約束

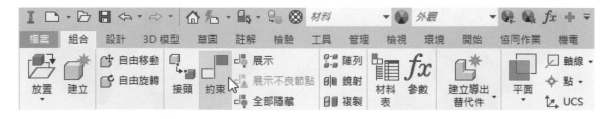

貼合類型說明

類型	等角視圖	正投影視圖
貼合 偏移: 0.000 mm 貼合		
貼合 偏移: 30 mm 貼合		
貼合 偏移: 0.000 mm 齊平		
貼合 偏移: 30 mm 齊平		

角度類型說明(正向角)

類型	等角視圖	正投影視圖
角度 ⬛ 角度: 0.00 deg ▶	貼合面 2 貼合面 1	
角度 ⬛ 角度: -30 ▶	貼合面 2 貼合面 1	30°
角度 ⬛ 角度: 30 ▶	貼合面 2 貼合面 1	30°

角度類型說明(無向角)

類型	等角視圖	正投影視圖
角度 ⬛ 角度: -30 ▶ 角度: 30 ▶	貼合面 2 貼合面 1	30°

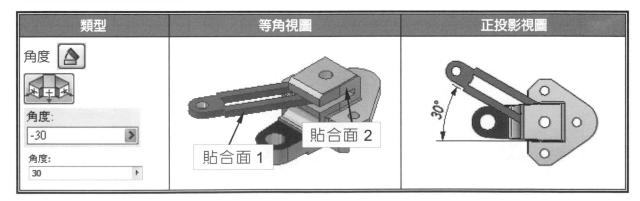

角度類型說明(明確參考向量)

類型	等角視圖	正投影視圖
角度 ⬠ 角度: 0.00 deg ▶	參考面 貼合面 1 貼合面 2	
角度 ⬠ 角度: -90 deg ▶	參考面 貼合面 2 貼合面 1	90°
角度 ⬠ 角度: 90 deg ▶	參考面 貼合面 2 貼合面 1	90°

相切類型說明

類型	等角視圖	正投影視圖
相切 ⬛ 內側 偏移: 0.000 mm	相切面	凸輪 圓柱
相切 ⬛ 內側 偏移: 10.000 mm	相切面	圓柱 凸輪 10
相切 ⬛ 外側 偏移: 0.000 mm	相切面	圓柱 凸輪
相切 ⬛ 外側 偏移: 10.000 mm	相切面	圓柱 凸輪 10

插入類型說明

類型	等角視圖	正投影視圖
插入 反向 偏移: 0.000 mm		0 選取邊重疊
插入 反向 偏移: 20.000 mm		20 選取邊
插入 對齊 偏移: 0.000 mm		0 選取邊重疊
插入 對齊 偏移: 20.000 mm		20 選取邊

對稱說明

類型	等角視圖	正投影視圖
對稱 ◢▟ 選取 ▶ 1 ▶ 2 ▶ 3 ▢ ▱	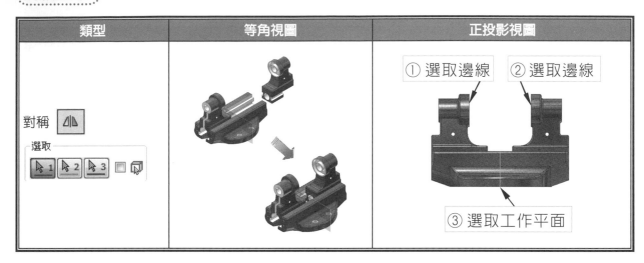	① 選取邊線　② 選取邊線 ③ 選取工作平面

操作步驟

1. 開啟一個新的組合檔 → 點選 📥 放置元件 → Ch11\置入約束\底座.ipt → 開啟 → 於繪圖區點按滑鼠左鍵放置零件 → 再次點選 📥 放置元件 於 Ch11\置入約束\六角螺帽.ipt → 開啟 → 於繪圖區點按滑鼠左鍵放置零件 → 按 Esc 鍵。

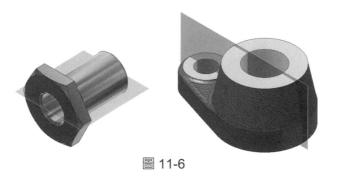

圖 11-6

2. 點選 ◳ → 點選 圖 11-7 所示①② → ▢ 確定 。

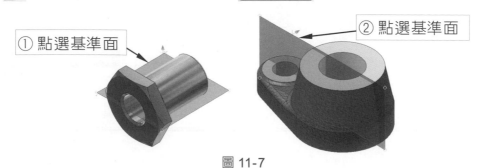

① 點選基準面　　② 點選基準面

圖 11-7

3. 點選 📦 自由移動 → 以滑鼠左鍵按壓六角螺帽後並往左拖曳，如圖 11-8 所示。

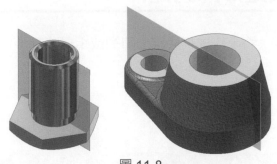

圖 11-8

4. 點選 📄 → 點選 圖 11-9 所示①② → ▭ 確定 ▭。

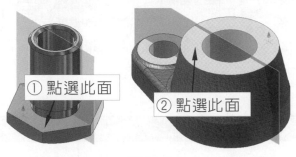

① 點選此面

② 點選此面

圖 11-9

5. 點選 📦 自由移動 → 以滑鼠左鍵按壓六角螺帽後並往左拖曳，如圖 11-10 所示。

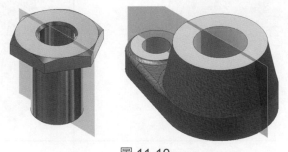

圖 11-10

6. 點選 📄 → 點選 圖 11-11 所示①② → ▭ 確定 ▭。

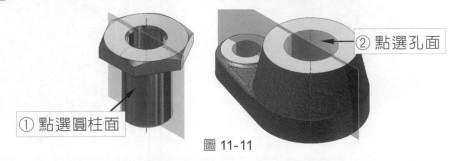

② 點選孔面

① 點選圓柱面

圖 11-11

11-5 環形與矩形陣列元件

前言：以陣列複製的功能，將元件排列成環形陣列或矩形陣列。

指令位置

組合 → 陣列

說明

指令	執行陣列前	執行陣列後
環形	欲陣列之元件	
矩形	欲陣列之元件	

→ 應用實例一

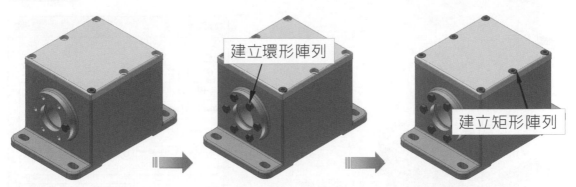

操作步驟

1. 點選 📂 開啓 → Ch11\環形與矩形陣列**環形與矩形陣列.iam** → 開啓,如圖 11-12 所示。

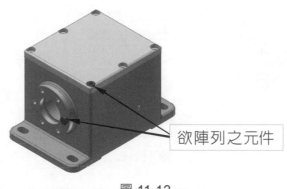

圖 11-12

2. 點選 🔳 陣列 → 點選 圖 11-13 所示①②③④⑤⑥⑦。

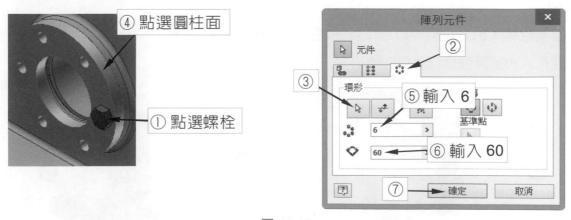

圖 11-13

3. 點選 ⊞ 陣列 → 點選 圖 11-14 所示①②③④⑤⑥。

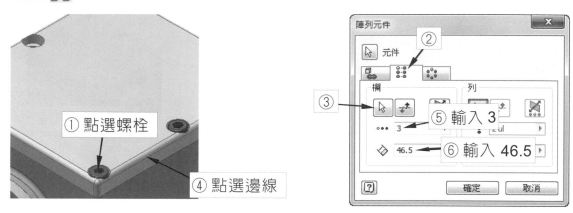

圖 11-14

→ 點選 圖 11-15 所示⑦⑧⑨⑩ → 完成如圖 11-15 右圖所示。

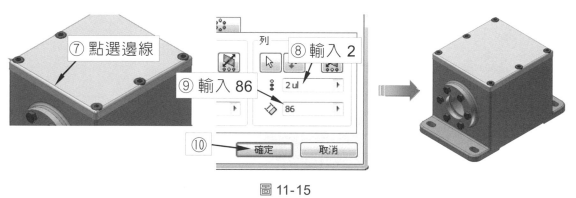

圖 11-15

精選練習範例

例題-1

1. 檔案組裝 Ch11\環形與矩形陣列\精選練習範例_1 資料夾。

2. 進行六角承窩頭螺栓之環形陣列。

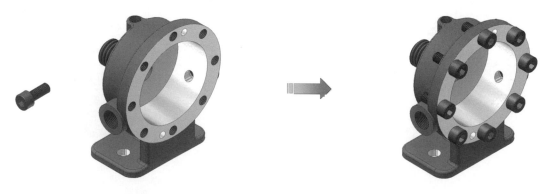

例題-2

1. 檔案組裝 Ch11\環形與矩形陣列\精選練習範例_2 資料夾。

2. 進行六角螺栓及六角承窩頭螺栓之環形陣列,如圖所示。

例題-3

1. 檔案組裝 Ch11\環形與矩形陣列\精選練習範例_3 資料夾。

2. 進行六角螺栓及六角承窩頭螺栓之矩形陣列,如圖所示。

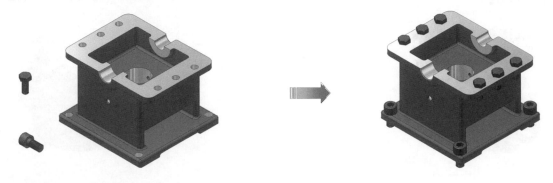

11-6　鏡射元件

前言:以鏡射複製的功能,將元件鏡射複製出另一元件,在系統中可選擇是直接在該組合
　　　視窗中插入鏡射的元件或將鏡射的元件另外開啟一視窗。

指令位置

◉ 組合 → 鏡射

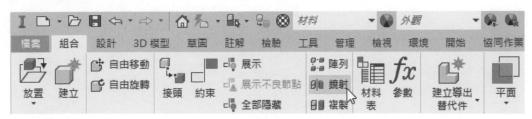

說明

指令	執行鏡射前	執行鏡射後
鏡射	欲鏡射之元件	

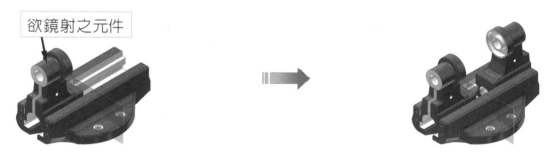

→ **應用實例一**

欲鏡射之元件

操作步驟

1. 點選 📁 開啟 → Ch11\鏡射元件\夾具組合**.iam** → 開啟，如圖 11-16 所示。

欲鏡射之元件

圖 11-16

2. 點選 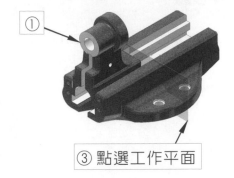 鏡射 → 點選 圖 11-17 所示①②③④ →

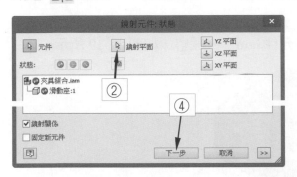

③ 點選工作平面

圖 11-17

→ 點選 圖 11-18 所示①。

圖 11-18

11-7　複製元件

前言：複製元件工具可在組合視窗中複製出相同的元件，亦可以開啟新視窗中複製出元件。

指令位置

⬡ 組合 → 複製

操作步驟

1. 點選 📂 開啓 → Ch11\複製元件**複製元件.iam** → 開啓,如圖 11-19 所示。

圖 11-19

2. 點選 🔳 複製 → 點選 圖 11-20 所示①② →

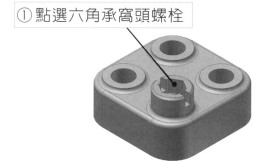
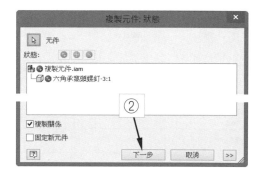

圖 11-20

→ 點選 圖 11-21 所示①② → 於繪圖區按滑鼠左鍵,即可完成複製元件。

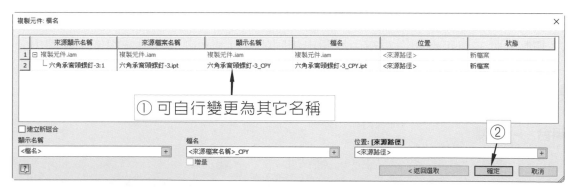

圖 11-21

11-8　取代元件

前言：以現有之元件來取代一個組合中的元件，或是取代目前組合中元件的所有複本。

指令位置

組合 → 元件 → 取代

說明

指令	執行取代前	執行取代後
取代		
全部取代		

操作步驟

1. 點選 📂 開啟 → Ch11\取代\取代\取代.iam → 開啟，如圖 11-22 所示。

螺栓之約束條件是以插入 🔲 約束

圖 11-22

2. 點選 ☝️ → 點選圖 11-23 所示①再按 Enter 鍵 → 點選②③④ →

② 進入取代資料夾

圖 11-23

→ 點選如圖 11-24 所示①②，完成元件取代。

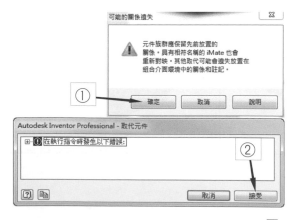 

圖 11-24

3. 點選 📂 開啟 → Ch11\取代\全部取代\全部取代.iam → 開啓，如圖 11-25 所示。

螺栓之約束條件是以插入 🔩 約束

圖 11-25

4. 點選 🔩 → 點選圖 11-26 所示①再按 Enter 鍵 → 點選②③④ →

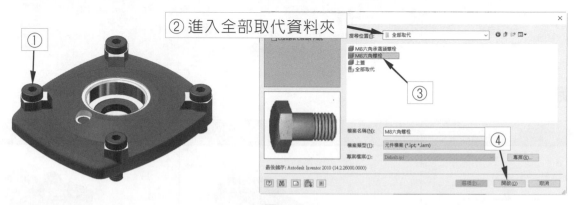

圖 11-26

→ 點選如圖 11-27 所示①②，完成元件全部取代。

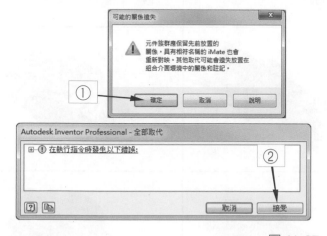

圖 11-27

11-9 剖面視圖

前言：以假想的方式來剖切構件，使構件內部形狀可清楚看見，以方便編輯。

指令位置

🗇 檢視 → 剖面視圖

說明

指令	執行前	執行後
四分之一剖面視圖 切割面		
半剖面視圖 切割面		
四分之三剖面視圖 切割面		

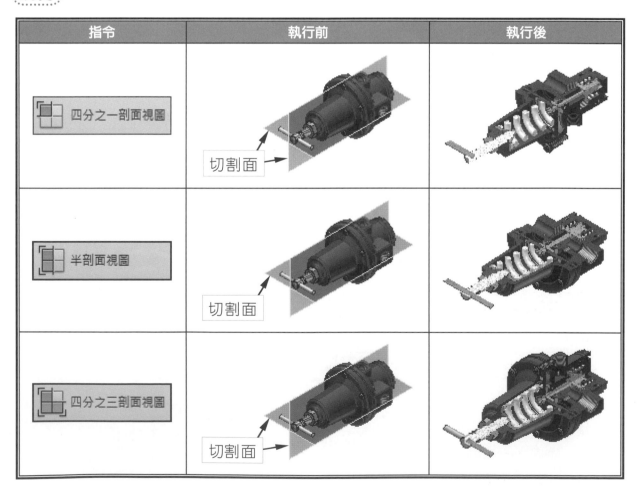

操作步驟：

1. 點選 📁 開啟 → 點選 Ch11\剖面視圖**氣壓閥.iam** → 開啟，如圖 11-28 所示。

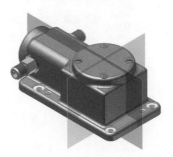

圖 11-28

2. 點選如圖 11-29 所示①檢視②四分之一剖面視圖 ▦。

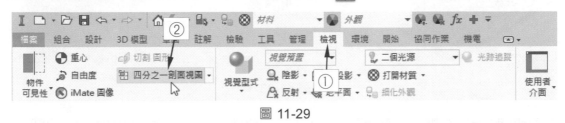

圖 11-29

3. 點選圖 11-30 所示之工作平面①②③④⑤⑥ → 於繪圖區按滑鼠右鍵 → 點選完成。

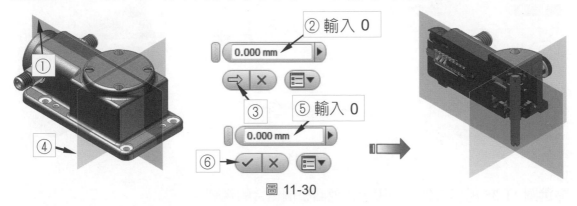

圖 11-30

4. 點選圖 11-31 所示①箭頭②全剖面視圖，使圖形返回整個組合的視圖。

圖 11-31

5. 點選如圖 11-32 所示①箭頭②半剖面視圖  。

圖 11-32

6. 點選圖 11-33 所示之工作平面① →

圖 11-33

7. 於繪圖區按滑鼠右鍵 → 點選圖 11-34 所示①翻轉剖面②完成,以完成剖面視圖翻轉。

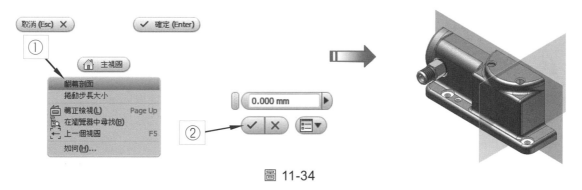

圖 11-34

8. 點選圖 11-35 所示①②,使圖形再返回整個組合的視圖。

圖 11-35

11-10 建立元件

前言：建立元件功能可使提升您在從事設計時的方便性，尤其是當您進行由上而下的相關
設計時，更可使您正確且快速的完成您要的設計，進而大大提升您的工作效率。

指令位置

○ 組合 → 建立

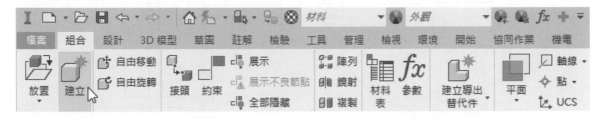

說明

現有零件	投影現有零件的法蘭面
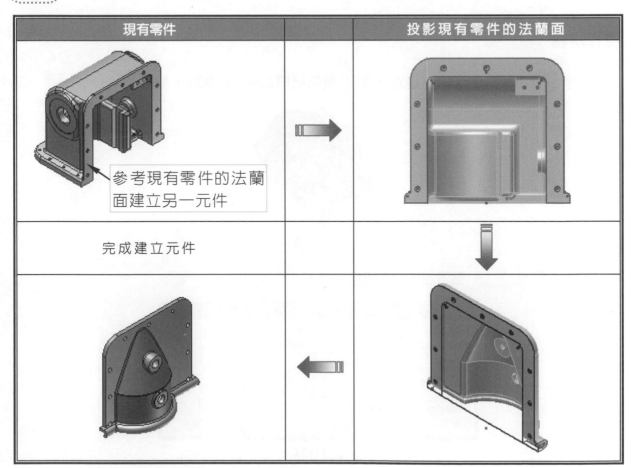 參考現有零件的法蘭面建立另一元件	
完成建立元件	

→ **應用實例一**

1. 本範例之圖形如下所示，已知元件為行星泵上蓋。

2. 依據已知件行星泵上蓋，以 ☐ 建立元件 指令產生行星泵底座。

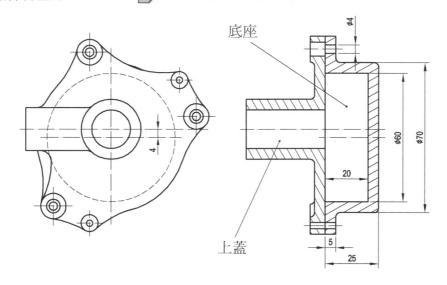

操作步驟

1. 點選 ☐ 開啟 → Ch11\建立元件\行星泵機構**.iam** → 開啟，如圖 11-36 所示。

圖 11-36

2. 點選 ☐ 建立 → 點選圖 11-37 所示① →

圖 11-37

→ 點選圖 11-38 所示①②③ → ｜確定｜ → 點選圖 11-39 所示④。

④ 點選右側平面

圖 11-38

3. 點選 📐 開始繪製 2D 草圖 → 按 F6 鍵 → 點選圖 11-39 所示①特徵右側平面 → 按
F6 鍵 → 點選 📦 投影幾何圖形 → 點選圖 11-39 所示①特徵右側平面 →

① 點選右側平面

圖 11-39

→ 點選 ✔ 完成草圖 → 點選 📦 擠出 → 點選如圖 11-40 所示①②③。

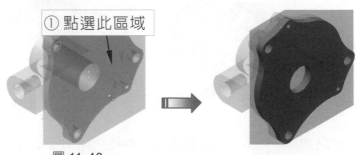

① 點選此區域

圖 11-40

4. 點選 📐 開始繪製 2D 草圖 → 點選如圖 11-41 所示① →

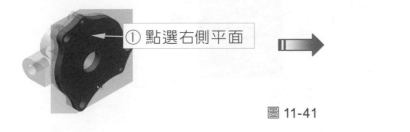

① 點選右側平面

圖 11-41

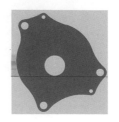

→ 點選 ⊙ 圓 → 繪製如圖 11-42 所示①之圓形 → 點選 ✔ 完成草圖 → 按 F6 鍵。

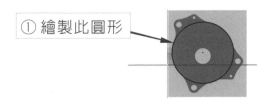

圖 11-42

5. 點選 ▥ 擠出→ 點選圖 11-43 所示之①②。

圖 11-43

6. 點選 ▦ 開始繪製 2D 草圖 → 點選如圖 11-44 所示①② →

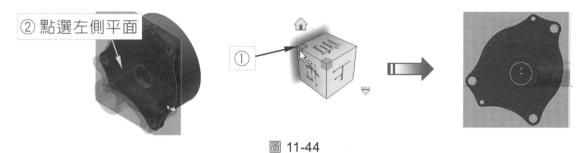

圖 11-44

→ 點選 圓 ⊙ → 繪製如圖 11-45 所示①之圓形 → 點選 ✔ 完成草圖 → 按 F6 鍵 →

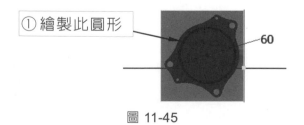

圖 11-45

11-32

7. 點選 ▣┃ 擠出→ 點選圖 11-46 所示之①②③ → 關閉工作平面。

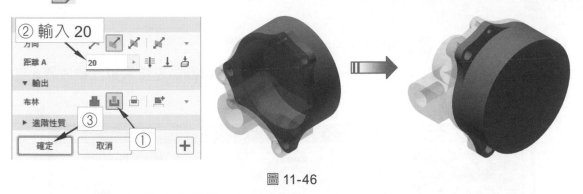

圖 11-46

8. 點選 儲存 💾 → 返回 ◀◖，返回到組合環境。

11-11 資源中心之應用

前言：Inventor 零件庫提供了相當多的標準零件可供使用者來選用，如軸承、扣環、螺栓、平行鍵，油封等，除了繪圖更加便利外，更可提升繪圖效率。下列將以滑輪架裝置為例，說明如何使用資源中心的標準零件，以及利用設計頁面中的軸功能來設計軸構件。

→ **應用實例一**

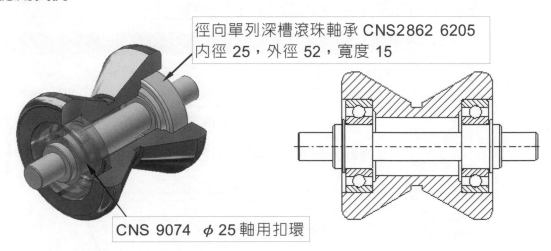

徑向單列深槽滾珠軸承 CNS2862 6205
內徑 25，外徑 52，寬度 15

CNS 9074　ϕ 25 軸用扣環

操作步驟

1. 點選 ⬜ 新建 → 🔳 Standard.iam 組合圖 → 建立。

2. 點選 📂 放置 → 點選圖 11-47 所示①②③ → 於繪圖區點按滑鼠左鍵放置元件 → 按 ESC 鍵。

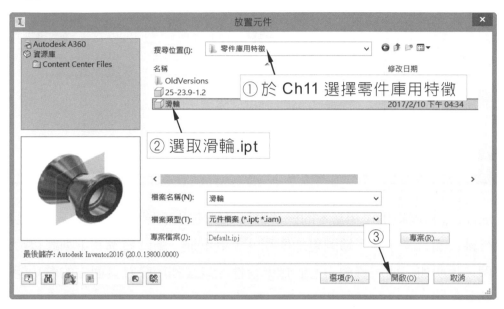

圖 11-47

3. 點選 儲存 💾 → 點選圖 11-48 所示①②③ → ⬛ 確定 。

圖 11-48

4. 點選 圖 11-49 所示①② →

圖 11-49

→ 點選 圖 11-50 所示①②③④ →

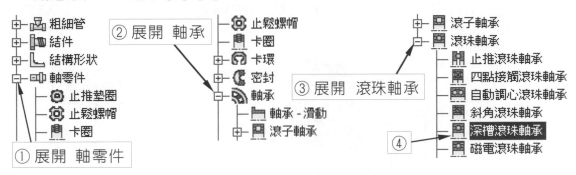

圖 11-50

→ 點選 圖 11-51 所示①②③ →

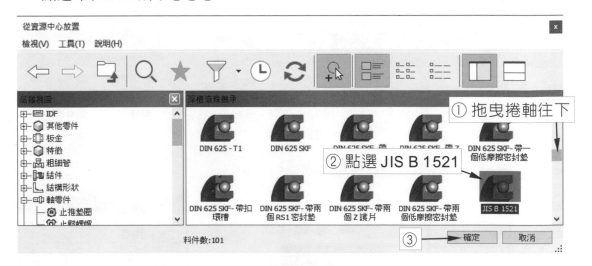

圖 11-51

→ 點選 圖 11-52 所示①②③④ →

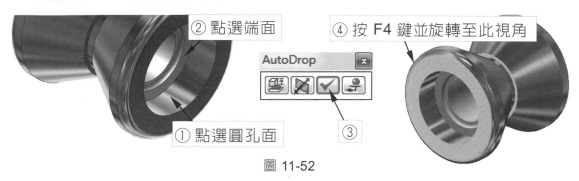

圖 11-52

→ 點選 圖 11-53 所示①②③ → 按 Esc 鍵 → 按 F6 鍵。

圖 11-53

5. 點選 圖 11-54 所示①② →

圖 11-54

→ 點選 圖 11-55 所示①②③④⑤⑥ →

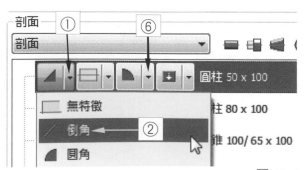

圖 11-55

→ 點選 圖 11-56 所示①② →

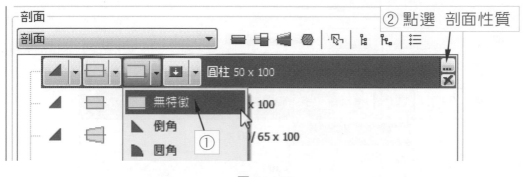

圖 11-56

→ 點選 圖 11-57 所示①②③④ →

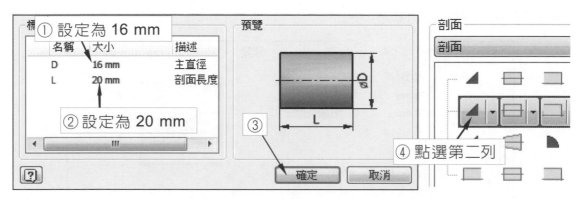

圖 11-57

→ 點選 圖 11-58 所示①②③④⑤ →

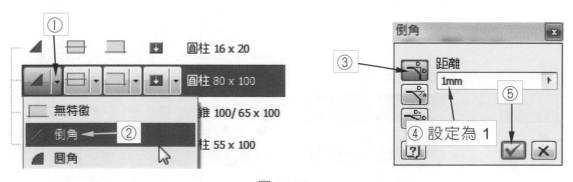

圖 11-58

→ 點選 圖 11-59 所示①②③ →

圖 11-59

→ 點選 圖 11-60 所示①②③ →

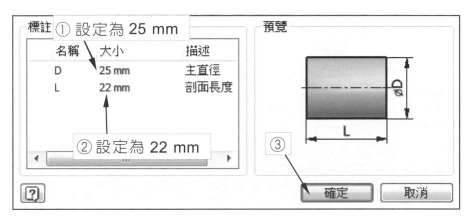

圖 11-60

→ 點選 圖 11-61 所示①②③ →

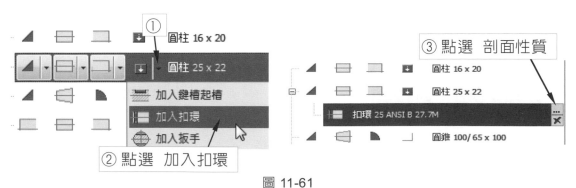

圖 11-61

→ 點選 圖 11-62 所示①②③④ →

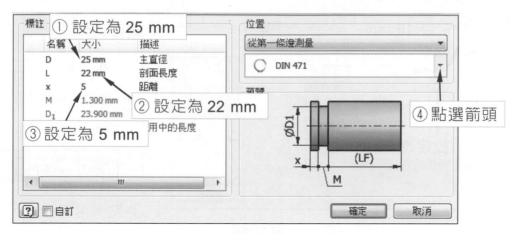

圖 11-62

→ 點選 圖 11-63 所示①② → ③ 確定 。

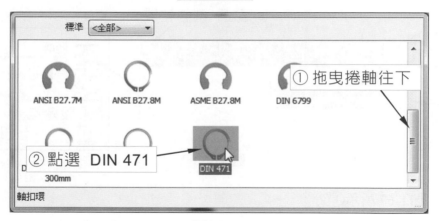

圖 11-63

→ 點選 圖 11-64 所示①②③④⑤ →

圖 11-64

11-39

→ 點選 圖 11-65 所示①②③④ →

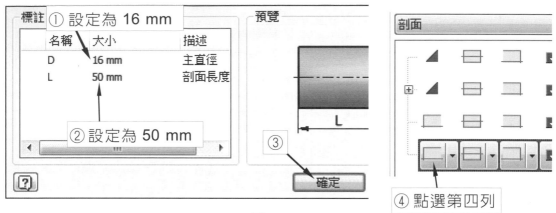

圖 11-65

→ 點選 圖 11-66 所示①②③④⑤⑥ →

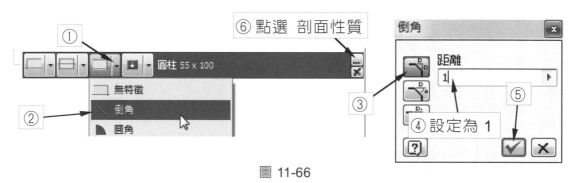

圖 11-66

→ 點選 圖 11-67 所示①②③ →

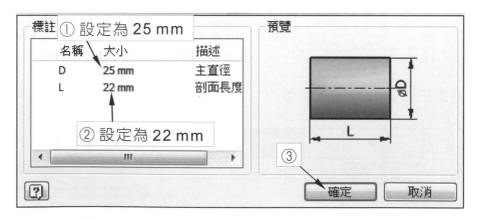

圖 11-67

→ 點選 圖 11-68 所示①②③ →

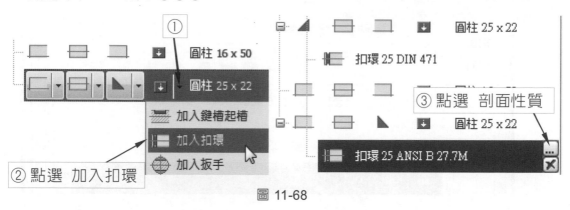

圖 11-68

→ 點選 圖 11-69 所示①②③④ →

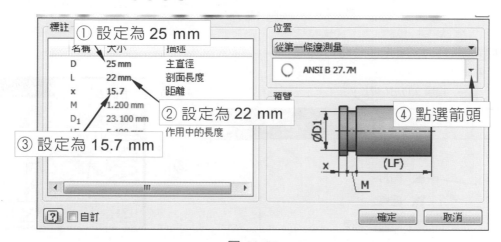

圖 11-69

→ 點選 圖 11-70 所示①② → ③ ┃確定┃ 。

圖 11-70

→ 點選 圖 11-71 所示①② → ③ 確定 。

②點選 插入圓柱

①確認最下層的扣環為反白狀態

圖 11-71

→ 點選 圖 11-72 所示①②③④⑤⑥ →

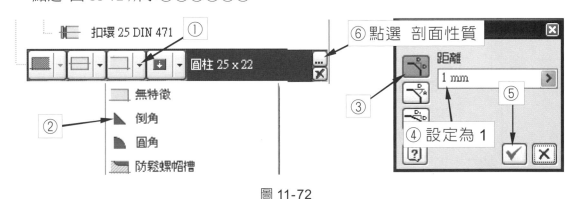

⑥點選 剖面性質

④ 設定為 1

圖 11-72

→ 點選 圖 11-73 所示①② → ③ 確定 。

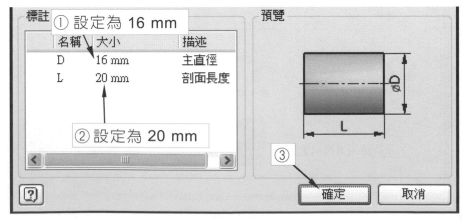

① 設定為 16 mm

② 設定為 20 mm

圖 11-73

→ 點選 圖 11-74 所示① → ② 確定 → 於繪圖區點按滑鼠左鍵放置軸零件③。

③ 完成的軸

圖 11-74

6. 點選 [圖示] 從資源中心置入 → 點選 圖 11-75 所示①②③ →

② 展開 卡環

③ 點選 外部

① 展開 軸零件

圖 11-75

→ 點選 圖 11-76 所示①② → 於繪圖區按滑鼠左鍵③ →

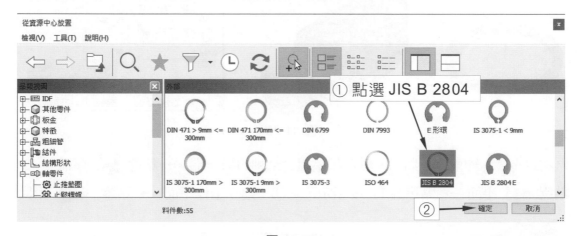

① 點選 JIS B 2804

圖 11-76

→ 點選 圖 11-77 所示①② → 於繪圖區點按滑鼠左鍵兩次 → 按滑鼠右鍵 → 確定。

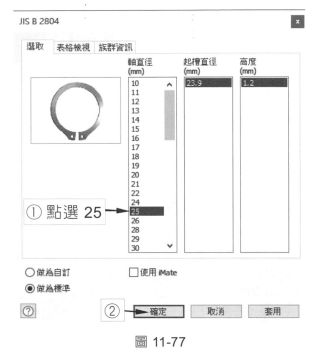

圖 11-77

7. 點選 約束 → 點選圖 11-78 所示①②③④。

圖 11-78

8. 再次以 約束 → 將另一軸用扣環組合至軸的另一端 → 點選 存檔。

9. 點選 平面 → 點選圖 11-79 所示①②③，建立工作平面 → 點選 返回。

圖 11-79

10. 點選  約束 → 點選圖 11-80 所示①②③。

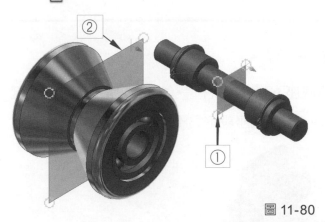

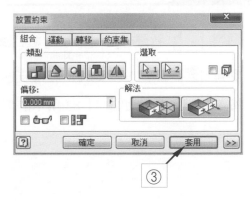

圖 11-80

11. 點選圖 11-81 所示①②③ → 按 F6 鍵 → 取消工作平面之可見性。

① 點選軸面

② 點選圓孔面

圖 11-81

完成如圖 11-82 所示。

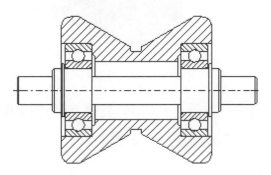

圖 11-82

11-12 綜合範例應用

1. 點選 ▭ 新建→ ▦ Standard.iam 組合圖 → 建立。

2. 點選 ▱ 放置 → Ch11\旋轉支座**底座.ipt** → 開啟 → 於繪圖區點按滑鼠左鍵 → 按 Esc 鍵，放置如圖 11-83 所示的零件 → 將底座設定為不動。

圖 11-83

3. 點選 ▱ 放置 → Ch11\旋轉支座**結合架.ipt** → 開啟 → 於繪圖區任意位置按滑鼠左鍵 → 按 Esc 鍵，放置如圖 11-84 所示的零件。

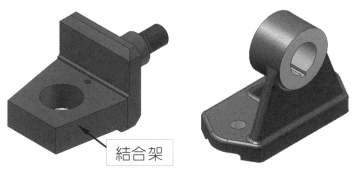

結合架

圖 11-84

4. 點選 ▱ 放置 → Ch11\旋轉支座**頸墊圈.ipt** → 開啟 → 於繪圖區任意位置按滑鼠左鍵 → 按 Esc 鍵 → 放置如圖 11-85 所示零件。

頸墊圈

圖 11-85

5. 點選 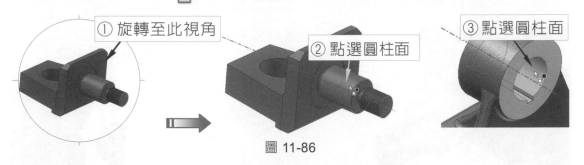 自由旋轉，點選結合架零件，旋轉結合架零件視角至圖 11-86 所示① → 按 Esc 鍵。點選 置入約束 → 點選圖 11-86 所示②③ → 確定。

① 旋轉至此視角

② 點選圓柱面

③ 點選圓柱面

圖 11-86

6. 點選 自由移動 → 以滑鼠左鍵按壓結合架後並往左拖曳至適當位置 → 按 Esc 鍵，如圖 11-87 所示。

圖 11-87

7. 點選 約束 → 點選圖 11-88 所示①② → 確定 。

① 點選圓柱面

② 點選圓柱面

圖 11-88

8. 點選 自由移動 → 以滑鼠左鍵按壓結合架後並往左拖曳至適當位置 → 按 Esc 鍵，如圖 11-89 所示。

圖 11-89

9. 點選 約束 → 點選圖 11-90 所示①②③ → 輸入偏移量為 0 → 貼合 → 確定 → 按 F6 鍵。

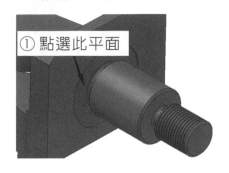
① 點選此平面

②

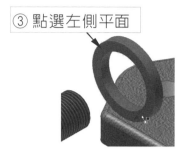
③ 點選左側平面

圖 11-90

10. 點選 約束 → 點選圖 11-91 所示①②③ → 輸入偏移量為 0 → 貼合 → 確定 → 按 F6 鍵 。

① 點選側平面

②

③ 點選左側平面

圖 11-91

11. 點選 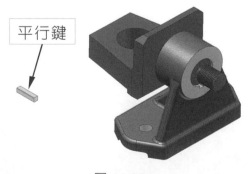 放置 → Ch11\旋轉支座**平行鍵.ipt** → 開啟 → 於繪圖區任意位置按滑鼠左鍵 → 按 Esc 鍵 ，放置如圖 11-92 所示零件。

平行鍵

圖 11-92

12. 分別點選  自由移動 及 🔓 自由旋轉 → 將結合架移動並旋轉至適當視角，如圖 11-93 所示。

旋轉至此視角

圖 11-93

13. 點選 置入約束 🔳 → 點選圖 11-94 所示①② → 確定。

① 點選側平面

② 點選側平面

圖 11-94

14. 點選 🔲 自由移動 → 將結合架及平行鍵移動至適當位置 → 按 Esc 鍵，如圖 11-95 所示。

圖 11-95

15. 點選 置入約束  → 點選圖 11-96 所示①② → 確定。

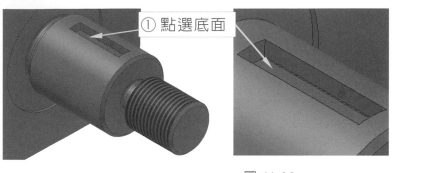

圖 11-96

16. 點選 自由移動 → 將結合架及平行鍵移動至適當位置,如圖 11-97 所示。

圖 11-97

17. 點選 自由旋轉 將平行鍵旋轉至如圖所示的視角①,如圖 11-98 所示 → 按 Esc 鍵
→ 點選 約束 → 點選圖 11-98 所示②③ → 輸入偏移量為 0 → 貼合
→ 確定。

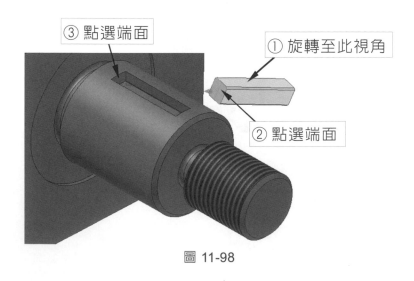

圖 11-98

18. 分別點選 自由移動 及 自由旋轉 → 將結合架移動並旋轉至適當視角，如圖 11-99 所示。

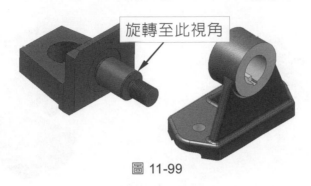

圖 11-99

19. 於瀏覽器中點選底座特徵，如圖 11-100 所示①②③④，開啟工作平面之可見性。

圖 11-100

20. 於瀏覽器中點選結合架特徵，如圖 11-101 所示①②③④，開啟工作平面之可見性。

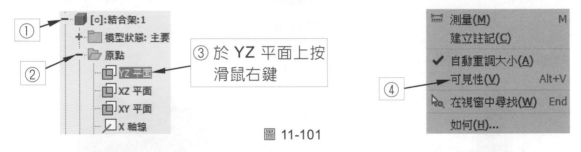

圖 11-101

21. 點選 約束 → 點選圖 11-102 所示①② → 確定。

圖 11-102

22. 點選 📂 放置 → Ch11\旋轉支座**主軸.ipt** → 開啟 → 於繪圖區任意位置按滑鼠左
鍵 → 於繪圖區按滑鼠右鍵 → 確定,置入如圖 11-103 所示零件。

圖 11-103

23. 點選 🖐 自由旋轉 → 將主軸旋轉至適當視角 → 於繪圖區按右鍵 → 確定,如圖
11-104 所示。

圖 11-104

24. 點選 置入約束 🔲 → 點選圖 11-105 所示①② → 確定。

圖 11-105

25. 點選 自由移動 → 將主軸移動至適當位置,如圖 11-106 所示。

圖 11-106

26. 點選 約束 → 點選圖 11-107 所示①② → 確定。

② 點選工作平面

① 點選工作平面

圖 11-107

27. 點選 自由移動 → 將主軸移動至適當位置,如圖 11-108 所示。

圖 11-108

28. 點選 約束 → 點選圖 11-109 所示①②③④。

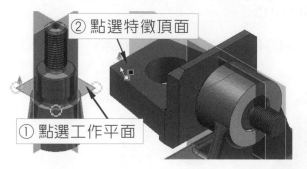

② 點選特徵頂面

① 點選工作平面

圖 11-109

29. 於瀏覽器中點選底座特徵、結合架、主軸取消其工作平面可見性，如圖 11-110 所示。

圖 11-110

30. 點選 📂 放置 → Ch11\旋轉支座**厚墊圈.ipt** → 開啓 → 於繪圖區任意位置按滑鼠左鍵 → 於繪圖區按滑鼠右鍵 → 確定，置入圖 11-111 所示零件。

圖 11-111

31. 點選 約束 ⬛ → 點選圖 11-112 所示①② → 確定。

① 點選側面

② 點選側面

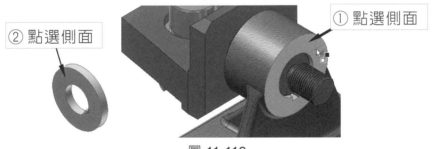

圖 11-112

32. 點選 🔩 自由移動 → 將厚墊圈移動至適當位置，如圖 11-113 所示。

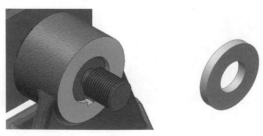

圖 11-113

33. 點選 約束 ⬛ → 點選圖 11-114 所示①② → 確定。

① 點選圓柱面

② 點選圓孔內面

圖 11-114

34. 點選 📂 放置 → Ch11\旋轉支座**螺帽-結合架用.ipt** → 開啓 → 於繪圖區任意位置
按滑鼠左鍵 → 於繪圖區按滑鼠右鍵 → 確定,置入圖 11-115 所示零件。

圖 11-115

35. 點選 約束 ⬛ → 點選圖 11-116 所示①② → 確定。

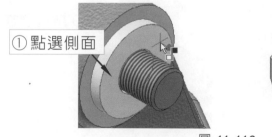

② 點選頂面

① 點選側面

圖 11-116

36. 點選 ↗ 自由移動 → 將螺帽移動至適當位置,如圖 11-117 所示。

圖 11-117

37. 點選 約束 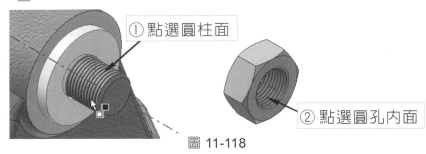 → 點選圖 11-118 所示①② → 確定。

① 點選圓柱面

② 點選圓孔內面

圖 11-118

38. 點選  放置 → Ch11\旋轉支座**旋轉台.ipt** → 開啟 → 於繪圖區任意位置按滑鼠左鍵 → 於繪圖區按滑鼠右鍵 → 確定,置入圖 11-119 所示零件。

圖 11-119

39. 點選 約束 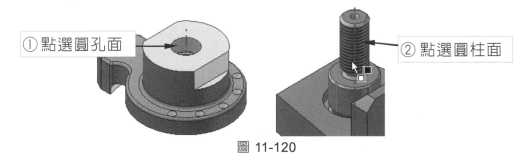 → 點選圖 11-120 所示①② → 確定。

① 點選圓孔面

② 點選圓柱面

圖 11-120

40. 點選 自由環轉、 自由移動、 自由旋轉 → 將旋轉台以及其餘組件移動並旋轉至適當視角,如圖 11-121 所示。

圖 11-121

41. 點選 約束 → 點選圖 11-122 所示①② → 確定。

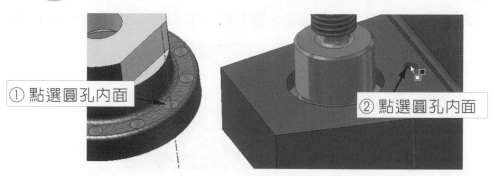

① 點選圓孔內面

② 點選圓孔內面

圖 11-122

42. 點選 自由移動 及 自由旋轉 → 將旋轉台移動並旋轉至適當視角，如圖 11-123 所示。

圖 11-123

43. 點選 約束 → 點選圖 11-124 所示①② → 輸入偏移量為 0 → 貼合 → 確定。

① 點選此面

② 點選此面

圖 11-124

44. 點選 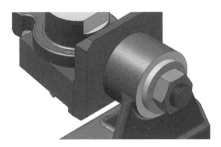 放置 → Ch11\旋轉支座**直銷.ipt** → 開啓 → 於繪圖區任意位置按滑鼠左鍵 → 於繪圖區按滑鼠右鍵 → 確定，置入圖 11-125 所示之零件 → 按 F6 鍵。

圖 11-125

45. 點選 約束 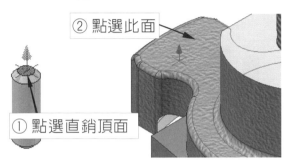 → 點選圖 11-126 所示①②③④。

圖 11-126

46. 點選  自由環轉、 自由移動 → 將直銷以及其餘組件移動並旋轉至適當視角，如圖 11-127 所示。

圖 11-127

47. 點選 約束 ⬛ → 點選圖 11-128 所示①② → 確定。

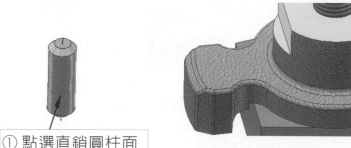

① 點選直銷圓柱面 ② 點選圓孔內面

圖 11-128

48. 點選 📂 放置 → Ch11\旋轉支座**主軸用墊圈.ipt** → 開啓 → 於繪圖區任意位置按滑鼠左鍵 → 於繪圖區按滑鼠右鍵 → 確定,置入圖 11-129 所示之零件 → 按 F6 鍵。

圖 11-129

49. 點選 約束 ⬛ → 點選圖 11-130 所示①②③④。

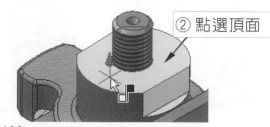

① 點選側面 ② 點選頂面

圖 11-130

50. 點選 ⬛ 自由移動 → 將墊圈移動至適當位置,如圖 11-131 所示。

圖 11-131

51. 點選 約束 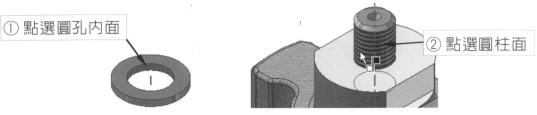 → 點選圖 11-132 所示①② → 確定。

① 點選圓孔內面

② 點選圓柱面

圖 11-132

52. 點選  放置 → Ch11\旋轉支座**螺帽-主軸用.ipt** → 開啟 → 於繪圖區任意位置按
滑鼠左鍵 → 於繪圖區按滑鼠右鍵 → 確定,置入圖 11-133 所示之零件。

圖 11-133

53. 點選 約束 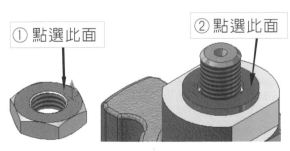 → 點選圖 11-134 所示①②③④⑤。

① 點選此面

② 點選此面

③ 設定數值為 0

④

⑤

放置約束

組合　運動　轉移　約束集

類型　　　　　　　　　選取

偏移:
0.000 mm

解法

? 　確定　取消　套用　>>

圖 11-134

54. 點選  自由移動 → 將螺帽移動至適當位置,如圖 11-135 所示。

圖 11-135

55. 點選 約束 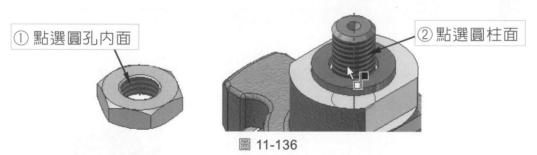 → 點選圖 11-136 所示①② → 確定 → 按 F6 鍵。

① 點選圓孔內面　　　② 點選圓柱面

圖 11-136

完成如圖 11-137 所示。

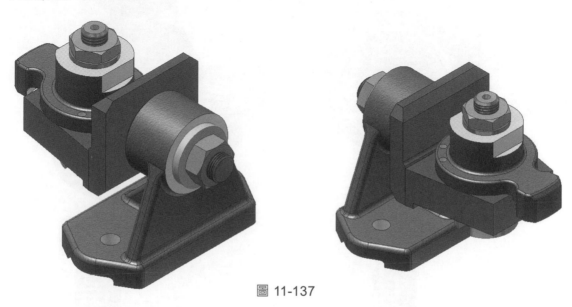

圖 11-137

作業

一、圖 11-138 所示為「輕負荷螺旋千斤頂」立體組合圖，請由 Ch11\輕負荷螺旋千斤頂，目錄讀取總共 3 個零件，組合為如圖 11-138 所示之組立件。

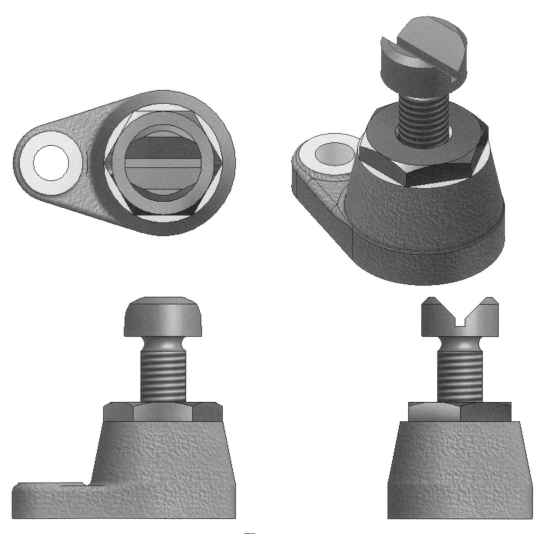

圖 11-138

二、圖 11-139 所示爲「螺紋模板手」立體組合圖，請由 Ch11\螺絲模板手，目錄讀取總共
　　3 個零件，組合爲如圖 11-139 所示之組立件。

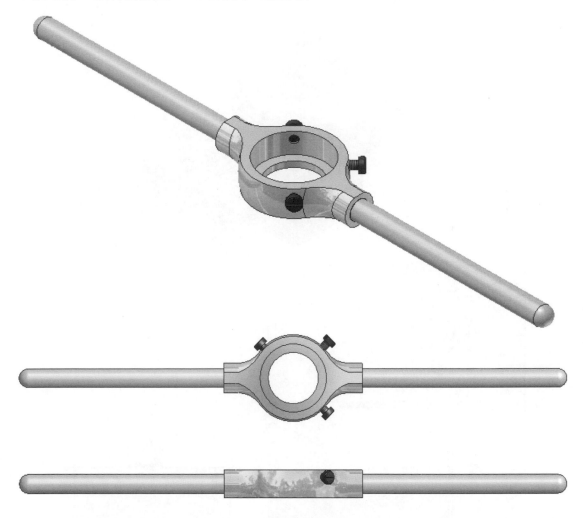

圖 11-139

三、圖 11-140 所示為「水平擺動台」立體組合圖，請由 Ch11 資料夾中的「水平擺動台」
目錄讀取總共 7 個零件，組合為如圖 11-140 所示之組立件。

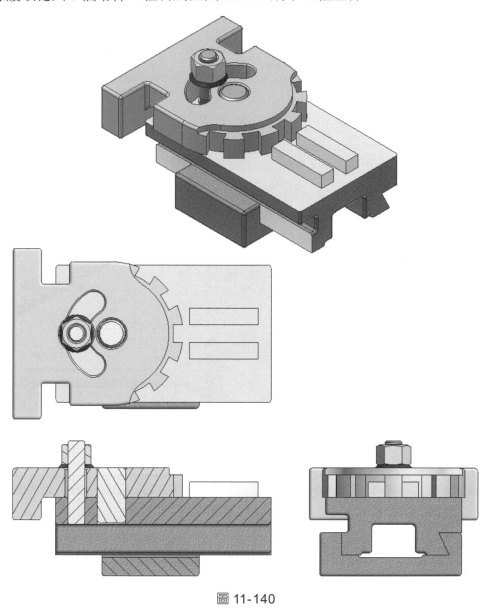

圖 11-140

四、圖 11-141 所示爲「V 型枕夾具」立體組合圖，請由 Ch11 資料夾中的「V 型枕夾具」
　　目錄讀取總共 7 個零件，組合爲如圖 11-141 所示之組立件。

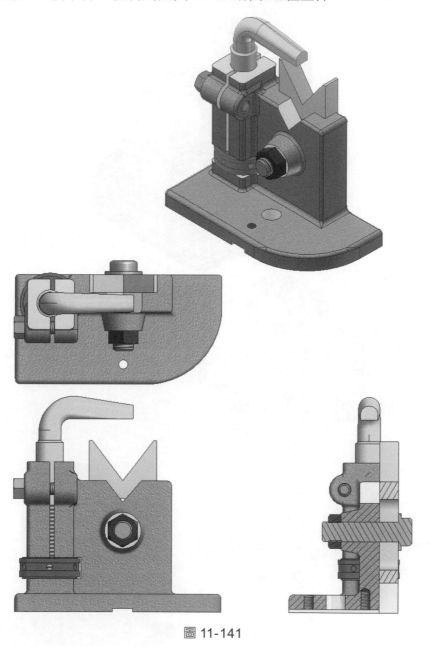

圖 11-141

五、圖 11-142 所示爲「旋轉支座」立體組合圖，請由 Ch11 資料夾中的「旋轉支座」目錄
　　讀取總共 11 個零件，組合爲如圖 11-142 所示之組立件。

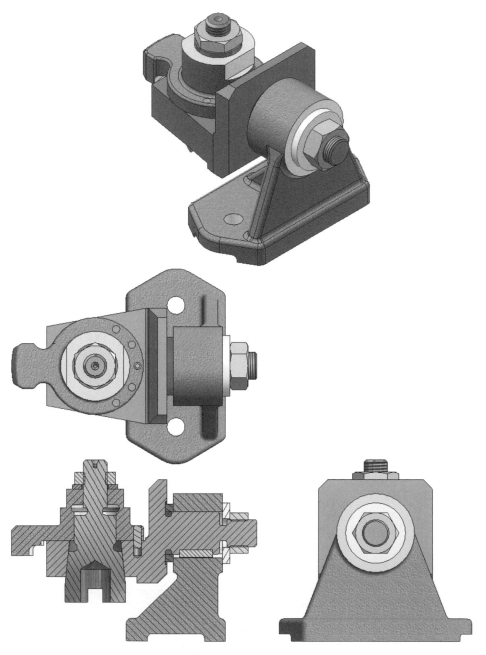

圖 11-142

簡報與立體分解系統圖

CHAPTER

12

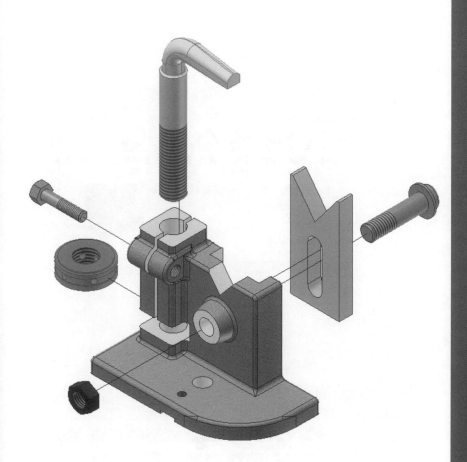

本章大綱

12-1 新建簡報圖檔

前言：使用簡報模組可以讓您將組立完成的組合圖進行分解、動畫製作、動畫播放及建立
立體分解系統圖。

指令位置 1

在我的首頁點選簡報。

指令位置 2

①點選　　　新建。

②點選　　　Standard.ipn

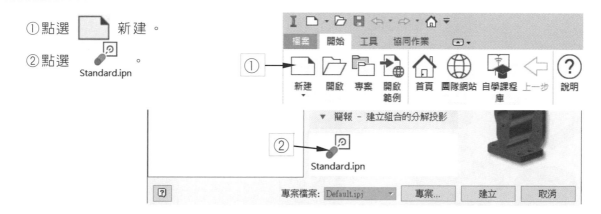

指令位置 3

①點選 箭頭。

②點選 簡報。

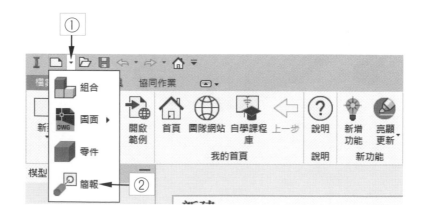

指令位置 4

① 點選 檔案。
② 點選 箭頭。
③ 點選 簡報。

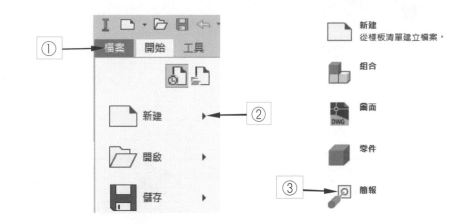

12-2 簡報角本及模型動畫建立與編輯

在這一小節中將分別會使用到下列功能,如 插入模型、 轉折元件、 不透明度、 擷取相機、 視訊等,跟著步驟操作,使用者即可學會這些指令的操作技巧。

插入模型:將組合檔置入於簡報系統中,並決定以建立轉折、系統線和快照視圖等來建立簡報圖檔,在點選簡報 、 後即會出現插入組合檔對話視窗,由此即可載入檔案、亦可由指令列點選 插入模型,來載入檔案。

轉折元件:進行零件的移動與旋轉。

不透明度:調整零件的不透明狀態,由刻度 0~100 進行調整,0 為完全透明,100 為不透明。

擷取相機:設定播放腳本時零組件在視窗畫面上所呈現的位置及畫面大小,可搭配 ViewCube 及導覽列上的工具,以調整所需要的畫面。

視訊:將您建立的腳本發佈為視訊檔,視訊檔可為 AVI 或 WMV 格式。

操作步驟

STEP 1 載入組合檔

1. 點選 圖 12-1 所示①。

圖 12-1

2. 點選 Ch12\簡報角本及模型動畫建立與編輯\螺旋千斤頂.iam，如圖 12-2 所示②③④。

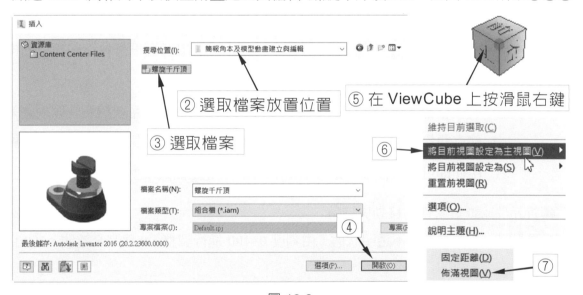

圖 12-2

3. 點選如圖 12-2 所示⑤⑥⑦。

STEP ②　移動螺桿

1. 點選 🔲 轉折元件→ 點選圖 12-3 所示①②③④ → 按 F6 鍵。

① 點選圓柱面

③ 往上拖曳一段距離後放開滑鼠

② 以左鍵按住箭頭並往上拖曳

X -29

④ 輸入-29，並按 Enter 鍵

圖 12-3

2. 點選 🔲 轉折元件 → 點選圖 12-4 所示①②③④ → 按 F6 鍵。

① 點選圓柱面

角度 -1200.00 deg

④ 輸入-1200，並按 Enter 鍵

③ 點選控制點

② 點選旋轉

圖 12-4

3. 點按時間軸右側 ⊙ 展開腳本圖示，如圖 12-5 所示①，拖曳動畫時間軸，如圖 12-5 所示②③ → 點按繪圖區 → 按 F6 鍵。

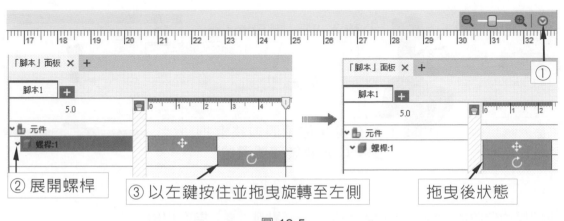

② 展開螺桿

③ 以左鍵按住並拖曳旋轉至左側

拖曳後狀態

圖 12-5

4. 將螺桿的位置放大成如圖 12-6 所示① → 點選 📷 擷取相機。

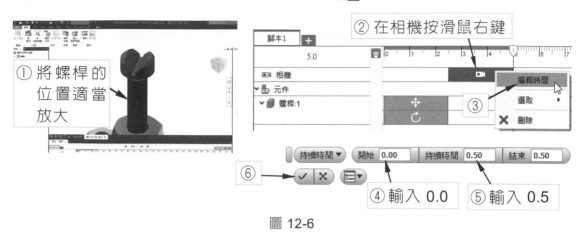

圖 12-6

5. 點選如圖 12-6 所示②③④⑤⑥ → 點按繪圖區 → 按 F6 鍵。

6. 拖曳動畫時間軸，如圖 12-7 所示①②③。

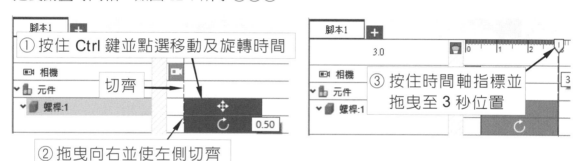

圖 12-7

7. 點選 🔧 轉折元件 → 點選圖 12-8 所示①②③④。

圖 12-8

8. 將螺桿的位置放大成如圖 12-8 所示⑤ → 點選 📷 擷取相機。

9. 編輯相機時間，點選如圖 12-9 所示①②③④⑤。

圖 12-9

10. 編輯移動時間，點選如圖 12-10 所示①②③④⑤。

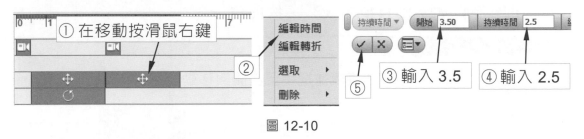

圖 12-10

11. 拖曳動畫時間軸，如圖 12-11 所示① → 點按繪圖區 → 按 F6 鍵。

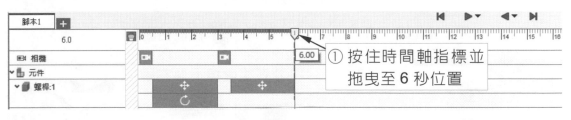

圖 12-11

STEP ③　移動螺帽

1. 點選 ⬛ 轉折元件 → 點選圖 12-12 所示①②③④ → 按 F6 鍵。

圖 12-12

2. 點選 ⊞ 轉折元件 → 點選圖 12-13 所示①②③④ → 按 F6 鍵。

① 點選螺帽

角度 -720.00 deg

④ 輸入-720，並按 Enter 鍵

③ 點選控制點

② 點選旋轉

圖 12-13

3. 拖曳動畫時間軸，如圖 12-14 所示①② → 按 F6 鍵。

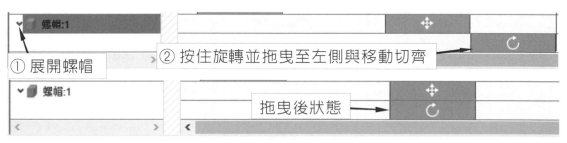

螺帽:1

① 展開螺帽

② 按住旋轉並拖曳至左側與移動切齊

螺帽:1

拖曳後狀態

圖 12-14

4. 將螺帽的位置放大成如圖 12-15 所示① → 點選 📷 擷取相機。

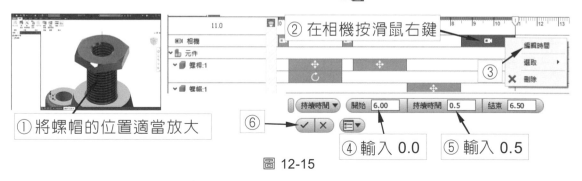

① 將螺帽的位置適當放大

② 在相機按滑鼠右鍵

編輯時間
選取
✕ 刪除

③

持續時間 ▼ 開始 6.00 持續時間 0.5 結束 6.50

⑥

④ 輸入 0.0   ⑤ 輸入 0.5

圖 12-15

5. 點選如圖 12-15 所示②③④⑤⑥ → 按 F6 鍵。

6. 拖曳動畫時間軸，如圖 12-16 所示①②③。

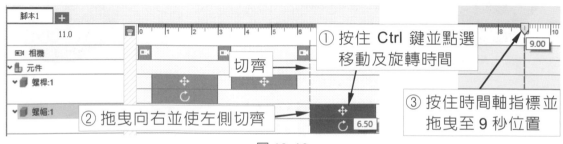

腳本1

切齊

① 按住 Ctrl 鍵並點選移動及旋轉時間

② 拖曳向右並使左側切齊

③ 按住時間軸指標並拖曳至 9 秒位置

圖 12-16

7. 點選 🔳 轉折元件 → 點選圖 12-17 所示①②③④。

圖 12-17

8. 將螺帽的位置放大成如圖 12-17 所示⑤ → 點選 📷 擷取相機。

9. 編輯相機時間，點選如圖 12-18 所示①②③④⑤。

圖 12-18

10. 拖曳動畫時間軸，如圖 12-19 所示①② → 點按繪圖區 → 按 F6 鍵。

圖 12-19

11. 點選 📷 擷取相機 → 編輯相機時間，如圖 12-20 所示①②③④⑤。

圖 12-20

12. 播放動畫，點選如圖 12-21 所示①②③ → 存檔。

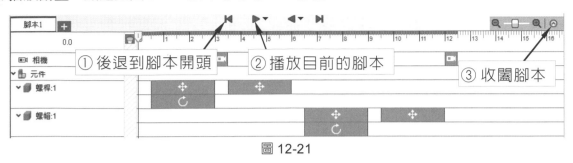

圖 12-21

13. 點選 視訊 → 點選如圖 12-22 所示①②③④⑤。

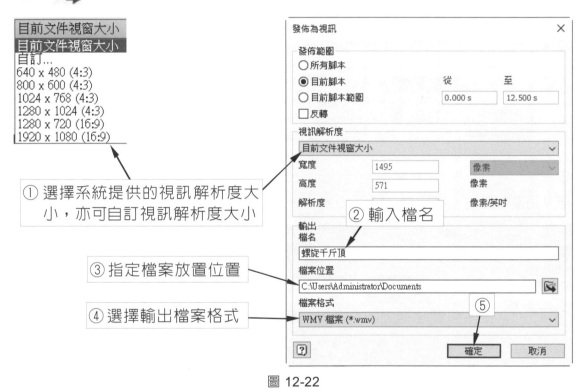

圖 12-22

12-3 建立立體分解系統圖

立體分解系統圖是由許多的零件組合而成，依零件未裝配前之情況，將所有零件以正確之裝配順序，分解繪製於圖紙上，使組合零件時易於閱讀與了解，常用於機械說明圖、修護手冊、產品型錄等，在簡報檔中將分別使用「 新快照視圖」及「 建立圖面視圖」來完成。

新快照視圖：使用快照視圖可以儲存零件的位置、零件的可見性、相機設定等，每個快照視圖是獨立的，亦可以腳本的時間軸線相連結。

建立圖面視圖：由簡報檔中建立圖面視圖，是依據簡報檔中所儲存的快照視圖來建立圖面視圖，所建立的圖面視圖將會與快照視圖保持連結，當來源快照視圖被編輯後，圖面視圖即會連結更新。

12-3-1　選取樣版檔建立立體分解系統

操作步驟

STEP 1　建立新快照視圖

1. 點選圖 12-23 所示①②③④。

   檔案在 **Ch12\新快照視圖與建立圖面視圖\螺旋千斤頂.ipn** (若找不到組合可點選螺旋千斤頂.iam 再點選開啟)。

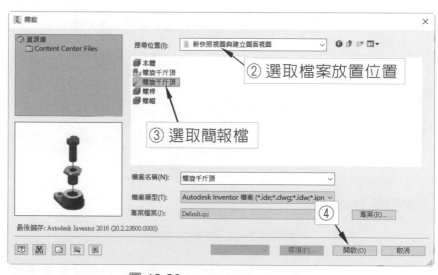

圖 12-23

2. 點選圖 12-24 所示①②。

圖 12-24

3. 點選圖 12-25 所示①②。

圖 12-25

4. 點選圖 12-26 所示①②③④⑤⑥⑦⑧。

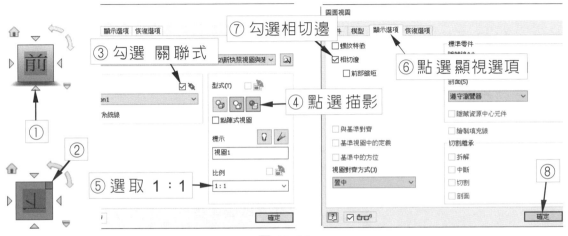

圖 12-26

完成如圖 12-27 所示。

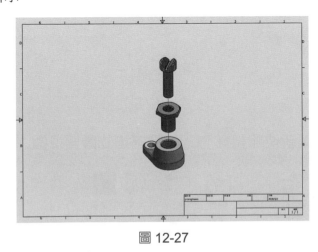

圖 12-27

12-3-2　自訂樣版檔建立立體分解系統

1. 底圖之建立請參考本書章節「10-2 建立底圖」，或開啟檔案 **Ch12**\立體分解系統圖\圖面 **1.idw**，完成圖 12-28 所示之底圖。

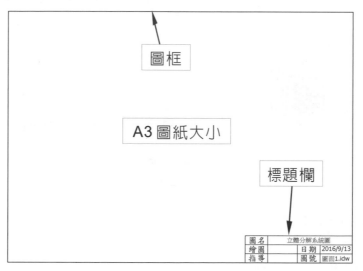

圖 12-28

2. 點選 基準視圖→ 點選圖 12-29 所示①②③④ →

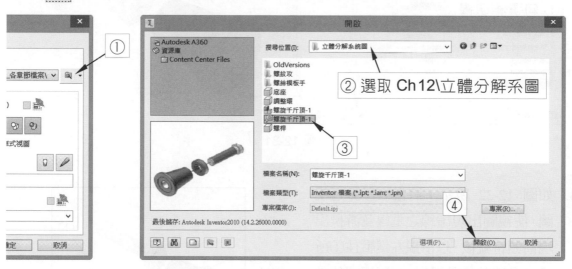

圖 12-29

→ 點選圖 12-30 所示①②③④ →

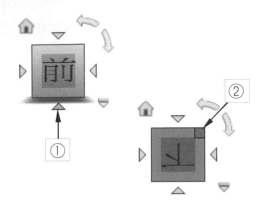

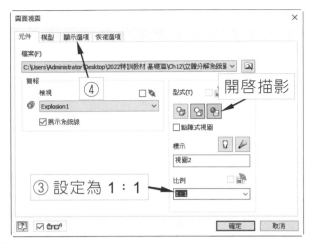

③ 設定為 1：1

圖 12-30

→ 點選圖 12-31 所示①②。

① 勾選相切邊

圖 12-31

3. 如圖 12-32 所示,將游標移靠近視
   圖,使視圖出現虛線之框線及游標出
   現箭頭符號後,以滑鼠左鍵壓住①所
   示之虛線並移動滑鼠,以將視圖移動
   至適當位置。

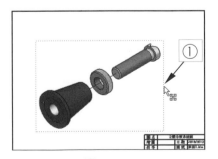

圖 12-32

4. 以上一步驟之方式，置入「螺旋千斤頂-1.iam」，建立如圖 12-33 所示之立體組合圖。

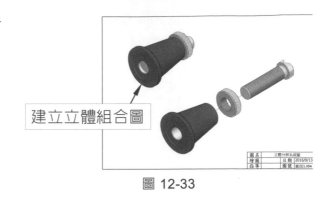

圖 12-33

12-3-3　設計變更

1. 開啟檔案 Ch12\立體分解系統圖\變更設計.idw。

2. 點選圖 12-34 所示①②③④。

圖 12-34

3. 點選 開始繪製 2D 草圖 → 點選圖 12-35 所示① →

圖 12-35

→ 點選 兩點矩形 → 繪製如圖 12-35 所示之矩形② → ✔ 完成草圖 → 按 F6 鍵。

4. 點選 ⬛ 擠出→ 點選圖 12-36 所示①②③。

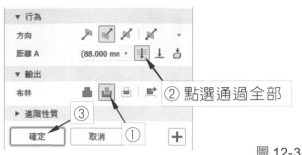

② 點選通過全部

圖 12-36

5. 按住 Ctrl 鍵並點選圖 12-37 所示①②之平面 → 按滑鼠右鍵 → 點選③④⑤ → 點選 確定 → 點選 ◀● 返回。

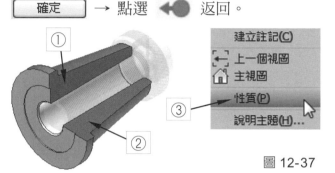

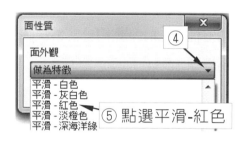

⑤ 點選平滑-紅色

圖 12-37

→ 點選圖 12-38 所示①，以返回圖面視窗 →

就緒

圖 12-38

完成如圖 12-39 所示之設計變更。

圖 12-39

12-3-4 件號與零件表之建立

1. 點選 📁 開啓 開啓練習檔案 →
   Ch12\立體分解系統圖\螺紋攻\螺紋
   攻.idw，如圖 12-40 所示。

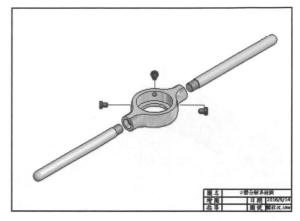

圖 12-40

2. 點選 圖 12-41 所示①② →

圖 12-41

→ 點選圖 12-42 所示① → 點選 確定 → 點選圖 12-42 所示②，放置件號 → 按
滑鼠右鍵 → 點選繼續 → 按 Esc 鍵 → 點選圖 12-42 所示③④ →

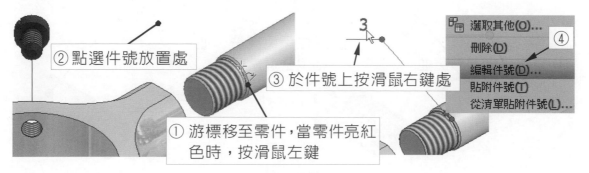

圖 12-42

→ 點選圖 12-43 所示①②③，完成件號之型式變更。

圖 12-43

3. 點選圖 12-44 所示①②③④⑤，完成箭頭之型式變更 →

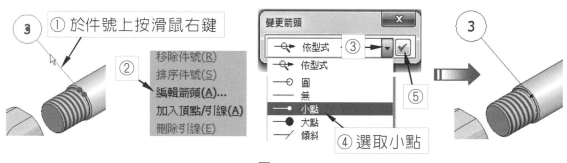

圖 12-44

→ 點選圖 12-45 所示①②，完成箭頭及件號之移動。

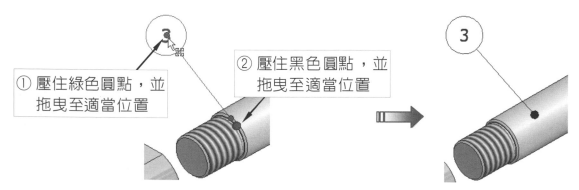

圖 12-45

4. 請依上述步驟完成其餘件號之建立，如圖 12-46 所示。

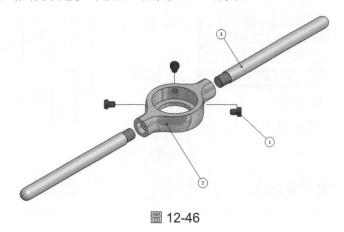

圖 12-46

5. 點選 ▦ 零件表 → 點選圖 12-47 所示①② →

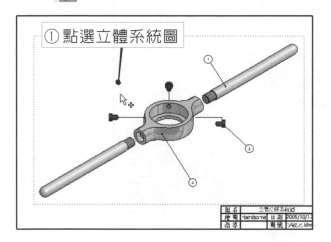

圖 12-47

→ 點選如圖 12-48 所示①②，以放置零件表 →

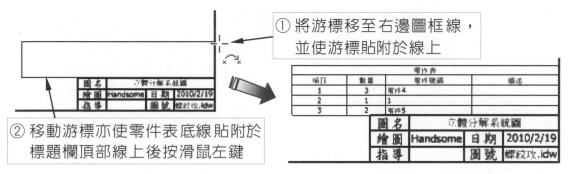

圖 12-48

→ 點選如圖 12-49 所示①，以放置零件表 →

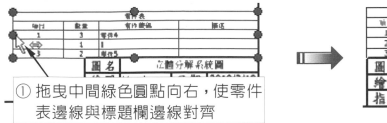

① 拖曳中間綠色圓點向右，使零件
　表邊線與標題欄邊線對齊

圖 12-49

完成圖 12-50 所示零件表之建立。

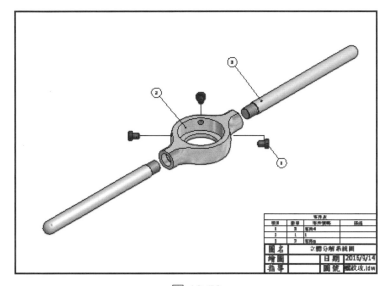

圖 12-50

作業

一、圖 12-51 所示為「夾具」立體組合圖，請由 Ch12 資料夾中的「夾具」目錄讀取組合檔，並完成①爆炸圖、②動畫檔錄製及、③體分解系統圖。

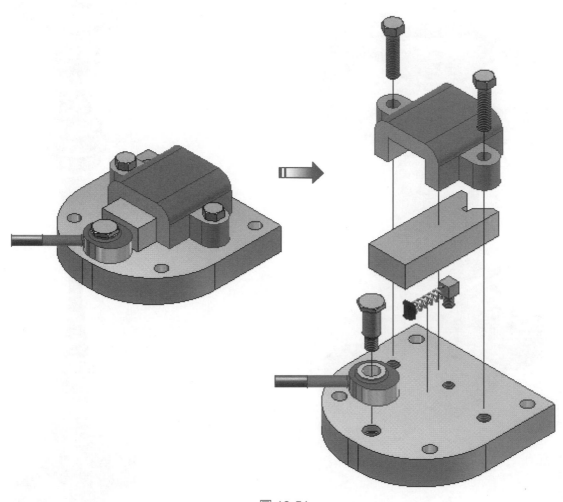

圖 12-51

二、圖 12-52 所示為「球閥」立體組合圖，請由 Ch12 資料夾中的「球閥」目錄讀取組合檔，
並完成①爆炸圖、②動畫檔錄製及、③體分解系統圖。

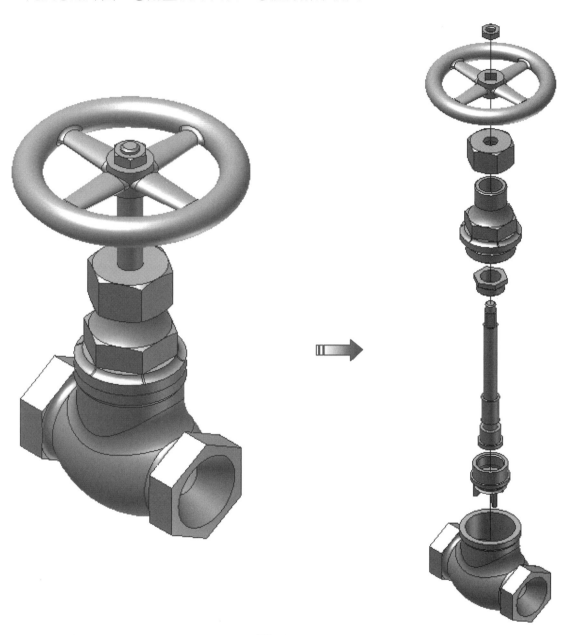

圖 12-52

三、圖 12-53 所示為「刀座」立體組合圖，請由 Ch12 資料夾中的「刀座」目錄讀取組合檔，
　　並完成①爆炸圖、②動畫檔錄製及、③體分解系統圖。

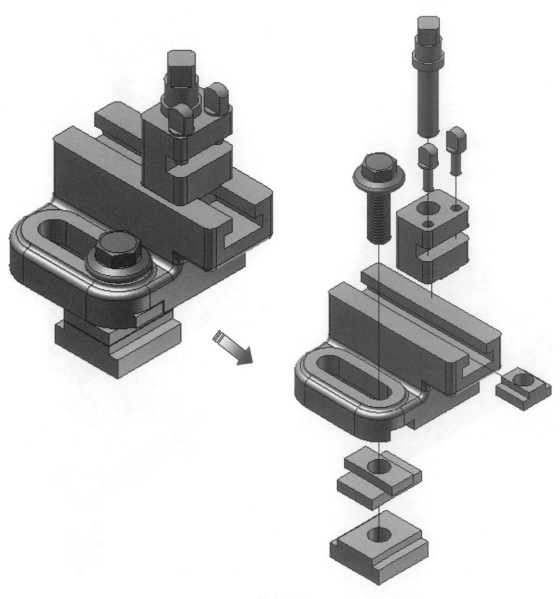

圖 12-53

四、圖 12-54 所示為「衝孔器」立體組合圖，請由 Ch12 資料夾中的「衝孔器」目錄讀取組合檔，並完成①爆炸圖、②動畫檔錄製及、③體分解系統圖。

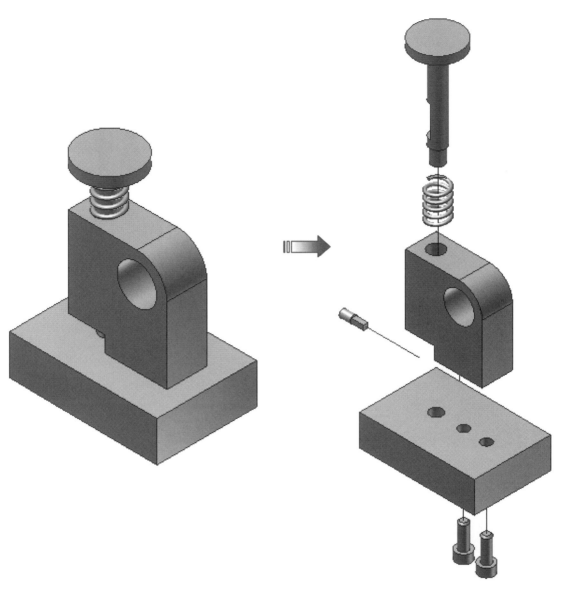

圖 12-54

五、圖 12-55 所示為「輕負荷螺旋千斤頂」立體組合圖，請由 Ch12 資料夾中的「輕負荷螺旋千斤頂」目錄讀取組合檔，並完成①爆炸圖、②動畫檔錄製、③立體分解系統圖。

圖 12-55

六、圖 12-56 所示為「螺絲模板手」立體組合圖，請由 Ch12 資料夾中的「螺絲模板手」目
　　錄讀取組合檔，並完成①爆炸圖、②動畫檔錄製、③立體分解系統圖。

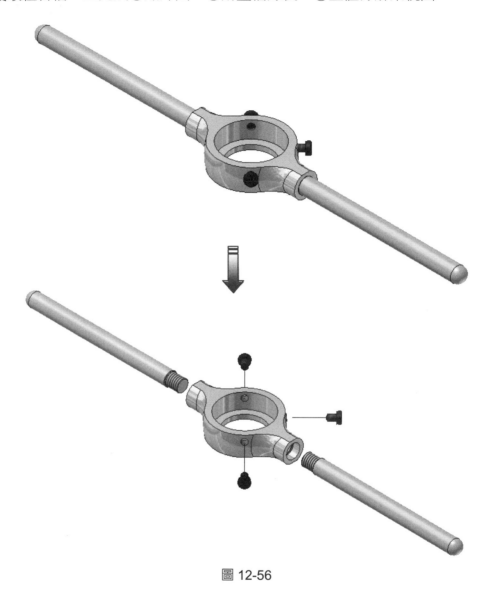

圖 12-56

七、圖 12-57 所示為「水平擺動台」立體組合圖，請由 Ch12 資料夾中的「水平擺動台」目
　　錄讀取組合檔，並完成①爆炸圖、②動畫檔錄製、③立體分解系統圖。

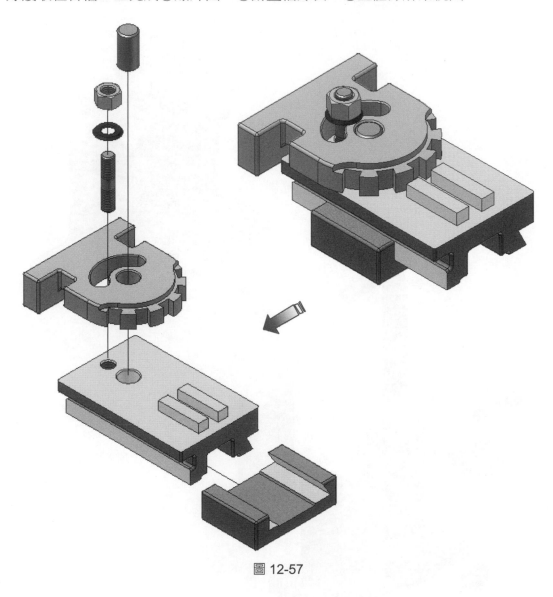

圖 12-57

八、圖 12-58 所示為「V 型枕夾具」立體組合圖，請由 Ch12 資料夾中的「V 型枕夾具」目
　　錄讀取組合檔，並完成①爆炸圖、②動畫檔錄製、③立體分解系統圖。

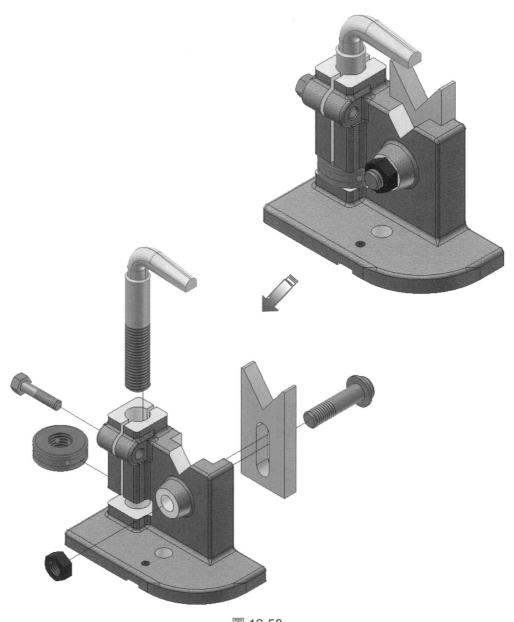

圖 12-58

九、圖 12-59 所示爲「旋轉支座」立體組合圖，請由 Ch12 資料夾中的「旋轉支座」目錄讀
　　取組合檔，並完成①爆炸圖、②動畫檔錄製、③立體分解系統圖。

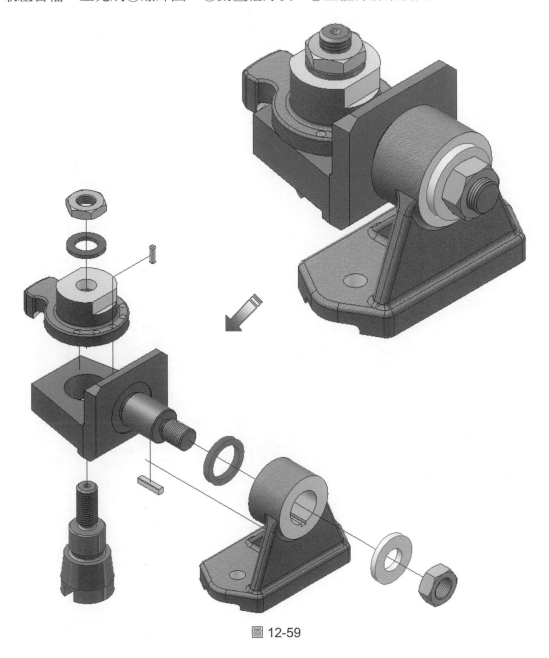

圖 12-59

國家圖書館出版品預行編目資料

Autodesk Inventor 2022 特訓教材基礎篇/黃穎
豐、陳明鈺編著. -- 初版. -- 新北市：全華
圖書股份有限公司.2022.07
　　面　；　公分
　ISBN 978-626-328-243-8(平裝)

1. CST: 工程圖學　2.CST: 電腦軟體

440.8029　　　　　　　　　　111009520

Autodesk Inventor 2022 特訓教材基礎篇

作者／黃穎豐、陳明鈺

發行人／陳本源

執行編輯／蔣德亮

出版者／全華圖書股份有限公司

郵政帳號／0100836-1 號

印刷者／宏懋打字印刷股份有限公司

圖書編號／06493

初版一刷／2022 年 07 月

定價／新台幣 600 元

ISBN／978-626-328-243-8(平裝)

全華圖書／www.chwa.com.tw

全華網路書店 Open Tech／www.opentech.com.tw

若您對本書有任何問題，歡迎來信指導 book@chwa.com.tw

臺北總公司(北區營業處)
地址：23671 新北市土城區忠義路 21 號
電話：(02) 2262-5666
傳真：(02) 6637-3695、6637-3696

南區營業處
地址：80769 高雄市三民區應安街 12 號
電話：(07) 381-1377
傳真：(07) 862-5562

中區營業處
地址：40256 臺中市南區樹義一巷 26 號
電話：(04) 2261-8485
傳真：(04) 3600-9806(高中職)
　　　(04) 3601-8600(大專)

23671 新北市土城區忠義路 21 號

全華圖書股份有限公司

行銷企劃部　收

廣告回信
板橋郵局登記證
板橋廣字第540號

歡迎加入 全華會員

● 會員獨享
會員享購書折扣、紅利積點、生日禮金、不定期優惠活動…等。

● 如何加入會員
掃 QRcode 或填妥讀者回函卡直接傳真 (02) 2262-0900 或寄回，將由專人協助登入會員資料，待收到 E-MAIL 通知後即可成為會員。

如何購買 全華書籍

1. 網路購書
全華網路書店「http://www.opentech.com.tw」，加入會員購書更便利，並享有紅利積點回饋等各式優惠。

2. 實體門市
歡迎至全華門市（新北市土城區忠義路 21 號）或各大書局選購。

3. 來電訂購
(1) 訂購專線：(02) 2262-5566 轉 321-324
(2) 傳真專線：(02) 6637-3696
(3) 郵局劃撥（帳號：0100836-1　戶名：全華圖書股份有限公司）
※ 購書未滿 990 元者，酌收運費 80 元。

OpenTech.com.tw 全華網路書店

全華網路書店 www.opentech.com.tw
E-mail: service@chwa.com.tw

※ 本會員制如有變更則以最新修訂制度為準，造成不便請見諒。

讀者回函卡

掃 QRcode 線上填寫 ▶▶

姓名：

生日：西元　　　　年　　　月　　　日　　　性別：□男 □女

電話：（　　　）　　　　　　　　手機：

e-mail：（必填）

註：數字零，請用 Φ 表示，數字 1 與英文 L 請另註明並書寫端正，謝謝。

通訊處：□□□□□

學歷：□高中・職　□專科　□大學　□碩士　□博士

職業：□工程師　□教師　□學生　□軍・公　□其他

學校／公司：　　　　　　　　　　　　　　科系／部門：

· 需求書類：

□ A. 電子 □ B. 電機 □ C. 資訊 □ D. 機械 □ E. 汽車 □ F. 工管 □ G. 土木 □ H. 化工 □ I. 設計
□ J. 商管 □ K. 日文 □ L. 美容 □ M. 休閒 □ N. 餐飲 □ O. 其他

· 本次購買圖書為：　　　　　　　　　　　　　　　書號：

· 您對本書的評價：

封面設計：□非常滿意　□滿意　□尚可　□需改善，請說明
內容表達：□非常滿意　□滿意　□尚可　□需改善，請說明
版面編排：□非常滿意　□滿意　□尚可　□需改善，請說明
印刷品質：□非常滿意　□滿意　□尚可　□需改善，請說明
書籍定價：□非常滿意　□滿意　□尚可　□需改善，請說明
整體評價：請說明

· 您在何處購買本書？

□書局　□網路書店　□書展　□團購　□其他

· 您購買本書的原因？（可複選）

□個人需要　□公司採購　□親友推薦　□老師指定用書　□其他

· 您希望全華以何種方式提供出版訊息及特惠活動？

□電子報　□DM　□廣告（媒體名稱　　　　　　　　　　　　　　　）

· 您是否上過全華網路書店？（www.opentech.com.tw）

□是　□否　您的建議

· 您希望全華出版哪方面書籍？

· 您希望全華加強哪些服務？

感謝您提供寶貴意見，全華將秉持服務的熱忱，出版更多好書，以饗讀者。

填寫日期：　　　/　　　/

2020.09 修訂

親愛的讀者：

感謝您對全華圖書的支持與愛護，雖然我們很慎重的處理每一本書，但恐仍有疏漏之處，若您發現本書有任何錯誤，請填寫於勘誤表內寄回，我們將於再版時修正，您的批評與指教是我們進步的原動力，謝謝！

全華圖書　敬上

勘　誤　表

書　號	頁　數	行　數	書　名	作　者
			錯誤或不當之詞句	建議修改之詞句

我有話要說：（其它之批評與建議，如封面、編排、內容、印刷品質等・・・）